专用于国家职业技能鉴定

国家职业资格培训教程

核燃料元件生产工

（表面处理初级技能　中级技能　高级技能
技师技能　高级技师技能）

中国核工业集团有限公司人力资源部
中国原子能工业有限公司
组织编写

中国原子能出版社

图书在版编目(CIP)数据

核燃料元件生产工:表面处理初级技能　中级技能　高级技能　技师技能　高级技师技能 / 中国核工业集团有限公司人力资源部,中国原子能工业有限公司组织编写.—北京:中国原子能出版社,2019.12
国家职业资格培训教程
ISBN 978-7-5022-7023-0

Ⅰ.①核…　Ⅱ.①中…　②中…　Ⅲ.①燃料元件-制造-技术培训-教材　Ⅳ.①TL352

中国版本图书馆 CIP 数据核字(2016)第 002149 号

核燃料元件生产工(表面处理初级技能　中级技能　高级技能　技师技能　高级技师技能)

出版发行　中国原子能出版社(北京市海淀区阜成路 43 号　100048)
责任编辑　左浚茹
装帧设计　赵　杰
责任校对　冯莲凤
责任印制　潘玉玲
印　　刷　保定市中画美凯印刷有限公司
经　　销　全国新华书店
开　　本　787 mm×1092 mm　1/16
印　　张　14.75
字　　数　368 千字
版　　次　2019 年 12 月第 1 版　2019 年 12 月第 1 次印刷
书　　号　ISBN 978-7-5022-7023-0　　　定　价　66.00 元

网址:http://www.aep.com.cn　　E-mail:atomep123@126.com
发行电话:010-68452845

国家职业资格培训教程

核燃料元件生产工(表面处理初级技能　中级技能　高级技能　技师技能　高级技师技能)

编审委员会

前　言

为推动核行业特有职业技能培训和职业技能鉴定工作的开展，在核行业特有职业从业人员中推行国家职业资格证书制度，在人力资源和社会保障部的指导下，中国核工业集团有限公司组织有关专家编写了《国家职业资格培训教程——核燃料元件生产工》（以下简称《教程》）。

《教程》以国家职业标准为依据，内容上力求体现"以职业活动为导向，以职业技能为核心"的指导思想，紧密结合实际工作需要，注重突出职业培训特色；结构上针对本职业活动的领域，按照模块化的方式，分为初级、中级、高级、技师和高级技师五个等级进行编写。本《教程》的章对应于职业标准的"职业功能"，节对应于职业标准的"工作内容"；每节包括"学习目标""生产准备""工艺操作"及"自检"等单元，涵盖了职业标准中的"技能要求"和"相关知识"的基本内容。此外，针对职业标准中的"基本要求"，还专门编写了《核燃料元件生产工（基础知识）》一书，内容涉及：职业道德；相关法律法规知识；专业基础知识；辐射防护知识；安全文明生产与环境保护知识；质量管理知识。

本《教程》适用于核燃料元件生产工（表面处理）的初级、中级、高级、技师和高级技师的培训，是核燃料元件生产工（表面处理）职业技能鉴定的指定辅导用书。

本《教程》由罗浩、杨通高、汪建红、布仁扎力根、辛秀广、蔡振方等编写，由杜维谊、张昱、张璐、郭吉龙等审核。中核建中核燃料元件有限公司承担了本《教程》的组织编写工作。

由于编者水平有限，时间仓促，加之科学技术的发展，教材中不足与错误之处在所难免，欢迎提出宝贵意见和建议。

中国核工业集团有限公司人力资源部

中国原子能工业有限公司

目　　录

第一部分　核燃料元件生产工初级技能

第二部分　核燃料元件生产工中级技能

第三部分　核燃料元件生产工高级技能

第四部分　核燃料元件生产工技师技能

第五部分　核燃料元件生产工高级技师技能

第一部分　核燃料元件生产工初级技能

燃料组件和结构件表面处理主要包括除油、酸洗、氧化、涂脱膜等处理。表面处理质量直接影响产品的使用性能和质量，因此，作为初级燃料组件和结构件表面处理工，不仅要熟悉各种处理工艺，也要掌握生产中所用到的各种接触材料和特殊仪器仪表的使用，做好生产前的准备工作。

第一章　溶液基本知识及记录填写

学习目标：掌握表面处理操作中常用溶液和介质的基本特性，能配制所需的溶液和介质。

第一节　溶液基本知识

学习目标：掌握溶液特性和常用浓度的表示方法。

一、溶液

溶质的分子均匀地分布在溶剂的分子之中，这种体系具有高度的稳定性，无论放置多久都不会分离出来，这种体系就称为分子溶液，简称溶液。在溶液中少的那种物质叫溶质，多的那种物质叫溶剂。

溶液不能简单地看成就是机械混合物。实际上按它们的某些表现接近于化合物。因为在溶解时经常发生能量的吸收和释放以及体积的变化。例如：体积 V_1 的酒精和体积 V_2 的水混合时，其混合液的体积会缩小一些，小于 V_1 和 V_2 之和。同样，水、氢氟酸和硝酸混合后的总体积将小于它们分体积之和。硝酸铵溶解时液体产生剧冷，而氢氧化钾溶解时液体猛烈放热。这两个溶解过程可用下列反应式表示：

$$NH_4NO_3+aq+6\ kcal = NH_4NO_3\cdot aq$$

$$KOH+aq = KOH\cdot aq+13\ kcal$$

式中：aq 表示没有确定量的水。

在一定条件下，溶质在溶剂中溶解到不能再溶解时的浓度叫饱和点，也叫溶解度，此时的溶液叫饱和溶液。任何溶液若其浓度小于饱和溶液的浓度时称为不饱和溶液。含有多量溶质的溶液称浓溶液,含有少量溶质的溶液称为稀溶液。很浓的溶液称为浓缩溶液。

溶解度与温度、压力有很大关系,一般随温度和压力的增高,溶解度增大。

二、浓度

在一定的溶液中所含溶质的量就叫溶液的浓度。溶液浓度的表示方法很多,主要有下面几种:

1. 质量百分浓度与质量分数

定义:

$$\text{物质 B 的质量分数}(\omega_B)=\frac{\text{物质 B 的质量}(m_B)}{\text{溶液的质量}(m)} \tag{1-1}$$

物质B的质量分数(ω_B)为无量纲量。如 $\omega(KNO_3)=10\%$,即表示100 g该溶液中含有$KNO_3$10 g。

$$\text{质量百分浓度}(m/m\%)=\frac{\text{溶质的质量}(m_1)}{\text{溶液的质量}(m)}\times 100\% \tag{1-2}$$

即100 g溶液中所含溶质的克数。

质量百分浓度符号为 $m/m\%$或Am。

由上面定义可看出,物质B的质量分数(ω_B)与质量百分浓度($m/m\%$)具有相同的含意。

市售液体试剂一般都以质量百分浓度表示。例如,市售硫酸标签上标明96%,表示此硫酸溶液100 g中含 H_2SO_4 96 g,水4 g。

溶质为固体物质的溶液配制方法:如欲配15%NaCl溶液500 g,如何配制?

$$\text{配制此液需要溶质的质量 } m_1=500\times 15\%=75(\text{g})$$

$$\text{配制此液需要溶剂的质量 } m_2=500-75=425(\text{g})$$

称取75 gNaCl,加425 g水,混匀即成。

溶质为浓溶液的溶液配制方法:由于浓溶液取用量以量取体积较为方便,故通常须查酸、碱溶液浓度与密度关系表,用查得的密度计算出体积,然后进行配制。

2. 体积比浓度

体积比浓度是指A体积溶液溶质和B体积溶剂相混的体积比,常以(V_A+V_B)或A∶B符号表示。如(1+5)HCl溶液表示1体积市售盐酸与5体积水相混合而成的溶液。有些分析规程中写成1∶5HCl(或1∶5=HCl∶H_2O),其含义相同。但写成1∶5容易误看成1.5,所以建议写成(1+5)的形式为好。

3. 物质的量浓度

(1) 定义:物质的量浓度是指单位体积溶液中含溶质B的物质的量,或1 L溶液中含溶质B的物质的量(mol)。

$$C_B=n_B/V \tag{1-3}$$

式中,C_B——物质的量浓度,单位:mol/L;

n_B——物质B的物质的量,单位:mol;

V——溶液的体积,单位:L。

凡涉及物质的量 n_B 时，必须用元素符号或化学式指明基本单元，例如 $C_{(H_2SO_4)}=1\ mol/L H_2SO_4$ 溶液，表示 1 L 溶液中含 H_2SO_4 1 mol，即 9.08 g。

物质 B 的摩尔质量 M_B、质量 m 与物质的量 n_B 之间存在关系为：

$$m=n_B\times M_B$$

所以：

$$m=C_B\cdot V\cdot M_B \tag{1-4}$$

(2) 计算方法

1) 溶质为固体物质时

例：欲配制 $C_{(Na_2CO_3)}=0.5\ mol/L$ 溶液 500 ml，如何配制？

解：$m=C_B\times V\times M_B$，$M_B=106$

$$m_{(Na_2CO_3)}=0.5\times 0.500\times 106=26.5(g)$$

配法：称取 Na_2CO_3 26.5 g，溶于适量水中，并稀释至 500 ml 混匀。

2) 溶质为溶液时

例：欲配制 $C_{(H_3PO_4)}=0.5\ mol/L$ 溶液 500 ml，如何配制？（浓 H_3PO_4 密度 $\rho=1.69$，$m/m\%$ 为 85%，浓度为 15 mol/L）。

解：算法一，溶液在稀释前后，其中溶质的量不会改变，因而可用下式计算：

$$溶质的量=C_{浓}\times V_{浓}=C_{稀}\times V_{稀}$$

$$V_{浓}=\frac{C_{稀}\times V_{稀}}{C_{浓}}=\frac{0.5\times 500}{15}\approx 17(mL)$$

算法二，根据下式：

$$m=C_B\times V\times M_B$$

其中单元 B 为 H_3PO_4，上式写成：

$$m_{(H_3PO_4)}=C_{(H_3PO_4)}\times V_{(H_3PO_4)}\times M_{(H_3PO_4)}=0.5\times 0.500\times 98.00=24.5(g)$$

$$V_0=\frac{m}{\rho_0(P_0\%)}=\frac{24.5}{1.69\times 85\%}\approx 17(ml)$$

配法：量取浓 H_3PO_4 17 ml，加水稀释至 500 ml，混匀即成 $C_{(H_3PO_4)}=0.5\ mol/L$ 溶液。

4. 质量浓度

物质 B 的质量浓度是 1 L 溶液中所含物质 B 的质量(g)。即

$$\rho_B=m_B/V \tag{1-5}$$

式中，ρ_B——物质 B 的质量浓度，g/L；

m_B——溶质的质量，g；

V——溶液的体积，L。

物质 B 的质量浓度的符号为 ρ_B，常用单位为 g/L、mg/L、μg/L。

$\rho_B=50$ g/L 的 NH_4Cl 浓度，为 1 L NH_4Cl 溶液中含 NH_4Cl 为 50 g。

第二节　常用酸碱盐溶液

学习目标：掌握表面处理操作中常用酸碱盐溶液的基本特性，了解其在表面处理工艺中的作用。

表面处理中常用到的主要原材料有氢氟酸、硝酸、硝酸铝、二甲苯、无水乙醇、丙酮、去离子水等。其中氢氟酸、硝酸、硝酸铝、二甲苯、无水乙醇、丙酮都是对人体具有不同伤害程度的材料,因此在使用时应注意对自身的保护。以下为几种生产中经常接触的酸、碱、盐溶液。

一、氢氟酸

1. 物理性质

氢氟酸是氟化氢气体的水溶液,分子式 HF,分子量 20,含氟化氢为 60%以下的水溶液为无色澄清的发烟液体,具有强烈的刺激性气味,是一种很强的一元酸。市场上出售的氢氟酸通常含 40%的 HF,比重为 1.13 g/cm^3,纯度要求为化学纯。

2. 化学性质

与金属作用:氢氟酸与大多数金属或多或少强烈地发生化学反应。但在许多场合、反应只发生在金属表面,因为所生成的一层难溶的盐防止了酸更进一步与里面的金属作用。尤其是铅具有这种性质,所以铅制容器可用来盛放氢氟酸。

与一些非金属氧化物作用:由于氢氟酸能与 SiO_2 作用:

$$SiO_2+4HF=SiF_4\uparrow+2H_2O$$

所以不能用玻璃瓶来装氢氟酸。利用氢氟酸来腐蚀玻璃。腐蚀后的玻璃仍然是透明的。可以利用氢氟酸在玻璃上制作各种标记、刻字或雕花等工艺。

所有的氟化物都是有毒的,大多数氟化物都难溶于水。氢氟酸滴在皮肤上,则形成痛苦的难于治愈的烧伤,特别是滴在指甲上烧伤更为严重。

氟化氢气体对黏膜刺激很厉害,也能使钙从组织中沉淀出。

饮水中含有高量的氟化物,或吸入空气中含有高量的以灰尘形式存在的氟化物,能使牙齿破坏出血,主要使骨头脆性加大,易造成骨折。在水中及空气中含有大量的氟化物时也能使人患喉肿病。当人一下从空气中吸入大量的 HF 时,将使肺部造成条纹状的烧伤,因此从事氢氟酸作业者一定要高度重视防护。工作现场要有通风设备以及在劳动保护条件良好的情况下工作。

3. 用途

氢氟酸有各种不同的用途。除用来腐刻玻璃外,还可用于石油工业合成高级汽油,有机合成工业,酿造工业(发酵中除去有害菌),铸造工业用来除去砂子以及矿物分析等。核工业中主要是用它来清洗锆材包壳管,以获得清洁光亮的表面。

二、硝酸

1. 物理性质

分子式 HNO_3,分子量:63.01,比重 1.51 g/cm^3,硝酸可与水以任何比混合,在实验工作中所用的硝酸浓度一般为 65%,比重 1.40 g/cm^3,在组成上近似地相当于 $HNO_3\cdot 2H_2O$。熔点 −42 ℃,沸点 86 ℃(分解)。硝酸是一无色或带弱黄色的液体。市售硝酸含 HNO_3 量为 63%,纯度要求化学纯。

2．化学性质

（1）纯硝酸不稳定性

无水硝酸本是一种无色液体。由于它在 86 ℃沸腾，部分按下式分解：$4HNO_3 + 62\ kcal \longrightarrow 2H_2O + 4NO_2 + O_2$，而二氧化氮溶液溶解在蒸馏过的硝酸中，可使硝酸变成黄色或红色（根据 NO_2 的量多少而定），所生成的 NO_2 后来能逐渐从酸液中逸出，这样的硝酸就称为发烟硝酸。100％的硝酸即使在常温下，被光线照射时，也能按上式分解，这就是为什么硝酸最好用深色容器盛装或保存在黑暗地方的原因。

（2）强氧化性

硝酸的第一个特征就是它具有强烈的氧化性。不很浓的硝酸最后的还原产物为 NO，浓硝酸则为 NO_2。

在实际中常见的所有金属，除 Au 和 Pt 外都能被浓硝酸氧化成相应的氧化物，假如这些氧化物溶解在 HNO_3 中，就会形成硝酸盐。在酸洗锆合金的混合酸液中加 45％体积的浓度为 65％的硝酸正是利用硝酸的这种强氧化性，以便把包壳管表面的锆合金和其氧化物氧化到离子状态，从而同锆一起溶解在酸洗液中，获得清洁光亮的表面。

某些与稀硝酸作用猛烈的金属（如 Fe）却与浓硝酸（尤其是发烟硝酸）不起作用。这是由于它在金属表面上形成了一层很薄且致密的不溶于浓硝酸的氧化膜，它保护金属不再进一步地被侵蚀，这种现象叫钝化现象。这就是为什么浓硝酸（通常加上 10％的 H_2SO_4）能用铁罐装运的原因。

浓硝酸与某些非金属及其衍生物也能发生强烈的作用。如硫在沸腾时能被它氧化成 H_2SO_4，碳能被氧化成 CO_2 等。很多有机物（特别是动植物的组织），在硝酸作用下，即被破坏。而某些有机物与浓的 HNO_3 相接触时，甚至能着火。

稀硝酸与 HI 不起作用，而浓硝酸不仅能氧化 HI，甚至也能氧化 HCl。$HNO_3 + 3HCl = NOCl + Cl_2 + 2H_2O$。浓硝酸与浓盐酸的混合物通常叫“王水”，它比单独的 HNO_3 或 HCl 的作用要猛烈得多，就是 Au 、Pt 也容易溶解在“王水”中而形成相应的氯化物。

$$Au + HNO_3 + 3HCl \longrightarrow AuCl_3 + NO + 2H_2O$$

$$3Pt + 4HNO_3 + 12HCl \longrightarrow 3PtCl_4 + 4NO + 8H_2O$$

“王水”能溶解 Au 和 Pt，主要是新生成的氯和产生的氯化硝基具有强氧化性，所以浓硝酸有强氧化性。

（3）硝化作用

硝基 NO_2 可以取代有机物中的 H，如硝酸与棉花作用能生成硝酸纤维，每个纤维的葡萄糖单体最多能和三个硝酸分子作用生成三硝酸纤维酯。含氮量达 12.5％～12.8％，是一种难溶的炸药，也就是平时称的黄色炸药。但事实上因纤维素中三个氢基的反应活动大小不同，所以它们不会同时和硝酸作用。当硝酸纤维含氮量为 11％～12.4％时，可作硝基清漆的主要原料。

（4）强酸性

浓硝酸主要表现为氧化性，而稀硝酸主要表现为本性。稀硝酸能与许多金属作用，取代出氢，然而氢平时并不析出，它消耗在还原多余的硝酸上，使硝酸还原成较低价的氮的衍生物，一直到 NH_3。一般来说所获得的是各种还原产物的混合物。

$$3Zn + 8HNO_3(稀) \longrightarrow 3Zn(NO_3)_2 + 2NO\uparrow + 4H_2O$$

作为一种很强的一元酸,硝酸能形成在平常条件下十分稳定的结晶很好的盐。大多数硝酸盐都是无色的,几乎所有的硝酸盐都溶于水。

硝酸应贮存在磨口瓶中,置于暗处及凉爽的地方,使用时不小心溅在皮肤上能产生很厉害的烧伤。即使立即用水冲洗也会使皮肤受到破坏,呈黄色的斑痕。

硝酸的用途很广,可用来制造氮肥、王水、硝酸盐、硝酸甘油、硝化纤维、硝基苯、TNT、苦味酸等。用硝酸作为强氧化剂,对锆合金包壳管表面起到抛光的作用。

三、硝酸铝

硝酸铝的分子式为 $Al(NO_3)_3 \cdot 9H_2O$,不含结晶水的硝酸铝的分子量为 213。硝酸铝是一种无色斜方晶体,易溶于水,易潮解,在 70 ℃即成熔融状态,变成 $Al(NO_3)_3 \cdot 6H_2O$,熔点为 73.5 ℃,分解温度为 150 ℃,100 ℃时则完全分解而成 Al_2O_3,比热为 103.5 cal/(kg·℃)。比重随水含量而定。含 1%的 $Al(NO_3)_3$ 的比重为 1.006 5,含 32%的 $Al(NO_3)_3$ 的比重为 1.303 6 g/cm^3。硝酸铝的氧化性强,与有机物接触,能爆炸和燃烧,贮存时需注意,应密封贮存。

硝酸铝主要用来制造催化剂,纺织工业的媒染剂。在溶剂萃取回收废核燃料时,用作盐析剂以及用于制造其他铝盐。

我们把 $Al(NO_3)_3 \cdot 9H_2O$,作为酸洗后的第一道漂洗剂,以便提高漂洗效果。它能中止酸洗反应,中和锆合金包壳管从酸洗槽中带出的酸洗液,络合锆、氟离子生成新的络合物留在漂洗液中。

四、苛性钠

苛性钠是一种强碱,比重为 2.1 g/cm^3,熔点为 328 ℃,沸点是 1 390 ℃,是一种白色吸水性很强的固体。其断面是结晶结构,能吸收空气中的水和二氧化碳而潮解,所以,NaOH 常作为一种干燥剂,极易溶于水,100 g 饱和溶液中 NaOH 含量为 14.7 g,可溶于甘油,而不溶于丙酮,用铁丝或铂丝醮上一点在酒精灯火焰上烧时,其火焰呈黄色。苛性钠的分子式为 NaOH,分子量为 40。

苛性钠能和酸、金属、非金属、氧化物等发生反应。

例如,同金属铝和锌的反应:

$$2Al+2NaOH+6H_2O = 2Na[Al(OH)_4]+3H_2\uparrow$$

$$2Zn+2NaOH+2H_2O = 2Na[Zn(OH)_4]+H_2\uparrow$$

同非金属硼和硅的反应:

$$2B+2NaOH+6H_2O = 2Na[B(OH)_4]+3H_2\uparrow$$

$$Si+2NaOH+2H_2O = Na_2[Si\,O_2(OH)_2]+2H_2\uparrow$$

同卤素发生歧化反应:

$$X_2+2\,NaOH = NaX+NaOX+H_2O$$

氢氧化钠能与酸进行中和反应,生成盐和水,氢氧化钠也能与酸性氧化物反应生成盐和水。反应如下:

$$2NaOH+H_2S = Na_2S+2H_2O$$

$$2NaOH+CO_2 = Na_2CO_3+2H_2O$$

因此，存放 NaOH 时必须注意密封，以免吸收空气中的水和二氧化碳。

NaOH 溶液与酸性氧化物 SiO_2 也缓慢反应，生成溶于水的硅酸盐。

$$2NaOH+SiO_2 = Na_2[SiO_2(OH)_2]$$

因此，存放 NaOH 溶液的瓶子要用橡胶皮塞子，而不要用玻璃塞子，否则，长期存放，NaOH 便和玻璃中的主要成分 SiO_2 作用，生成黏性的 $Na_2[SiO_2(OH)_2]$，而把玻璃瓶塞和瓶口黏结在一起。

NaOH 还能与盐作用，生成新碱和盐。反应如下：

$$NaOH+SiO_2 = NH_3\uparrow+H_2O+NaCl$$

$$6NaOH+Fe_2(SO_4)_3 = 2Fe(OH)_3\downarrow+3Na_2SO_4$$

利用前一个反应可以在实验室里制得氨气，利用后一个反应可除去溶液中的杂质 Fe^{3+} 离子，以纯制某些物质。

NaOH 易于溶化，具有溶解金属氧化物与非金属氧化物的能力，因此，在工业生产和分析工作中，常用于矿物原料和硅酸盐类试样的分解。

NaOH 的强碱性所引起的腐蚀性，能严重地侵蚀皮肤、衣服、玻璃、陶瓷以及极稳定的金属铂。因此，制备或使用 NaOH 时，应特别注意，当熔融或蒸浓其浓度时，要用银、镍或铁制品的容器，这三种金属，尤其是银对 NaOH 具有较强的抗腐蚀性能。

在工作中，如果皮肤上沾上 NaOH 溶液时，应用硼酸或稀乙酸水溶液洗涤，最后用大量的清水冲洗。如误服 NaOH 中毒者，严禁催吐洗胃，应服用大量弱酸性药物，如柠檬酸、醋等，两小时后，可给喝牛奶、蛋清。严重时送医院医治。

第三节　常用化学试剂

学习目标：掌握表面处理操作中常用化学试剂的基本特性，了解其在表面处理工艺中的作用。

一、丙酮

丙酮为无色透明液体，具有特殊臭味、易燃，能与水、醇及多种有机溶剂互溶，其示性式(分子式)：CH_3COCH_3；相对分子质量：58.08；密度(20 ℃)为 0.790 g/cm^3。

除特别声明外，核燃料元件生产所用丙酮应符合表 1-1 中的分析纯以上级别。

表 1-1　丙酮的规格

名　称	分析纯	化学纯
含量(CH_3COCH_3)/%	≥99.5	≥99.0
沸点/℃	56±1	56±1
与水混合试验	合格	合格
蒸发残渣/%	≤0.001	≤0.001
水分(H_2O)	≤0.3	≤0.5
酸度(以 H^+ 计)/(mmol/100 g)	≤0.05	≤0.08
碱度(以 OH^- 计)/(mmol/100 g)	≤0.05	≤0.08

续表

名 称	分析纯	化学纯
醛(以 HCHO 计)/%	≤0.002	≤0.005
甲醇/%	≤0.05	≤0.1
乙醇/%	≤0.05	≤0.1
还原高锰酸钾物质	合格	合格

二、乙醇

乙醇为无色透明、易挥发、易燃液体，能与水、丙三醇、三氯甲烷、乙醚等任意混溶，密度(20 ℃)为(0.789～0.791)g/cm^3；分子式：CH_3CH_2OH；相对分子质量：46.07。

除特别声明外，核燃料元件生产所用乙醇应符合表 1-2 中的分析纯以上级别。

表 1-2 乙醇的规格

名 称	优级纯	分析纯	化学纯
含量(CH_3CH_2OH)/%	≥99.8	≥99.7	≥99.5
与水混合试验	合格	合格	合格
蒸发残渣的质量分数/%	≤0.000 5	≤0.001	≤0.001
水分的质量分数/%	≤0.2	≤0.3	≤0.5
酸度(以 H^+ 计)/(mmol/100 g)	≤0.02	≤0.04	≤0.1
碱度(以 OH^- 计)/(mmol/100 g)	≤0.005	≤0.01	≤0.03
异丙醇[$(CH_3)_2CHOH$]的质量分数/%	≤0.003	≤0.01	≤0.05
甲醇(CH_3OH)的质量分数/%	≤0.02	≤0.05	≤0.2
铁(Fe)的质量分数/%	≤0.000 01	—	—
锌(Zn)的质量分数/%	≤0.000 01	—	—
还原高锰酸钾物质的质量分数/%	≤0.000 25	≤0.000 25	≤0.000 6

三、二甲苯

二甲苯一般是三种异构体的混合物，这三种异构体分别是：邻二甲苯、对二甲苯和间二甲苯。其结构见图 1-1。二甲苯分子式：$C_6H_4(CH_3)_2$，分子量为 106.17，比重为 0.87，沸点为 136～147℃。

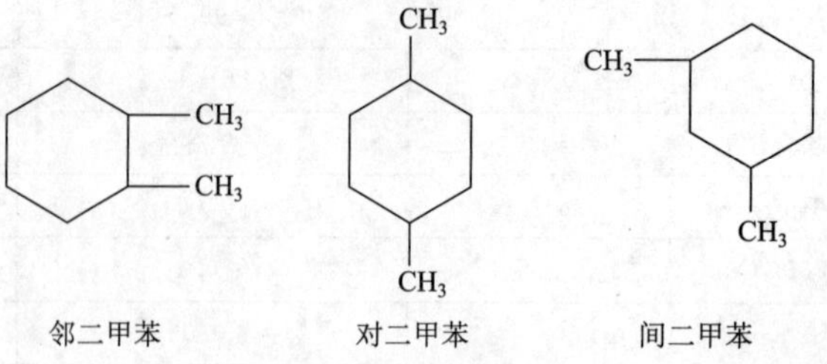

CH_3 CH_3 (邻二甲苯)　CH_3 CH_3 (对二甲苯)　CH_3 CH_3 (间二甲苯)

邻二甲苯　对二甲苯　间二甲苯

图 1-1 二甲苯三种异构体结构

四、去离子水

去离子水就是把自来水经离子交换树脂的吸附，把自来水中的杂质尽可能地减少，从而使其阴离子和阳离子的数量大大减少，降低了水的导电性，使其电阻增大。一般在核燃料元件制造过程中要求使用B级去离子水，电阻率大于5 000 Ω·m。

第四节　工业用溶剂

学习目标：掌握表面处理操作中常用工业用溶剂的基本特性，了解其在表面处理工艺中的作用。

虽然用于金属表面除油的溶剂有很多种，但只是其中几种获得了实际应用，如汽油、煤油、酒精、丙酮、二甲苯及氯化碳氢化合物。

一、汽油

汽油能溶解多数油脂，稳定、毒性小，但易着火，引起强烈燃烧。使用大量汽油是危险的，需要采取特别仔细的防火措施。所以除油时，一般都用小量的汽油（小批量生产时）。用汽油来除油多半采用手工方法，先冷态浸入，然后用刷子或用刷子和蘸有汽油的抹布来擦拭制件。

二、煤油

煤油（也是用小量的）常用于手工除油（不预热），在除油及干燥（通常在锯末里）之后，制件常清理得不够充分。所以煤油只应用于清除厚层油脂及其他黏附的污物（磨光膏之类），而后还要用另外的方法进行除油。

三、氯化碳氢化合物

许多氯化碳氢化合物溶剂，首先是三氯乙烯和四氯乙烯用作大批生产中的除油溶剂。三氯乙烯及四氯乙烯，不易燃，比较稳定，具有毒性。它们很善于溶解多数油脂，并易于用蒸馏法而再生。然而，使用这两种溶剂的时候，必须遵守保证经济性及无有害影响的这一规则，所以这类溶剂不用手工除油，只用于一定装置中除油，这种装置的结构只有在正确维护下方能很好地满足全部要求。

三氯乙烯及四氯乙烯的性能：三氯乙烯 $CHCl—CCl_2$ 和四氯乙烯 $CCl_2—CCl_2$ 呈无色，是比重较大的液体，易于溶解多数油脂、机油、树脂、蜡及焦油等。这两种溶剂的一些物理化学数据列于表1-3。它们稍具甜味，在正常条件下，除铝和镁外，这两种溶剂与其他金属不起反应。三氯乙烯与铝和镁能发生反应。这两种溶剂的蒸发温度低，而且易于蒸馏。它们的蒸汽较重，沿地皮蔓延。这一点在安装车间通风设备时，必须考虑，三氯乙烯和四氯乙烯在一定条件下发生分解，从而形成各种产物，主要是盐酸。三氯乙烯在阳光及高温作用下分解。三氯乙烯在温度超过120 ℃以上，四氯乙烯在温度超过150℃以上就发生分解，生成剧毒物质。在冷态和不通风的情况下，这种反应进行很慢。在这样条件下，三氯乙烯实际上是稳定的，四氯乙烯更稳定些，它在光作用下，不发生分解，但在某些化学物质和污物的催化作用下可发生分解，如酸类，尤其是盐酸的残迹能引起最快的分解。三氯乙烯与铝作用，发生反应，这时释放出大量的热量，使全部三氯乙烯迅速分解，有时还伴有爆炸发生，这种现象仅发生在三氯乙烯与铝的接触面积较大时，水分限制着这种反应，因而对铝和镁除油是不能用三氯乙烯的。

表 1-3　三氯乙烯和四氯乙烯的性能

指　标	三氯乙烯	四氯乙烯
结构式	CHCl—CCl_2	CCl_2—CCl_2
分子量	131.39	165.83
沸点/℃	87	121
凝固点/℃	−86	−22.4
密度 d/(g/ml)	1.462	1.623
折射系数 n $\frac{20}{D}$	1.478 2	1.505 5
20 ℃时的黏度/(g/cm·s)	0.005 49	0.008 992
20 ℃时的比热 C_P/[J/(g·℃)]	0.223	0.216

反复蒸馏的“过热”，尤其反复蒸馏的后期，可能使溶剂分解，因为可溶性污物使溶剂的沸点增高，当污物最大时，沸点可能超过分解温度，所以反复蒸馏时最容易生成分解产物而毁坏溶剂。

为了减少三氯乙烯在储存或使用过程中分解，可加微量的三乙胺、二苯胺、苏打或白恶粉等添加剂，以增加其稳定性。部分分解了的溶剂应该全部换掉，因为把它添到新的三氯乙烯中会使其加速分解。

四氯乙烯一般不需要稳定化，因为它比三氯乙烯稳定得多，在光作用下分解得很缓慢，并且不生成盐酸。从这一点看，四氯乙烯比三氯乙烯更适用些，但它比较昂贵。

三氯乙烯和四氯乙烯对人体的危害。它们和皮肤接触时，能剧烈地溶解油脂，而使皮肤脱脂，当溶剂蒸汽在空气里的浓度较大时，吸进对人体有害。而吸进去这类溶剂的分解产物危害会更大，特别是剧毒的三氯乙烯分解产物。所以，用它们来除油一定要在密闭抽风的容器内进行，把蒸汽的有害作用降低到最低蒸发浓度。表 1-4 中为几种常用有机溶剂的物理化学特性。

表 1-4　常用有机溶剂的物理化学特性

名称	分子式	相对分子质量	密度/(g/cm³)	沸点/℃	蒸气相对密度	燃烧性	爆炸性
汽油	—	85～140	0.69～0.74	—	—	易	易
酒精	C_2H_5OH	46	0.789	78.5		易	易
苯	C_6H_6	78.11	0.895	80	2.695	易	易
甲苯	$C_6H_5CH_3$	92.13	0.866	110～112	3.18	易	易
二甲苯	$C_6H_4(CH_3)_2$	106.2	0.897	136～144	3.66	易	易
丙酮	C_3H_6O	58.08	0.79	56	1.93	易	易

续表

名称	分子式	相对分子质量	密度/(g/cm³)	沸点/℃	蒸气相对密度	燃烧性	爆炸性
二氯甲烷	CH_2Cl_2	81.94	1.316	39.8	2.93	不	易
四氯化碳	CCl_4	153.8	1.585	76.7	5.3	不	不
三氯乙烷	$C_2H_3Cl_3$	133.42	1.322	71.1	1.55	不	不
三氯乙烯	$C_2H_3Cl_3$	131.4	1.456	86.9	1.54	不	不

第五节　记录填写规范和要求

学习目标：掌握记录的定义、作用、填写规范及保存要求。

一、记录的定义

记录是指：阐明所取得的结果或提供所完成活动的证据的文件。

对质量有影响的各项活动应按规定要求做好记录。记录不限于书面的，还可以是构成客观记录的录像带、磁带、照片、见证件或其他方式存储的资料。

二、记录的作用

记录的作用是提供证据，表明产品、过程和质量管理体系符合要求和质量管理体系得到有效运行，对其进行分析可作为采取纠正措施和预防措施的依据，可为完善质量管理体系提供信息。

三、记录的填写规范和要求

组织应对记录的标识、储存、检索、保护、保存期限和处理进行控制，并制定相应的文件。为证明产品符合要求和质量管理体系有效运行所必需的记录如：培训记录、工艺鉴定记录、投产记录、管理评审记录、产品要求的评审记录、设计和开发评审、验证、确认结果及跟踪措施的记录、设计和开发更改记录、供方评价记录、产品标识记录、产品测量和监控记录、校准结果记录等。

1. 记录的填写

汉字的填写采用第一次公布的简化字，书写字体要求工整，笔画清楚、间隔均匀、排列整齐。字母与数字参照 GB/T 1491《中华人民共和国国家标准技术制图字体》中的直体字。书写一律使用碳素墨水或蓝黑墨水，使用复写纸时允许使用圆珠笔，签名时允许使用黑色签字笔。

当记录需要修改时，应在原错误内容上画一条横线，并在其上签注修改人姓名、日期，在附近空白处重新填写正确的内容，原错误内容应能辨认。每一页记录最多允许修改 3 处；不允许使用涂改液或挖补、纸贴的方式修改数据。

2. 记录的保存

记录分为永久性记录和非永久性记录，永久性记录保管期限为 50 年以上，非永久性记录的保管期限分长期保管和短期保管,长期保管期限为16年以上至50年,短期保管期限为15年以下。核燃料元件生产厂家的岗位记录一般属于短期保管记录,要求至少保存到所属燃料组件寿期终止。

记录保存时,应对记录进行标识,应能分清是何种产品、生产日期、保存期限等内容。记录的储存必须确保记录不变质,记录应装订成册或装入文件夹,放置在铁皮文件柜中。一些特殊记录应特殊保存,如X光底片,其保存要求密闭、干燥、温度变化小。定期对记录进行检查,一般记录一年检查一次,对重要的记录或与环境条件密切相关的记录,应缩短检查周期。如X光底片可以采取半年检查一次。检查内容主要包括:记录完好无损、无短缺;储存柜完好,保存条件符合要求。

第二章　常用计量器具及使用方法

学习目标:掌握表面处理操作中常用计量器具工作原理及使用方法。

第一节　游标卡尺

学习目标:掌握游标卡尺工作原理及使用方法。

游标卡尺是一种测量长度、内外径、深度的量具,主要由主尺和附在主尺上能滑动的游标两部分组成。主尺主要以 mm 为单位,而游标上则有 10、20 或 50 个分格。根据分格不同,游标卡尺可分为十分度游标卡尺、二十分度游标卡尺和五十分度游标卡尺,游标为十分度的有 9 mm、二十分度的有 19 mm、五十分度的有 49 mm,分度值分别是 0.1、0.05 和 0.02 mm。

一、结构

图 2-1 所示是分度值为 0.02 mm 的游标卡尺,它由刀口形的内、外量爪和深度尺组成。其测量范围在 0～125 mm。内测量爪用于测量内径,外测量爪用于测量外径,深度尺用于测量深度。

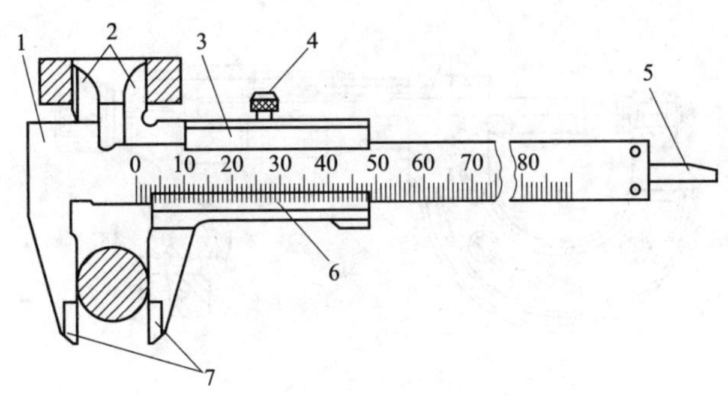

图 2-1　分度值为 0.02 mm 的游标卡尺结构图

1—尺身;2—内量爪;3—尺框;4—锁紧旋钮;5—深度尺;6—游标;7—外量爪

二、分度值为 0.02 mm 的游标卡尺刻线原理

图 2-2 中,尺身 1 格为 1 mm,当两测量爪并拢时,尺身上的 49 mm 正好对准游标上的 50 格,则:

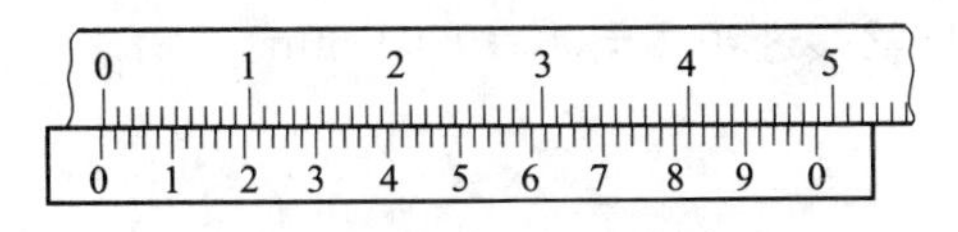

图 2-2　0.02 mm 游标卡尺刻线原理

游标每一格的值=49÷50=0.98 mm;尺身与游标每一格相差的值=1−0.98=0.02 mm。

三、使用方法

1. 测量前应将卡尺擦干净,两量爪贴合后,游标和尺身零线应对齐;
2. 测量时,测力以使两量爪刚好接触零件表面为宜;
3. 测量时,防止卡尺歪斜;
4. 在游标上读数时,避免视线歪斜产生读数误差。

第二节 千分尺

学习目标:掌握千分尺工作原理及使用方法。

千分尺也叫螺旋测微器、螺旋测微仪、分厘卡,是比游标卡尺更精密的测量长度的工具,可以精确到0.01 mm,测量范围为几个厘米。它的一部分加工成螺距为0.5 mm的螺纹,当它在固定套管的螺套中转动时,将前进或后退,活动套管和螺杆连成一体,其周边等分成50个分格。螺杆转动的整圈数由固定套管上间隔0.5 mm的刻线去测量,不足一圈的部分由活动套管周边的刻线去测量,最终测量结果需要估读一位小数。

一、结构

图2-3所示是测量范围为0～25 mm的千分尺,它由尺架、测微螺杆、测力装置等组成。

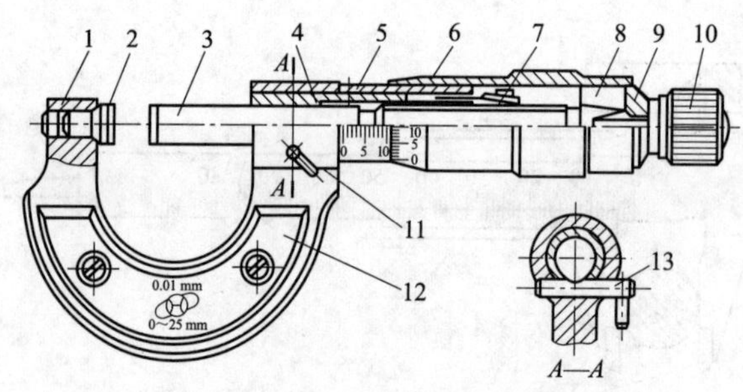

图2-3 千分尺

1—尺架;2—测砧;3—测微螺杆;4—螺纹轴套;5—固定套筒;6—微分筒;7—调节螺母;
8—接头;9—垫片 10—测力装置;11—锁紧机构;12—绝热片;13—锁紧轴

二、刻线原理

千分尺测微螺杆上的螺纹,其螺距为0.5 mm。当微分筒转一周时,测微螺杆沿轴向移动0.5 mm。固定筒刻有间隔为0.5 mm的刻线,微分筒圆周上均匀刻有50格。因此当微分筒每转一格时,测微螺杆就移进:0.5÷50=0.01 mm。

三、使用方法

1. 测量前,转动千分尺的测量装置,使两测砧面靠合,并检查是否密合;同时看微分筒与固定套筒的零线是否对齐，如有偏差应调固定套筒对零。

2. 测量时需把工件被测量面擦干净；工件较大时应放在V型铁或平板上测量。

3. 测量时，用手转动测量装置，控制测力，不允许用冲力转动微分筒。千分尺测微螺杆轴线应与零件表面垂直。

4. 读数时，最好不取下千分尺进行读数，如需取下读数，应先锁紧测微螺杆，然后轻轻取下千分尺，防止尺寸变动。读数要细心，看清刻度，不要错读。

5. 不要拧松后盖，以免造成零位线改变。

6. 用后擦净，放入专用盒内，置于干燥处。

第三节　百分表

学习目标：掌握百分表工作原理及使用方法。

百分表是利用精密齿条齿轮机构制成的表式通用长度测量工具，它的刻度值为0.01 mm，也是一种测量精度比较高的一种指示类量具。百分表只能测量相对数值，不能测出绝对值。目前已被广泛用于测量工作的几何形状误差及位置误差等，如圆度、平面度、垂直度、跳动等。

一、结构与传动原理

如图2-4所示，百分表通常由三个部件组成：表体部分、传动系统、读数装置。百分表具体包括：测头、量杆、防震弹簧、齿条、齿轮、游丝、圆表盘及指针等。百分表的传动系统是由齿轮、齿条等组成的。测量时，当带有齿条的测量杆上升，带动小齿轮 Z_2 转动，与 Z_2 同轴的大齿轮 Z_3 及小指针也跟着转动，而 Z_3 又带动小齿轮 Z_1 及其轴上的大指针偏转。游丝的作用是迫使所有齿轮作单向啮合，以消除由于齿侧间隙而引起的测量误差。弹簧是用来控制测量力的。

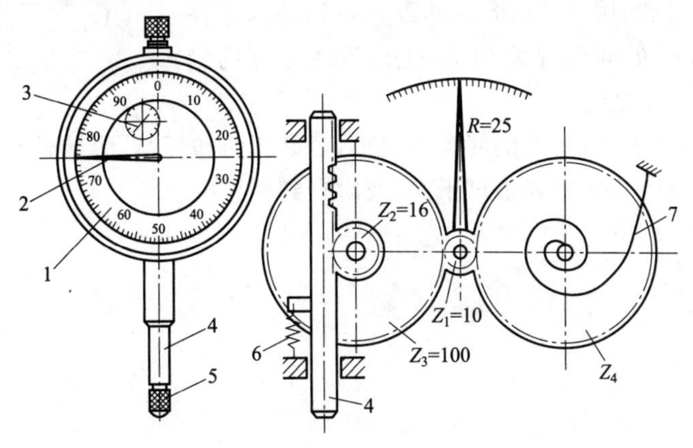

图2-4　百分表

1—表盘；2—大指针；3—小指针；4—测量杆；5—测量头；6—弹簧；7—游丝

二、刻线原理

测量杆移动 1 mm 时,大指针正好回转一圈。而在百分表的表盘上沿圆周刻有 100 等分格,其刻度值为 1/100=0.01 mm。测量时当大指针转过 1 格刻度时,表示零件尺寸变化 0.01 mm。

三、使用方法

1. 百分表在使用时要装在专用夹持架上,夹持架应放在平整位置上。百分表在表架上的上下、前后位置可以调节,并可调整角度。有的夹持架底座有磁性,可牢固地吸附在钢铁制件平面上。

2. 测量前,检查表盘和指针有无松动现象;检查指针的稳定性。

3. 测量时,测量杆应垂直零件表面。测圆柱时,测量杆应对准圆柱中心。测量头与被测表面接触时,测量杆应预先有 0.3～1.0 mm 的压缩量。要保持一定的初始测力,以免负偏差测不出来。

第四节 塞 尺

学习目标:掌握塞尺工作原理及使用方法。

塞尺,又名厚薄规,如图 2-5 所示,是用来检验两个结合面之间间隙大小的片状量规。塞尺有两个平行的测量平面,其长度制成 50 mm、100 mm 或 200 mm,由若干片叠合在夹板里。厚度为 0.02～0.10 mm 组的,每片间隔 0.01 mm;厚度为 0.1～1.0 mm 组的,每片间隔为 0.05 mm。

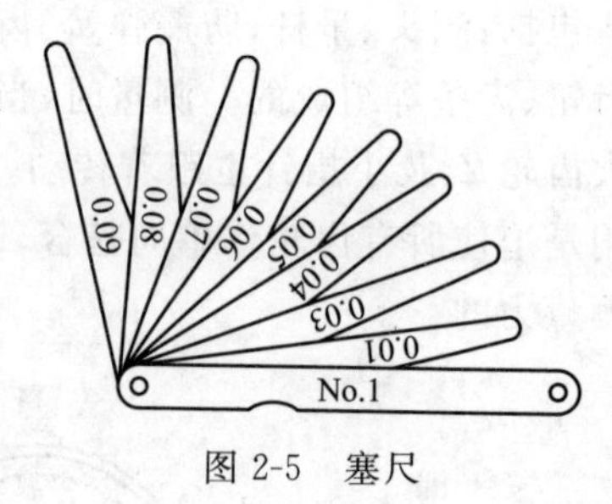

图 2-5 塞尺

使用塞尺时,根据间隙的大小,可用一片或数片重叠在一起插入间隙内。例如用 0.2 mm 的间隙片可以插入工件的缝隙,而 0.25 mm 的间隙片就插不进去,说明零件的缝隙在 0.20～0.25 mm 之间。

使用塞尺的注意事项:塞尺的间隙片很薄,容易弯曲和折断,测量时不能用力太大;不能测量温度较高的工件;用完后要擦拭干净,及时合到夹板中。

第三章　设备维护保养与工装管理

学习目标：掌握设备维护保养和工装管理基础知识，能对设备进行一般的维护保养。

设备管理是一项系统的工程，依照设备综合管理的理论，企业应实行设备全过程的管理，也就是实行从设备的规划工作起直至报废的整个过程的管理。这个过程一般可分为前期管理和使用期管理两个阶段。设备前期管理的主要内容有设备规划、选型与购置、自制设备的设计与制造、设备的安装调试与验收，设备使用期管理的主要内容包括设备的使用与维护、设备的润滑以及设备的故障管理等。

第一节　设备维护保养

学习目标：掌握设备维护保养基础知识。

一、设备维护保养定义

设备的操作规程和维护保养规程是指导工人正确使用和维护设备的技术性规范，每个操作者必须严格遵守，以保证设备正常运行，减少故障，防止事故的发生。

二、设备维护保养的重要性

设备在负荷下运转并发挥其规定功能的过程，即为使用过程。设备使用寿命的长短，效率的高低，主要取决于设备结构、性能，制造精度，但也受到工作环境、操作人员的素质、使用的方法、负荷大小、工作持续时间长短及维护保养的好坏等因素的影响，可能使设备的技术状态发生变化而降低工作性能和效率。特别是高精尖设备，设备的工作性能和效率与设备使用者和维护人员密切相关。核燃料元件生产涉及许多极精尖的设备，而且许多设备是从国外进口、是国内唯一的设备。如果能正确合理地使用设备，就可以更好地发挥设备的技术性能，保持良好状态，防止非正常磨损，避免突发性故障，延长设备的使用寿命，提高工作效率；而精心维护设备，则可对设备起"保健"作用，改善设备的技术状态，延缓劣化进程，及时发现和消灭故障隐患于萌芽状态，从而保障安全运行，保证企业的经济效益。因此，对设备的正确使用与精心维护是贯彻设备管理以"预防为主"的重要环节，必须十分重视，这就要求我们明确使用者及使用维护者的职责与工作内容，建立必要的规章制度，以确保设备使用维护等各项措施的贯彻执行。

三、设备维护保养内容

设备使用维护管理的主要内容包括：设备操作、维修工人的培训；制定设备操作规程，设备安全规程及维护保养规程；监督设备的正确使用，搞好设备润滑，进行日常维护和定期维护；实行设备点检，定期检查，区域维修责任制；设备的状态监测、诊断及故障修理；设备使用维护的检查评比,设备事故处理等。

通过以上的工作我们可以掌握设备的技术状态信息,为设备的修理、改进和提高管理工作水平奠定良好的基础。

设备的维护保养是操作者为保持设备正常技术状态,延长使用寿命所进行的日常工作,这是操作人员主要职责之一。设备维护保养必须达到“整齐、清洁、润滑和安全”。设备维护保养分日常维护保养和定期维护保养。

1. 设备的日常维护保养

设备日常维护保养包括每班维护保养和周末维护保养,这是由操作者负责的工作。

1）每班维护

班前要对设备进行点检,查看有无异状,油箱及润滑装置的油质、油量,并按润滑图表规定加油;安全装置及电源等是否良好。确认无误后,先空车运转待润滑情况及各部正常后方可工作。设备运行中要求严格遵守操作规程,注意观察运转情况,发现异常情况应该立即停机处理,对不能自己排除的故障按设备管理的正规要求应该填写“设备故障报修单”交车间调度安排维修工人检修,检修完毕后由操作者签字验收,修理工则在报修单上记录上检修和更换零部件的情况。车间设备员要对设备故障报修单进行统计分析,掌握故障动态。下班前需用 15 min 左右的时间清扫擦拭设备,切断电源,并且在设备导滑轨部位涂油,清理工作场地,保持设备整洁。

“设备故障报修单”的范本见表 3-1。

表 3-1　设备故障报修单

<table>
<tr><td>工 段</td><td></td><td>班 组</td><td colspan="2"></td><td colspan="2">岗位</td><td></td></tr>
<tr><td>设备编号</td><td></td><td>设备名称</td><td colspan="2"></td><td colspan="2">型号规格</td><td></td></tr>
<tr><td>故障发生时间</td><td colspan="2">月　日　时　分</td><td colspan="2">修理完工时间</td><td colspan="3">月　日　时　分</td></tr>
<tr><td colspan="8">故障发生情况：
班长：　报修人：　时　分</td></tr>
<tr><td colspan="3" rowspan="4">故障原因及处理</td><td colspan="5">修理更换的零件</td></tr>
<tr><td>名称</td><td>型号/图号</td><td colspan="2">数量</td><td>金额</td></tr>
<tr><td></td><td></td><td colspan="2"></td><td></td></tr>
<tr><td></td><td></td><td colspan="2"></td><td></td></tr>
<tr><td colspan="3" rowspan="5">修理结果及防止再发生意见</td><td>修理工时</td><td></td><td colspan="2">停机时间</td><td></td></tr>
<tr><td rowspan="4">修理费用</td><td>材料</td><td colspan="3"></td></tr>
<tr><td>工时</td><td colspan="3"></td></tr>
<tr><td colspan="2">其他</td><td colspan="2"></td></tr>
<tr><td colspan="2">合计</td><td colspan="2"></td></tr>
<tr><td colspan="8">车间调度：　验收人：　承修人：　年　月　日</td></tr>
</table>

2）周末维护

是在每周周末和节假日前,用 1～2 h 较彻底地清洗设备,清除油污,达到维护设备的“四项要求”,即:整齐、清洁、润滑和安全。车间组织设备考核小组还应该组织有关责任人检查评分、并进行考核和公布评分的结果。

2. 设备定期维护保养

设备定期维护保养是在维修工人辅导配合下，由操作者进行的定期维护保养作业，要求按设备管理部门的计划执行。设备定期维护保养要求一班或两班制生产的设备每3个月一次，干磨多尘设备每月一次，特殊生产用设备且生产周期不超过半年的，可在停产期间进行，如电子束焊机、骨架点焊机、压塞机等。

3. 设备定期维护的主要内容

设备定期维护的主要内容有以下六个方面：

(1) 拆卸指定部件、箱盖及防尘罩等，对各部件内外彻底清洗，擦拭；

(2) 清洗导轨及各滑动面，清除毛刺及划伤痕迹；

(3) 检查调整各部件配合间隙，紧固松动部位，更换个别易损件及密封件；

(4) 疏通油路，清洗滤油器、油毡、油线、油标，增添或更换润滑油料，更换冷却液及清洗冷却液箱；

(5) 补齐缺少的手柄、螺钉、螺帽及油嘴等机件，保持完整；

(6) 清扫、检查、调整电气线路及装置(这项工作必须由维修电工负责)。

不论是日常维护还是定期维护，在维护保养作业中发现的隐患，一般由操作者自行调整，不能自行调整的则要以维修工人为主，操作者配合，并按规定做好记录。

4. 维护保养检查

设备进行定期维护保养后，要求必须达到：内外清洁、呈现本色；油路畅通，油标明亮；操纵灵活，运转正常。对于特殊设备定期维护的具体内容和要求，可根据它们的结构特点并参照有关规定制订计划并实施。

设备定期维护后要由设备主管组织有关人员逐台进行验收，验收的结果可以作为车间执行计划的考核。

各种设备的维护保养检查评分标准是不一样的，但是大体范围是一定的，也就是维护保养设备的“四项要求”，即：整齐、清洁、润滑和安全四个方面。

作为参考理解，以金属切屑机床为例的检查评分见表3-2。

表3-2　金属切屑机床维护保养检查评分标准

项目	检查内容	满分	得分	项目	检查内容	满分	得分
清洁 (40分)	1. 外观无灰尘，清垢，呈现本色	10		润滑 (25分)	1. 油壶、油枪、油桶有固定位置	4	
	2. 各滑动面、导轨、丝杠、齿轮等无油黑及锈蚀	15			2. 油箱油质良好，无杂物	5	
	3. 内部滑动面及啮合件无油黑及油垢	4			3. 油孔、油嘴、油杯齐全，完整好用，油毡、油线、过滤器清洁，各滑动面润滑良好	6	
	4. 所有罩盖无杂物、灰尘、油垢	3			4. 润滑油路畅通，冷却液清洁	5	
	5. 各部无“四漏”，周围地面干净	4			5. 油标醒目、明亮，油池有油，油线齐全，放置合理	5	
	6. 所有电气装置内外均无灰尘、杂物	4					

续表

项目	检查内容	满分	得分	项目	检查内容	满分	得分
整齐 (20分)	1. 应有的螺钉、螺帽、标牌、手柄、手球、灯罩等齐全、良好	4		安全 (15分)	1. 定人定机，有操作证；多班制有交接班记录本，记录齐全		5
	2. 各手柄操纵灵活，无绳索捆绑和附加物	4			2. 各限位开关、信号及安全防护装置齐全，灵活，牢固可靠		5
	3. 附件、工具摆放整齐	4			3. 各电气装置绝缘良好，接地可靠，有安全照明		5
	4. 电气装置及线路完整、良好	4					
	5. 工件、毛坯、脚踏板摆放整齐、合理	4					
合计得分：							

注：100分为满分，85分为合格。

四、保养分类

保养的种类，根据基建工作的特点，划分为七类。

1. 例行保养

机械在每班作业前、后以及运转中的检查、保养。例行保养由操作人员按规定的检查项目进行。

2. 定期保养

按规定的运转间隔周期进行的保养。一般内燃机械实行一、二、三级保养制，其他机械实行一、二级保养制。一级保养由操作人员负责；二、三级保养均由操作者配合专业保养单位进行。

3. 停放保养

指机械临时停放超过一周时，每周进行一次的检查保养，按相关规定进行。一般由保管人员负责。

4. 封存保养

指机械封存期内保养，一般每月一次，具体内容同停放保养。一般由封存期间保管人负责。

5. 走合期保养

指机械走合期内及走合完毕后进行的保养。

6. 换季保养

指入夏、入冬前进行的保养，主要是更换油料、采取防寒、降温措施，可结合定期保养进行。

7. 工地转移前保养

指一项工程任务完成后，虽未达到规定的定期保养时间，但为了使机械到新工点后能迅速投入使用所进行的全面的检查、维修、保养。具体作业内容可按二级或三级保养内容适当增加(如外表重新喷漆,易锈蚀部位涂抹黄油等)。

第二节　设备技术状态的检查

学习目标:掌握设备技术状态检查的目的、分类,能对设备进行一般的技术状态检查。

一、设备技术状态检查的概念

设备的技术状态是指设备所具有的工作能力,包括性能、精度、效率、运动参数、安全、环保、能耗等所处的状态及其变化情况。

二、设备技术状态检查的目的

设备在使用过程中,由于生产性质、加工对象、工作条件及环境因素对设备的影响,致使设备在设计制造时所具有的性能和技术状态将不断发生变化而有所降低或劣化。为延缓劣化过程,预防和减少故障发生,除应由技术熟练的工人合理使用设备,严格执行操作规程外,必须加强对设备技术状态的检查。

设备技术状态的检查是指按照设备规定的性能、精度与有关标准,对其运行状况等进行观察、测定、诊断的预防性检查工作,其目的是为了早期察觉设备有无异常状态、性能劣化趋势和磨损程度,以便及时发现故障征兆和隐患,使之能及时消除,防止劣化的发展和突发故障的发生,保证设备经常处于正常良好运转状态,并为以后的检修工作做好准备。设备技术状态的检查也是对设备维护保养工作的一种检验。

三、设备技术状态检查的分类

设备技术状态的检查同样分为日常检查与定期检查两类。为了对设备是否完好进行评价,有时还应进行技术状态的完好检查。

1. 设备的日常检查

是由操作工人每班进行的检查作业和维修工人每日执行的巡回检查作业,是通过人的五官感觉和简便的检测手段,按规定要求和标准进行检查。在进行日常检查的基础上,还要对重点设备(包括质量控制点设备、特殊安全要求的设备)进行点检。

(1) 点检

是由设备操作者每班或按一定时间,按设备管理部门编制的设备点检卡逐条逐项进行检查记录,在点检的过程中,如发现异常应立即排除,设备操作者排除不了的,要及时通知维修工人处理,并要做好信息反馈工作。点检卡的内容包括检查项目、检查方法和判别标准等,并要求用规定的符号进行记录。如:完好“∨”、异常“△”、待修“×”、修好“O”等都有规定的符号。合理确定检查点是提高点检效果的关键,而点检卡的内容及周期应在总结点检的经验中不断及时调整。

(2) 巡回检查

巡回检查是由维修工人每日对其所负责的设备,按规定的路线和检查点逐项进行检查,或对操作工人的日常点检执行情况进行检查,并查看点检结果和设备有无异常情况,如发现问题,要及时处理,以保证设备的正常运行。

设备的日常检查、点检和巡回检查工作要规范化,特别是检查的记录要完善。车间设备员每月要整理检查记录,进行统计,分析设备故障的发生原因和规律,以便掌握设备的技术状态和改进设备管理工作。设备日常检查内容可参见表 3-3。

表 3-3 设备日常检查内容

名称	执行人	检查对象	检查内容或依据
每班检查	操作人	所有开动设备	1. 开车前检查 (1) 检查操作手柄,变速手柄的位置是否正确; (2) 检查刀具、卡具、模具等位置有无变动及固定情况; (3) 检查油标、油位,并按各润滑点加油; (4) 检查安全、防护装置是否完好、可靠; (5) 开空车检查自动润滑来油情况,运转声音,液压、气压系统的动作、压力是否正常; (6) 检查各指示灯,信号是否正常; (7) 确认一切正常后,方可开始工作。 2. 开车中检查 (1) 夹紧补焊是否正常; (2) 有无异声、温升、振动; (3) 润滑是否正常,导轨及滑动面是否来油; (4) 安全限位开关是否正常。 3. 停车后检查 (1) 电源是否切断; (2) 各手柄、开关是否置于空位; (3) 铁屑是否清除,设备是否清扫干净; (4) 导轨、台面是否涂油; (5) 工作地是否清理

2. 设备的定期检查

设备的定期检查是指按预定的检查间隔期实施的检查作业。包括设备的性能检查、精度检查和可靠性试验。

(1) 设备定期性能检查

设备定期性能检查是针对主要生产设备,包括重点设备、质量控制点设备的性能测定,由维修工人按定期检查的计划,凭感觉、经验判断和使用一般检测仪器检查设备的性能和主要精度有无异常征兆,以便及时消除隐患,保持设备正常运转。

设备定期检查的结果、数据,要记入定期点检表。经过分析研究处理后,要作为设备档案存放,并为今后进行维修作业和编制预防性检修计划提供依据。设备定期检查的对象和内容参见表 3-4。

表 3-4　设备定期检查的对象和内容

序号	名称	执行人	检查对象	主要检查内容和目的	检查时间
1	性能检查	设备员 维修工人 专职设备检查员 设备操作者	主要生产设备（包括重点设备和质量控制点设备）	掌握设备的故障征兆及缺陷，消除在一般维修中可以解决的问题，保持设备的正常性能并提供下次计划检修的工作意见	
2	精度检查	设备员 维修工人 专职设备检查员 设备操作者	精密机床、大型、重型、稀有以及关键设备	按照设备精度要求，检测设备全部精度项目或主要精度项目，检查安装水平精度，据此调整设备精度和安装水平精度，或安排计划检修	
3	可靠性检查	设备员 指定试验检查人员 持证检验人员 设备操作者	起重设备、动能动力设备、高压容器、高压电器等有特殊要求的设备	按安全规程要求进行负荷试验、耐压试验、绝缘试验等，以确保安全运行	

(2) 设备的定期精度检查

是针对重点设备中的精密、大型、稀有以及关键设备的几何精度、运转精度进行检查，同时根据定检标准中的规定和生产、质量方面的需要，对设备的安装精度进行检查和调整，做好记录并且要计算设备的精度指数，进行分析，以备需要检修时使用。

机床的精度指数可以反映机床精度参数值的高低，按设备管理的要求，对精密机床每年至少应该进行一次测定，以便了解设备精度的变化情况。在检查机床精度时，主要是与机床出厂时的检验精度值进行比较和计算精度指数（$T=\sum$(实测值/允差值)2/测定项目数），确定其变化，以便对机床进行调整或检修。在进行精度检查确定检测项目时要根据设备加工产品的特点和机床的动、静状态进行衡量，而选定主要的精度项目进行查验。

这里要注意的是，精度指数只是反映机床技术状态的条件之一，并不能全面反映设备性能的劣化程度，因此，在应用时还需要与其他性能指标结合起来使用。

(3) 设备的可靠性试验

是对特种设备如起重设备、动能动力设备、高压容器以及高压电器等有特殊要求的设备，进行定期的预防性安全可靠性试验，由指定的检查试验人员和持证检验人员负责执行，并作好检查鉴定记录。

第三节　工装种类与管理

学习目标：掌握简单工装、工装种类，并能进行管理。

一、工装

简单地说，工装就是用于工件装夹的工具。工装夹具是用于在机械加工中对工件进行夹持或定位，以达到一定工艺要求的特制的装备或工具。

二、工装种类

工装是指产品制造过程中所有的各种标准、非标准工具的总称，包括刀具、夹具、模具、量具、检具、胎具等。重要工装是指对核元件产品、零部件的制造、检验有直接、重要影响的工装。企业在生产制造活动中,经常使用着成千上万件工艺装备(工装),它们的品种繁多,规格复杂,体积较小,数量很大,容易混淆、丢失和积压。据调查:机械工业企业机床上使用的工装费用,占机床设备价值的25%～30%;产品成本中,工装费用一般要占5%～10%。在燃料元件组装生产中,工装费用也占相当大的份额。同时,工装应用量大面广,是实现工艺规程所不可缺少的重要物质手段;特别是作为核燃料元件组装,为确保生产中所制造的产品质量满足规定要求,工装的精度及使用在很大程度上决定了产品的组装质量。工装的使用贯穿了燃料元件生产的整个过程,许多工装需要进行专门的设计制造,可以说,没有工装就不可能制造出高质量、高成品率的产品,因此,在核燃料元件组装过程中,工装具有举足轻重的地位。因此,及时做好工装的准备工作,合理地组织工装的供应及使用。以保证工艺过程的顺利实施,改善产品质量,降低生产成本。

三、工装后期管理

工装后期管理包括工装的保管、领用、归还、检修、报废等。

1. 工装的保管

工装的保管包括:

(1) 生产中落实专人负责保管。

(2) 生产上暂不使用的工装原则上入库保管。

(3) 使用单位要建立工装管理台账。

2. 工装的领用

工装的领用需办理相关出库手续,并经工艺主管批准后方可领用。

3. 工装的使用

工装在使用过程中不准用金属器具敲打,不得任意拆卸、改造或挪作他用。

4. 工装的归还

工装使用完毕后,使用者应擦拭干净,将工装送回库房(或现场)。有损坏或不合格的工装应送去检修。

5. 工装的检修管理

工装的检修管理包括:

(1) 有检修周期要求的工装,按程序进行。

(2) 没有周期要求的工装,在每次使用完毕后,应检查工装是否完好,不完好的应送去检修。

(3) 工装在使用过程中或使用后发现故障,应停止使用并挂上“禁用”标牌,及时组织检修。

6. 工装的报废

经检修后无法达到工艺要求的工装或无修复价值的工装应及时办理报废,报废工装的处理应按相关程序进行。

第四章　表面处理的基础知识

学习目标:掌握各种除油溶液的组成,除油的特点;酸洗的目的,酸洗时间的确定;涂膜、脱膜原材料的种类、组成。

第一节　除油基础知识

学习目标:掌握各种除油溶液的组成,除油的特点及工作规范。

常用除油方法有化学除油、有机溶剂除油、电解除油、阴极除油和阳极除油、擦拭除油、超声除油、乳化除油、石灰除油等。

一、化学除油

化学除油是利用化学试剂的物理化学作用(皂化作用、乳化作用、弥散作用),将油脂从零部件上除掉。

1. 化学除油溶液的分类

大致说来,化学除油溶液可分为:

(1) 强碱性溶液,pH=12～14,用于不锈钢件的表面除油,可除掉难除的污物。

(2) 中碱性溶液,pH=11～12,表面准备时用做除油较为优越。

(3) 弱碱性溶液,pH=10～11,用于有色金属及轻金属的除油。

根据用法不同,除油溶液还可以分为起泡沫的溶液和不起泡沫的溶液(不含有表面活化物质或含有不起泡沫的表面活化物质)。起泡沫的化学溶液,一般用于浸入法除油;不起泡沫的化学溶液,一般用于喷溅法除油。

2. 化学除油溶液的组成

化学除油溶液的组成随其组元的不同而发生变化,以获得各种效力的除油溶液。化学除油的溶液应含有下列物质:

(1) 能使溶液与油脂接触时改变接触张力而削弱油脂膜的物质。

(2) 能中和脂肪酸和油脂及油皂化的物质。

(3) 能破坏污物,使它离开金属表面并暂时把它收容在溶液里,呈乳浊状及弥散状存在的物质。

(4) 能保护金属不受腐蚀的物质。

(5) 能改善溶液残迹的洗去性的物质。

赋予除油溶液这些必需性能的物质中,以合成表面活化物质、硅酸盐类及磷酸盐类最好,苛性钠及苏打欠佳。一般都用比较便宜的钠盐。

除油溶液的组成见表 4-1。

表 4-1 不锈钢用化学除油溶液的组成

组元名称	各种组元在除油溶液中的含量/%						
$Na_3PO_4 \cdot 12H_2O$	32	—	55	35	50	—	25
$Na_4P_2O_2$	—	—	—	5	—	—	—
$Na_3SiO_3 \cdot 5H_2O$	—	—	—	50	30	—	—
Na_4SiO_4	—	85	—		—	—	—
Na_2CO_3	46	10	35		13	60	25
NaOH	16		10	8	—	30	50
表面活化物质	6	5	—	2	7	10	—

3. 化学除油工作规范

(1) 除油温度。钢铁零件采用浸入法除油时,温度应不低于 80 ℃;采用喷溅法除油时,温度不低于 60 ℃;对有色金属及轻金属除油时,溶液温度建议控制在 73～80 ℃的范围内。

(2) 搅拌溶液或让被除油的制件运动,这是有色金属及轻金属除油时必须遵守的条件,同时也可以缩短除油的持续时间。

(3) 除油的持续时间 1～5 min。除油时间延长到 15 min 以上是不合理的、不经济的,如果溶液的组成正确,遵守了工作规范,被除油制件在这段时间内未清理干净,说明化学除油溶液除油能力减弱了,需要更换。

(4) 被除油的制件应装到钢制篮筐里或夹在挂具上,再放入槽中。有色金属及轻金属除油时,篮筐应有木栅板,以防零件与钢直接接触而发生接触腐蚀。因此,不同材料的制件不能放在一起除油。

(5) 对除油后的制件,清洗其表面对除去全部溶液残迹是很有效的。凡是零件形状容许的地方,用喷溅法洗涤最合适,否则,槽中应保证有恒定的换水量。碱性物质用热水比用冷水容易洗掉。

4. 化学溶液的寿命

由于脂肪酸中和、皂化及由空气里吸收部分二氧化碳以及由于各组元在形成乳浊液和弥散液上的消耗,及大量污物的聚积,从而使化学除油溶液的碱浓度降低,以致失去除油效力。只要分析出的活化组元的损失量,还可以对其补偿,所以除油溶液中污物的聚积是决定溶液能否继续适用的关键因素。因此,化学溶液的寿命取决于被除油制件的数量和溶液的脏污程度。我们应根据溶液的除油能力的强弱来决定是否更换溶液。

二、有机溶剂除油

有机溶剂在金属表面除油方面获得广泛应用,因为它能溶解油脂和除去附在金属表面上的沾污物。这是一种快速除油法,但除油不彻底,主要用于预处理具有严重油污零件。凡要求表面特别仔细清理的时候,还需要后续其他方式的彻底除油操作,如,对于电镀之前的制件,就必须在有机溶剂除油之后进行电解除油。

在多数情况下,有机溶剂除油要比化学除油昂贵,只有用在具有专用再生设备上才是比较经济的。

大量的溶剂蒸汽对人是有害的。所以,除油设备应有专门良好的通风装置。在其他方法都不行的极端情况下(如给大型零件除油),才可在无专门的通风装置情况下采用手工方式进行有机溶剂除油。

在多数情况下,有机溶剂除油采用浸入法除油,大型零件则采用擦试法除油。

1. 常用有机溶剂除油方法

(1) 浸洗除油法

此法将零件浸泡在有机溶剂中,并不断搅拌,油脂被溶解并不断带走不溶解的污物。各种有机溶剂都可用作除油剂。

(2) 喷淋除油法

将有机溶剂喷淋到零件表面上,使油脂被溶解下来,反复喷淋直到所有油污都除净为止。除沸点低、易挥发的丙酮、汽油和二氯甲烷外,其他有机溶剂都可用于喷淋除油。喷淋除油最好在密封容器内进行。

(3) 蒸气除油法

将有机溶剂装在密闭容器底部,工件悬挂在有机溶剂上面,将溶剂加热,有机溶剂产生的蒸气在工件表面冷凝成液体,将油脂溶解并连同其他污物一起落回到容器底部,以除去工件表面的油污。

(4) 联合除油法

除油效果较好的联合除油法可采用浸洗法和蒸气联合除油,或采用浸洗—喷淋—蒸气。采用三氯乙烯作溶剂的三槽除油工艺除油效果最好,其工作程序:零件在第一槽中经加温浸泡,溶解掉大部分油脂;第二槽中用比较干净的溶剂除去工件上残留的油脂和污物;最后在第三槽中再进行蒸气除油。

三氯乙烯蒸气与冷的零件表面接触时,便冷凝成液体,并溶解掉零件表面残留的油脂,然后回流到槽中。如此循环,可除去零件表面的油脂。由于三氯乙烯密度较大,故不易从槽口逸出。除油槽上部应有冷却装置,用来冷凝剩余的三氯乙烯蒸气。

若在第一槽底部加入超声波,可加速油脂及污物的脱离,特别是能将抛光膏迅速除去。若加装喷淋装置,则可快速将大颗粒灰尘、粉末等冲掉。

2. 有机溶剂除油的应用范围

有机溶剂除油的应用范围如下:

(1) 清除厚层油脂,如油封油或凡士林。

(2) 很复杂的表面及类似零件的除油,因为形状复杂的制件在碱性溶液里除油时,难于洗涤和干燥。剩在小孔里的水很难除掉,因蒸发缓慢、则易产生腐蚀。用溶剂除油、腐蚀的危险就不是那么大,因为溶剂在表面的任何地方都能很好地蒸发掉。

(3) 不能浸到槽里的大型制件除油。在这种情况下,油脂可以洗掉或擦掉。所以在多数情况下,要用抹布蘸上相应的溶剂擦试工件,虽然这种方法不方便,但不失为解决这类问题的一个办法。

有机溶剂不能用于:

(1) 表面需要良好清理的制件。在多数情况下,浸入槽中的制件上的油脂会逐渐地脏污溶剂。被除油的零件表面会带走一些脏污了的溶剂,当其蒸发后便在表面上留下了油膜。

(2) 不仅有油脂而且还有大量非有机污物(如磨光膏、切屑及灰尘等)的制件。溶剂能解除油脂,并同时解脱非有机物,但不能从金属表面上完全将其除掉。在某种程度上,擦拭能改善清理效果,但是用一般浸入清理设备所得到的结果是不够理想的。

(3) 潮湿的制件。这种制件用有机溶剂除油,大体说来效果不好。多数溶剂不与水混合,在潮湿部位上不能渗透到金属表面。所以潮湿的制件应先干燥而后才能除油。

3. 对有机溶剂的要求

理想的有机溶剂应具备下列性能:

(1) 溶解各种油脂的能力。理想有机溶剂应容易溶解除油制件上的一切油脂污物。这些油脂污物多半是矿物油、凡士林、植物或动物油脂等各种各样的混合物。

(2) 无毒。大多数有机溶剂对人体有害,无论是对呼吸还是皮肤,从这方面看,实际上没有一种有机溶剂是令人完全满意的。在批量生产条件下,必须使用专用的安全防护装置并遵守安全环保等规则。

(3) 稳定性。在光、热或化学药品作用下,理想溶剂不应发生分解,甚至在不利条件下长期保管时以及在被除油金属或其上的污物作用下,溶剂的组成及性能都不应发生变化。

(4) 不易燃。部分有机溶剂能够满足许多要求,但不能用在大批量生产上,因为它们是易燃的。

(5) 容易再生。有机溶剂成本都较高,只有能再生回收,才能达到好的经济效果。通常溶剂是通过蒸馏而再生,而易燃溶剂和高温分解的溶剂难以使用该方法再生。

实际上,没有一种溶剂能满足上述所有要求。只要溶剂在性能方面接近理想溶剂,在遵守一定条件的情况下,即可用于生产。

三、电解除油

电解除油被广泛地用在电镀前从金属零件表面上清除最后的油迹和其他污物,然而适当地改变一下溶液的组成及工作规范,电解除油就可用于镀体的表面除油,用来代替有机溶剂除油和化学除油。在不希望破坏工艺过程连续性的时候,建议采取这个办法。

在电解除油槽里清除那些由各种可皂化的油脂,不可皂化的油脂、磨光膏、抛光膏及灰尘等组成的或多(厚)或少(薄)的污物层。

把电解除油作为除油的最后一个环节时,零件表面上的污物在前几道工序已基本上被清理掉。这时,从表面上要除掉的仅仅是残剩的油脂与黏附在其上面的固体质点构成的、薄的污物层。经最后电解除油以后,零件上甚至只剩有极微小的污物,电镀后也一定会造成废品。所以,对最后一道电解除油工序的要求比对其他电解除油要严格。

1. 电解除油的主要原理

电解除油的主要原理:除了皂化作用、乳化作用、弥散作用外,还有电解除油时电极上析出大量的气泡原理。其作用有两个,一是猛烈析出的气泡起机械搅拌和剥离作用,因而加速了除油液对油脂的皂化作用和乳化作用。二是细小的气泡从零件表面通过油膜析出时,小气泡的周围吸附着一层油膜,脱离零件,进入溶液中。这样,零件上的油污便被除去。

2. 电解除油的特点

电解除油的特点:具有速度快、效率高、除油彻底的特点。

3. 电解溶液的组成

对电解除油溶液的要求：

(1) 在一定的工艺过程下，溶液应能从材料表面除掉全部污物残迹。

(2) 从溶液里不应析出外来物质沉积在被清理的零件上，致使金属镀层与基体金属结合不良，如有沉积析出也必须在以后的洗涤中易于除去。

(3) 除油溶液应具有绝对的洗去性。

(4) 清理时被清理的金属不应发生全面或局部腐蚀。

(5) 为了保证溶液中组元浓度符合工艺规程，溶液应是能检验的。

(6) 溶液应符合经济观点。

在钢件除油中应用最广的除油电解液组成见表 4-2。

表 4-2　钢件除油用几种电解液的组成

组　元	在除油溶液中组元的含量/%					
$Na_3PO_4 \cdot 12H_2O$	35	—	—	55	25	30
$Na_4P_2O_2$	5	9	—	—	—	—
$Na_2SiO_3 \cdot 5H_2O$	50	35	—	—	—	—
Na_4SiO_4	—	—	50	—	—	—
水玻璃	—	—	—	—	—	5
Na_2CO_3	—	—	20	35	55	30
NaOH	8	55	28	10	20	35
润滑剂	2	1	2	—	—	—

硅酸盐(主要是水玻璃)虽有良好的除油效力，但在金属表面上能形成硅酸盐的防护膜，虽然可阻碍金属的腐蚀，但这种膜不易洗掉，容易造成电镀后的缺陷。

苛性钠是除油电解液的恒定组元。因它无毒，除油效果又最好。

磷酸三钠善于湿润金属并能部分地起乳化作用，虽然它的除油效力不高，但它的洗去性最好，它能改善含有苛性钠、苏打电解液的洗去性，因此，最好使每种除油电解液中除含有苛性钠外以还含有磷酸盐。

根据物理—化学性能除油的电解液各组元的作用程度见表 4-3。

表 4-3　根据物理—化学性能除油的电解液各组元作用程度

位置	皂化	润湿性乳化能力	洗去性	导电度	胶体性质	备注
1	NaOH	Na_2SiO_3	Na_3PO_4	NaOH	Na_2SiO_3	减弱↓
2	Na_2SiO_3	Na_2PO_4	Na_2SiO_3	Na_2SiO_3	—	
3	NaCN	NaCN	NaCN	Na_2CO_3	—	
4	Na_2CO_3	Na_2CO_3	Na_2CO_3	NaCN	—	
5	Na_3PO_4	NaOH	NaOH	Na_3PO_4	—	

苏打(Na_2CO_3)不是除油溶液的必要组元。但使用苛性钠时，因吸收空气中的二氧化碳而形成苏打，所以除油槽工作一段时间后溶液中便积累了苏打。

只凭苏打是不能形成需要的活化碱浓度和高导电度的。比起苛性钠来,苏打只是比较稳定和比较经济的。因此在组成溶液时需要添加苛性钠和苏打(按需要的比例)而不用一种稳定性较差的苛性钠。这样做对改善溶液的碱度和导电度及提高经济效果都是合适的。

表面活化物质从理论上看,对除油过程起着有利的作用,但应满足下述要求:

(1) 不促使泡沫生成,因槽液液面上的泡沫里积聚有可爆的混合气体(氢+氧)以及这种泡沫也能引起别的风险。

(2) 只润湿金属而不使油脂乳化。

(3) 不应被电流分解而丧失效力。

可用于开始除油用的电解液(以下称"H 电解液")有苛性钠、磷酸钠和硅酸钠;可用于最后除油用电解液(以下称"U 电解液")有苛性钠、磷酸钠及碳酸钠。

根据大量试验和生产实践证明,下述组成的电解液能满足许多要求。

1) H 电解液组成

$NaOH$(45 g/L)　　容许变化范围(30～60 g/L)

$Na_2SiO_3 \cdot 9H_2O$ (45 g/L)　　容许变化范围(30～60 g/L)

$Na_2PO_4 \cdot 12H_2O$ (12 g/L)　　容许变化范围(5～20 g/L)

不用偏硅酸盐,也可采用水玻璃加相应当量的苛性钠。

2) U 电解液组成

$NaOH$(15 g/L)　　容许变化范围(10～20 g/L)

$Na_2PO_4 \cdot 12H_2O$ (55 g/L)　　容许变化范围(40～65 g/L)

Na_2CO_3(焙烧的)(30 g/L)　　容许变化范围(30～60 g/L)

4. 电解除油规范

为得到必须的表面质量,除油时间是决定性的因素,考虑到可能产生氢脆,把除油持续时间限制在 3 min 之内。电解除油过程另一影响最大的因素是电流密度,它的大小决定电极上逸出气体的数量,也决定清除污物的机械作用。因此,在电流密度不够的情况下进行除油,是造成产品缺陷的主要原因。

为了使电解除油经济和使电流密度达到需要的程度,必须使电解液具有足够的导电度。影响导电度的除溶液的组成外,还有工作温度(图 4-1)。

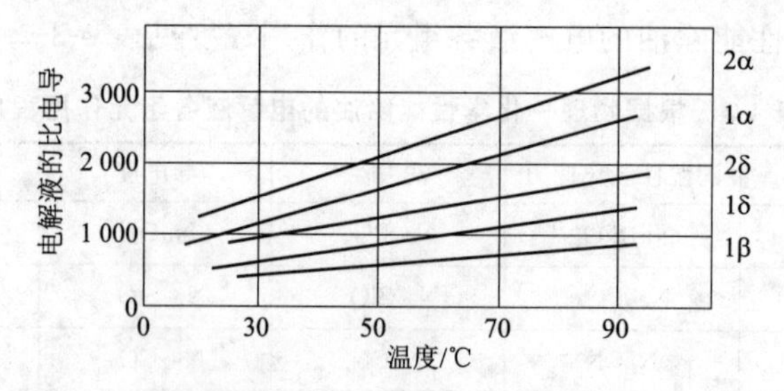

图 4-1　电解液的比电导与其浓度和温度的关系曲线图

1α—U 电解液;1δ—用水 1∶1 稀释的 U 电解液;1β—用水 1∶2 稀释的 U 电解液;

2α—H 电解液;2δ—用水 1∶1 稀释的 H 电解液

由图 4-1 可以看出电解液温度、导电度和浓度之间的关系。图 4-2 反映了不同温度下电流密度与端电压之间的关系，例如：为使电流密度达到 12 A/dm²，在 30 ℃时须在两端加 9 V 电压，可是在 80 ℃时在两端约加 5 V 电压就足够了。H 电解液的类似关系曲线示于图 4-3。

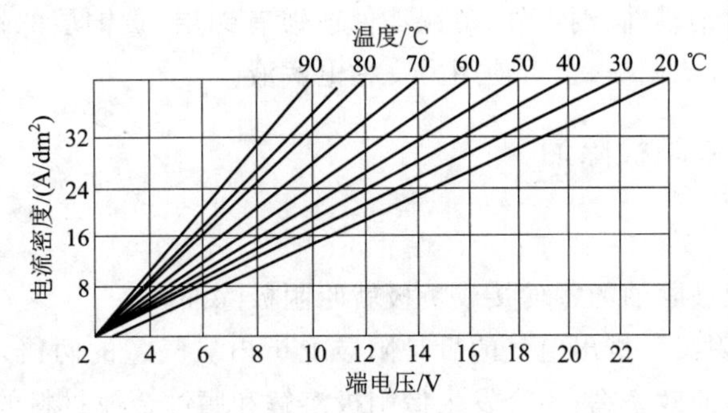

图 4-2　在 U 电解液中具有各种温度下电流密度与端电压的关系曲线图

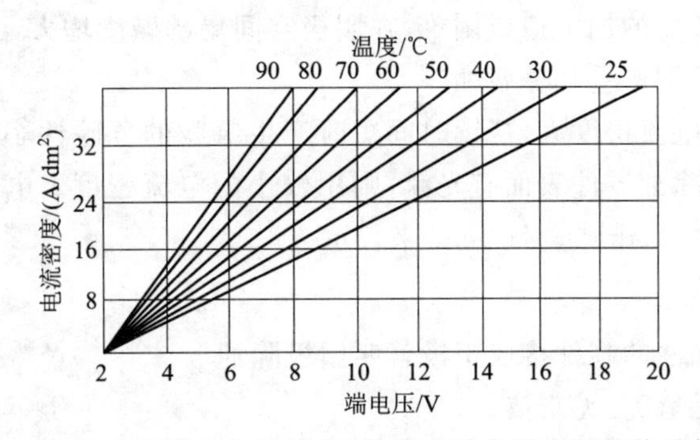

图 4-3　在 H 电解液中各种温度下电流密度与端电压的关系曲线图

欲在需要的时间 1～3 min 内使金属表面彻底除掉全部污物，若不用过高的电流密度，则除油温度不应低于 80 ℃，这时，除油所需的时间与所用的电流密度有关，最好不使电流密度超过 20 A/dm² 以上，因为在这种条件下，从金属表面上彻底除掉普通污物，在多数情况下，用不了 1 min。另一方面，任何时候都不能使电流密度小于 5 A/dm²，否则，溶液效力不高。

为使除油装置在清理脏污严重的制件表面时具有足够的工作能力，在选择电源时，须保证电流密度能有 20～30 A/dm²（端电压为 5～10 V）。

1）H 电解液除油规范

电流密度/(A/dm²)：　　20～30

温度/℃：　　不低于 80

总除油持续时间(min)：

其中，接成阴极：　　1～2.5

接成阳极：　　0.5

上述电解液仅用于钢铁零件和生铁零件的初步除油（生铁零件不接成阳极）。

2）U 电解液除油规范

电流密度/(A/dm²)：　　5～20

温度/℃：　　60～80

总除油时间(min):

其中,接成阴极: 1～2

接成阳极: 0.5

上述电解液可对钢零件、铜零件、黄铜零件或镀有铜层、黄铜层的钢零件最后除油。有色金属除油时,可不接成阳极,也可使用另一种电解液。

四、阴极除油和阳极除油

1. 阴极除油

在除油清理时把被除油的零件接成负极就叫阴极除油。

阴极除油优点:阴极上析出氢气的量是阳极上析出氧气量的两倍,不但气泡多,而且气泡小,面积大,因而除油效率高;不会发生像阳极溶解和腐蚀金属材料的现象。

阴极除油缺点:由于吸氢易产生氢脆;溶液中的阴离子,会沉积在零件表面上,形成附着性不良的金属膜,给随后的加工造成困难,在阴极空间局部碱度增大,某些金属如:锡、锌、铅在这里会遭受腐蚀,而铜遭受部分腐蚀。

阴极除油过程中电流密度大,持续时间短时产生氢脆的危险性小,所以,阴极除油不应时间过长。若要求被除油零件表面有光泽,则用较小的电流密度。电流密度就是单位面积上通过的电流强度,以 A/dm^2 或 H/cm^2 来表示。

2. 阳极除油

在除油时,把被除油的零件接成正极就叫阳极除油。

阳极除油优点:无氢脆、无灰渣。

阳极除油缺点:效率低,对有色金属腐蚀性大。

3. 采用阴极除油和阳极除油的原则

由于阴、阳极除油各有优缺点,故必须根据零件的材料、性质要求而定,一般采用的原则如下:

(1) 无特殊要求的钢铁零件,一般都先用阴极除油 2～5 min,然后用阳极除油 1～3 min,这样可综合阴、阳极除油的优点,而克服它们不足的地方。

(2) 对弹性大、强度高和薄壁零件,为了保证其性能,一般都不采用阴极除油,而只采用阳极除油。

(3) 对在阳极上易溶解的零件,如铜及铜合金零件、锡焊零件等,则采用阴极除油。除油完后,若进行阳极反应时,需注意防止发生腐蚀。

五、擦拭除油

用刷子或布蘸上洗衣粉、金属除油剂、石灰浆、有机溶剂等在工件表面擦拭,以清除油污,称为擦拭除油。

擦拭除油特点:

(1) 擦拭除油优点

1) 操作灵活,可对任何工件进行除油。

2) 可在室温或露天作业,不用加热,节约能源,成本低。

3）不需专门除油设备，一次性投资低。

（2）擦拭除油缺点

1）手工操作，效率低，劳动条件差。

2）难以规模化连续生产，除油效率有限，难以达到高质量除油。

3）对体积太小或太大工件，难以很好除油，有的甚至无法操作。

（3）擦拭除油法适用对象

1）工件局部严重油污部位除油。在进行常规化学清洗时，工件局部严重油污部位往往需先手工擦拭除油，令该部位与工件其他部分油污程度相当，然后再整体进行化学清洗除油，以提高生产效率。

2）固定位置大型机械设备除油。露天或室内固定位置大型机械设备，如变压器、电缆桥架、机床，其表面防护涂层局部或大面积脱落，重新涂装前往往用手工擦拭方法除油。

3）体积大、批量小工件除油。对体积大、批量小工件除油，新制清洗除油槽不合算，喷洗除油又太浪费。在这种情况下，往往采用手工擦拭方法除油。若使用集除油、除浮锈、磷化三种功能为一体的“三合一”清洗剂，效果会更好。

4）容器、吸气管、化工管道等除油。容器、吸气管、化工管道、上下水管道安装后涂装前可用手工擦拭法除油。

六、超声除油

往除油液中发射超声波可加速除油过程，这种工艺方法叫超声除油。超声波在液体中传播，使液体与清洗槽在超声波频率下一起振动，液体与清洗槽振动时有自己固有频率，这种振动频率是声波频率，所以人们能听到嗡嗡声。随着清洗行业的不断发展，越来越多的行业和企业运用到了超声波清洗机。超声波可用于化学除油、电化学除油、有机溶剂除油及酸洗等，都能大大地提高效率。对处理复杂、有细孔、盲孔和除油要求高的制品除油更有效。

超声波清洗机广泛应用于表面喷涂处理行业、机械行业、电子行业、医疗行业、半导体行业、钟表首饰行业、光学行业、纺织印染行业等等，其具体运用如下：

1）表面喷涂处理行业：清洗的附着物，如油、机械切屑、磨料、尘埃、抛光蜡；电镀前的清除积炭、清除氧化皮、清除抛光膏、除油除锈、离子镀前清洗、磷化处理，金属工件表面活化处理等；不锈钢抛光制品、不锈钢刀具、餐具、刀具、锁具、灯饰、首饰的喷涂前处理、电镀前清洗。

2）机械行业：清洗的附着物，如切削油、磨粒、铁屑、尘埃、指纹；防锈油脂的去除；量具的清洗；机械零部件的除油除锈；发动机、发动机零件、变速箱、减振器、轴瓦、油嘴、缸体、阀体、化油器及汽车零件及底盘漆前除油、除锈、磷化前的清洗；过滤器、活塞配件、滤网的疏通清洗等。精密机械部件、压缩机零件、照相机零件、轴承、五金零件、模具、尤其在铁路行业，对列车车厢空调的除油去污、对列车车头各部件的防锈、除锈、除油非常适合。

1. 超声除油的原理

由超声波发生器发出的高频振荡信号，通过换能器转换成高频机械振荡而传播到介质-清洗溶剂中，超声波在清洗液中疏密相间地向前辐射，使液体流动而产生数以万计的直径为50～500 μm的微小气泡，存在于液体中的微小气泡在声场的作用下振动。这些气泡在超声波纵向传播的负压区形成、生长，而在正压区，当声压达到一定值时，气泡迅速增大，然后突然闭合。并在气泡闭合时产生冲击波,在其周围产生上千个大气压,破坏不溶性污物而使它们分散于清洗液中,当团体粒子被油污裹着而粘附在清洗件表面时,油被乳化,固体粒子脱离,从而达到清洗件净化的目的。

在这种被称之为"空化"效应的过程中,气泡闭合可形成几百度的高温和超过 1 000 个气压的瞬间高压。此外,超声波在溶液内的反射产生的声压也会促进搅拌作用。

超声波就是利用冲击波对油膜的破坏作用及空洞现象、高温高压引起的激烈的搅拌作用强化了溶解、皂化和乳化作用,加速了除油过程。

1) 空化作用

空化作用就是超声波以每秒两万次以上的压缩力和减压力交互性的高频变换方式向液体进行透射。在减压力作用时,液体中产生真空核群泡的现象,在压缩力作用时,真空核群泡受压力压碎时产生强大的冲击力,由此剥离被清洗物表面的污垢,从而达到精密洗净目的。

2) 直进流

超声波在液体中沿声的传播方向产生流动的现象称为直进流。声波强度在 0.5 W/cm^2 时,肉眼能看到直进流,垂直于振动面产生流动,流速约为 10 cm/s。通过此直进流使被清洗物表面的微油污垢被搅拌,污垢表面的清洗液也产生对流,溶解污物的溶解液与新液混合,使溶解速度加快,对污物的搬运起着很大的作用。

3) 加速度

液体粒子推动产生的加速度。对于频率较高的超声波清洗机,空化作用就很不显著了,这时的清洗主要靠液体粒子超声作用下的加速度撞击粒子对污物进行超精密清洗。

2. 超声除油工艺参数

超声除油通常是和有机溶剂除油、化学除油、电化学除油、低温除油等方法联合使用的,除遵守相应除油方法的工艺参数外,还有自己独立的工艺参数。

1) 超声波发生器的功率

功率密度:功率密度=发射功率(W)/发射面积(cm^2),通常≥0.3 W/cm^2。超声波的功率密度越高,空化效果越强,速度越快,清洗效果越好。但对于精密的、表面光洁度甚高的物件,采用长时间的高功率密度清洗会对物件表面产生"空化"腐蚀。

2) 超声波的加入方式

可以将超声换能器直接装在清洗槽上,也可以把换能器放在清洗槽内。采用前者要求超声功率大,后者功率可以比较小,但要通过试验,将换能器放在清洗槽内最有效的部位。

3) 超声波的频率和振幅

频率:≥20 kHz,可以分为低频,中频,高频 3 段。

超声波清洗机工作频率很低(在人的听觉范围内)就会产生噪音。当频率低于 20 kHz 时,工作噪声不仅变得很大,而且可能超出职业安全与保健法或其他条例所规定的安全噪声的限度。在需要高功率去除污垢而不用考虑工件表面损伤的应用中,通常选择从 20 kHz 到 30 kHz 范围内的较低清洗频率。该频率范围内的清洗频率常常被用于清洗大型、重型零件或高密度材料的工件。

高频通常被用于清洗较小、较精密的零件或清除微小颗粒。使用高频可从几个方面改善清洗性能。随着频率的增加,空化泡的数量呈线形增加,从而产生更多更密集的冲击波使其能进入到更小的缝隙中。如果功率保持不变,空化泡变小,其释放的能量相应减少,这样有效地减小了对工件表面的损伤。高频的另一个优势在于减小了黏滞边界层。

合理选择超声波场参数、频率和振幅，可抑制阴极电化学除油的渗氢作用，防止氢脆。

总之，超声波频率越低，在液体中产生的空化越容易，产生的力度大，作用也越强，适用于工件(粗、脏)初洗；频率高则超声波方向性强，适用于精细的物件清洗。

4) 零件的摆放位置

超声波是直线传播的，摆放位置垂直于超声传播方向，这种表面除油效果最好，为提高工件的凹陷部位及背面的除油效果，最好不断旋转或翻动零件。

5) 清洗介质

采用超声波清洗，一般采用两类清洗剂：化学溶剂、水基清洗剂等。清洗介质的化学作用，可以加速超声波清洗效果，而超声波清洗是物理作用，如果采用两种作用相结合的清洗方式，可以对物件进行充分、彻底的清洗。

6) 清洗温度

一般来说，超声波在 30～40 ℃时的空化效果最好。清洗剂的温度越高，清洗作用越显著。通常实际应用超声波时，采用 50～70 ℃的工作温度。

七、乳化除油

乳化除油是溶剂与乳化剂应用的一种过程，其优点是可以显著地改善这两种溶液的除油能力，去掉它们的多数缺点，具有清理快，在多数情况下，不腐蚀被除油的金属。

溶剂、乳化剂、混合剂或稳定剂及水是清理用乳化配制剂的组元。

煤油、石油、二甲苯及杂酚油等工业溶剂可以作为溶剂；碱性肥皂或含有机胺的肥皂可作为乳化剂；多数醇(甲醇、丁醇)及许多润湿剂(多种磺化油)可作稳定剂。

乳化除油温度为 80～90 ℃，除油时间为 0.5～3 min。

八、石灰除油

用细碎烧过的白云石，加少量水稀释成稀粥状，然后用抹布或细刷沾上它来擦拭零部件表面，在机械擦拭后，零部件表面已除掉全部的油脂及污物，但这是一种繁复的表面清理方法，只在对表面清洁度要求较高及小批量生产时才用。

将以上的除油方法(不限于)的特点及适用范围归纳于表 4-4。

表 4-4　常用除油方法特点及适用范围

序号	除油方法	特　点	适用范围
1	有机溶剂除油	(1) 速度快，能溶解两类油脂一般不腐蚀工件。 (2) 除油不彻底，常需用化学或电化学方法进行补充。 (3) 多数溶剂易燃或有毒，成本较高	用于油污严重的工件，或易被碱液腐蚀的金属工件的初步除油
2	化学除油	(1) 设备简单，成本低。 (2) 除油时间较长	一般工件的除油
3	电化学除油	(1) 速度快，彻底并能除去工件表面的浮尘、浸蚀残渣等杂质。 (2) 需支流电源。 (3) 阴极除油时，工件易渗氢。 (4) 去除深孔内油污较慢	一般工件除油或清除浸蚀残渣

续表

序号	除油方法	特　点	适用范围
4	低温除油	(1) 可在室温下操作,节省能源。 (2) 需用表面活性剂,成本较高	各种精密工件除油
5	超声除油	(1) 可用于化学除油,电化学除油,有机溶剂除油及酸洗等,大大提高效率。 (2) 需超声清洗机	形状复杂,细孔、盲孔及除油要求高的制品
6	擦拭除油	(1) 设备简单、劳动强度大。 (2) 效率低。 (3) 操作灵活,一次性投资低	大型或其他方法不易处理设备或工件
7	滚筒除油	工效高,质量好	精度不太高的小工件

第二节　酸洗基础知识

学习目标:燃料元件酸洗的目的、酸洗时间的确定。

一、燃料元件酸洗的主要目的

1. 燃料棒在氧化前酸洗的主要目的

(1) 洗掉燃料棒在加工过程中的污染,焊接产生的氧化物。

(2) 消除燃料棒在加工过程中的畸变层。

(3) 得到清洁光亮的金属表面,以便通过氧化釜处理能生成均匀黑亮的氧化膜。

2. 包壳管在焊接前酸洗的主要目的

包壳管在焊接前进行酸洗,其主要目的是获得清洁光亮的焊接表面,以确保焊接质量。

3. 燃料棒在涂膜前酸洗的主要目的

燃料棒也可在涂膜前进行酸洗,主要目的是去掉冷加工产生的光硬层,提高锆管表面的微观粗糙度,以便提高膜层的贴紧度。

二、酸洗量的确定

锆合金表面在混合液中溶解掉的厚度大小称为酸洗量。锆合金表面必须在酸洗液中腐蚀掉一定的厚度,才能完全除去锆合金表面的沾污和加工畸变层。酸洗的零部件不同,要求的酸洗量也不同,应根据各自的技术要求而定。

三、酸洗时间的确定

1. 先用千分尺测出锆合金样管的外径,精确到 0.01 mm。

2. 将锆合金试样在酸洗液中洗 5 min 并使锆合金样管在酸洗液中不断运动。

3. 在 15%的 $Al(NO_3)_3$ 溶液中漂洗样管 10 min,然后用冷去离子水冲洗样管 5 min。

4. 测量酸洗后的样管尺寸,精确到 0.01 mm。

5. 代入下列公式计算需要的酸洗时间。

公式：

$$t = \frac{5}{a-b} \times 2c$$

式中，t——需要确定的酸洗时间(min)；

a——样管的原始外径尺寸(mm)；

b——试样管酸洗后的外径尺寸(mm)；

c——要求的单侧金属酸洗量(mm)；

5——试样总的酸洗时间 5 min。

例如：试样管酸洗前为直径 10.06 mm，酸洗 5 min 后的直径为 10.02 mm，技术要求单侧酸洗量为 0.01 mm，问酸洗时间应确定为多少？

$$\text{代入公式：} t = \frac{5}{a-b} \times 2c$$

$$= \frac{5}{10.06-10.02} \times 2 \times 0.01$$

$$= 2.5(\text{min})$$

所以，酸洗时间为 2.5 min，即产品在混合液中洗 2.5 min 单侧就可洗掉 0.01 mm。

酸洗中的 HF 随着酸洗产品量的增加而不断减少，酸洗速度不断变慢。要经常测定酸洗速度，才能准确地控制酸洗时间。由于影响酸洗速度的因素很多，主要有酸洗中 HF 含量、酸洗液温度等。它们在不断地变化，所以要及时测定酸洗速度，以便调整酸洗时间。如发现酸洗速度很慢，就知道是酸洗液中的 HF 含量太少，应向酸洗液中添加一定量的 HF 以便恢复酸洗速度。

第三节　氧化基础知识

学习目标：掌握燃料棒氧化目的、工艺参数。

一、燃料棒氧化的作用

核燃料元件的表面处理是指按照核燃料元件技术要求对燃料棒、零部件及组件进行表面处理。本节主要围绕对燃料棒的氧化处理进行阐述。锆合金广泛用作反应堆燃料元件的包壳材料，这种包壳管是防止裂变产物泄漏的第一道屏障。它处于较苛刻的环境下运行使用，既有强烈的辐射，又有水辐照分解的氧化气氛，加上元件又是发热体，具有较高的温度，这些因素加剧了元件水侧面氧化膜的形成和破裂。所以，包壳管抗腐蚀性能是影响燃料元件寿命的一个主要因素。

对核燃料棒等进行氧化处理，有如下几方面的作用。

1. 对锆合金材质进行综合检验

燃料棒的氧化，是一种对锆合金材质进行综合检验手段。通过对燃料棒的氧化处理，不仅可以检查出燃料棒表面缺陷，也可以检查出焊接、酸洗等工序对燃料元件造成的缺陷，可以杜绝不合格燃料棒进入最终组件，确保组件的质量。这种缺陷一般表现为燃料棒表面或焊接区域出现白色或棕褐色的腐蚀产物。在出现缺陷的部位，腐蚀加速，使燃料棒产生破裂和泄漏的风险加大。

2. 保护燃料棒基体

通过氧化处理,使燃料棒表面生成致密的氧化膜,使其在组件组装、运输和贮存等过程中保护燃料棒基体不被擦伤、沾污或减轻划伤等。

3. 延长燃料元件寿命

通过氧化处理生成致密的氧化膜,与锆合金基体结合紧密,对包壳管起到保护作用,降低燃料元件在堆内的腐蚀速率,延长燃料元件寿命。

二、燃料棒氧化的工艺要求

核燃料棒氧化对温度、压力、水质、时间等参数及氧化后的表面质量都有严格的要求。

1. 核燃料棒氧化的温度

核燃料棒氧化的温度 400±3 ℃。

2. 核燃料棒氧化的压力

核燃料棒氧化的压力控制在(10.30±0.70)MPa。

3. 核燃料棒氧化的时间

核燃料棒氧化的时间为 72 h(从釜内温度和压力同时达到并稳定在上述要求值时开始起算;若因故障中途停止,则处理时间前后累计,再次起算时间的原则同上)。

4. 核燃料棒氧化的水质要求

核燃料棒在氧化前测量加入的去离子水的电阻率和 pH,合格后方可进行氧化处理。要求水质的电阻率大于 5 000 Ω·m,pH=7.0±0.5。

第四节　涂、脱膜基础知识

学习目标:掌握涂膜和脱膜原材料的种类以及涂膜和脱膜溶剂组成。

一、涂料的组成

涂料的品种很多,成分各异,按其成膜的作用,基本上由四部分组成,即:主要成膜物质、次要成膜物质、辅助成膜物质和挥发物质。

1. 主要成膜物质

主要成膜物质是构成涂料的基础。主要成膜物质使涂料黏附在物体表面上,成为涂膜的主要物质,其中包括油料和树脂两大类。

2. 次要成膜物质

次要成膜物质主要作用是使膜层性能有所改善。次要成膜物质品种多,主要的原料是颜料。

3. 辅助成膜物质

辅助成膜物质作用是使涂料变成涂膜的过程容易实现,对涂膜的性能起辅助作用。包括溶剂和辅助材料两大类。

4. 挥发物质

挥发物质主要是指溶剂和稀释剂。溶剂是一种挥发性液体，在油漆中主要起溶解成膜物质油料和树脂的作用。在油漆固化成膜以后，溶剂全部挥发，并不残留在漆膜中，故又称挥发份。

涂料的组成详细见表 4-5。

表 4-5　涂料的组成

组　成	原　料	
主要成膜物质	油料	动物油、鲨鱼明油、带鱼油、牛油等植物油、桐油、豆油、蓖麻油等
	树脂	天然树脂，虫胶，松香、天然沥青等。 合成树脂、酚脂、醇酸、氨基丙烯酸、环氧，聚氨酯、有机硅等。 无机颜料：钛白、氧化锌、铬黄、铁蓝、铬缘，氧化铁红、炭黑等
次要成膜物质	颜料	有机颜料：甲苯胺红、钛箐蓝、耐晒黄等。 防锈颜料：红丹、锌铬黄、偏硼酸钡等。 体质颜料：滑石粉、碳酸钙、硫酸钡等
辅助成膜物质	助剂	增韧剂、催干剂、固化剂、稳定剂、防霉剂、防污剂、乳化剂、润滑剂、防结皮剂、引发剂等
挥发物质	稀释剂	石油溶剂、苯、甲苯、二甲苯、氯苯松节油、环戊二烯、醋酸丁酯、醋酸乙酯、丙酮、环已酮、丁醇、乙醇等

二、主要成膜物质

1. 油料

油料（植物油）是油漆类的主要成分，各种油脂漆中含油量最少的约 20%，而最多的可达 100%，像日常用桐油涂装木器、家具就是使用纯粹的植物油，以植物油为基料的油脂漆，有很好的韧性、气密性、水密性以及牢固的附着力，同时一般均具有很好的大气稳定性，能经受日光曝晒，另外植物油来源丰富，价格便宜，因而在漆中获得广泛应用。

油脂由不同种类的脂肪酸的混合甘油酯组成的，其反应式如下：

$$
\begin{array}{l}
CH_2OH \\
| \\
CHOH \\
| \\
CH_2OH
\end{array}
+
\begin{array}{l}
HOOC-R_1 \\
HOOC-R_2 \\
HOOC-R_3
\end{array}
\longrightarrow
\begin{array}{l}
CH_2-OOCR_1 \\
| \\
CH-OOCR_2 \\
| \\
CH_2-OOCR_3
\end{array}
+ 3H_2O
$$

甘油　　脂肪酸　　三甘油脂肪酸酯　　水

脂肪酸的种类不同，化学结构不同，三甘油酸的性质也不同，如猪油为半固体，不能自然干燥成膜；亚麻仁油为液体，其薄层暴露于空气中能够干燥结膜。油脂中脂肪酸的化学结构中含有双键的多少，即不饱和程度的高低，常以碘值来表示。可将油脂分类为干性油、半干性油和不干性油。干性油：碘值约为 150 以上，涂装后几天就能干结成坚固的皮膜，如桐油、亚麻仁油、梓油（实为籽油又名青油）等。半干性油：碘值约为 120～150，涂装后十几天或几十天后才能结成黏软的皮膜，如豆油、葵花子油等。不干性油：碘值在 110 以下，永远不能干结成膜,只能逐渐变黏,如花生油、茶油、蓖麻油、椰子油。一般说来,不饱和程度愈高,碘位就愈大。由于不饱和脂肪酸的分子结构中含有双键,所以油脂中不饱和脂肪酸合量愈多、不饱和程度愈大。当其薄膜暴露于空气中时,其氧化聚合作用愈强,成膜性愈好,干性油成膜机理主要是空气中氧与干油中不饱和脂肪酸分子结构中双键反应的过程;当油脂涂成薄层后,与氧发生氧化聚合作用,打开双键,再经过一系列的复杂的化学反应,使油失去流动性而转变为干固的薄膜,蓖麻油经过化学改性后,可由不干性油转变为干性油,这就是所谓的脱水蓖麻油。

2. 树脂

树脂是许多高分子复杂化合物相互溶解而成的混合物。一般树脂都具有可熔化和对有机溶剂可溶解的性质,并且熔化或者溶解了的树脂黏着性很强,涂装于物体表面干燥后,能形成一层连续透明而硬脆的薄膜。

树脂可分为天然树脂和人造树脂两大类。树脂的分类见表 4-6。

表 4-6 树脂的分类

名称	种 类	物 质
天然树脂	松香	树脂松香、松香
	动物胶	虫胶、牛皮胶、干酪素等
	其他	琥珀、沥青、丹马树脂、阿拉伯树脂等
人造树脂	沥青	石油沥青、煤焦、沥青、硬质沥青等
	松香衍生物	石灰松香、甘油松香、季戊四醇松香、顺丁烯二酸酐松香等
	纤维衍生物	硝酸纤维酯、醋酸纤维酯、乙基纤维、苄基纤维等
	聚合型合成树脂	聚氯乙烯树脂、过氯乙烯树脂、聚醋酸乙烯树脂、聚丙烯酸树脂等
	缩合型全盛树脂	醇酸树脂、酚酸树脂、环氧树脂、三聚氰胺树脂、聚酰胺树脂等
	橡胶	氯化橡胶、环化橡胶、氧茚树脂、萜烯树脂

三、次要成膜物质

次要成膜物质主要是指颜料。颜料是油漆中的着色物质,是生成漆膜的骨骼,就像泥土中的砂子和石子一样,颜料和固着剂紧密地黏结在一起,起着遮盖低层,阻挡光线,提高漆膜耐水性,耐气候性,增加机械强度、硬度、耐磨性,延长漆膜寿命等作用。

通常用来作颜料的大多数是各种不溶于水的无机物,包括某些金属非金属元素,氧化物、硫化物及盐类,有时也有某些不溶于水的有机颜料可因其在油漆中所起的作用不同而分为着色颜料、体质颜料和防锈颜料三大类。

1. 有机颜料

有机颜料主要用于着色,所以也叫着色颜料,具有美丽的颜色,良好的着色力和遮盖力。着色颜料在漆中起着着色和遮盖物面的作用,还能提高油漆的耐久性、耐气候性和耐磨性等。

2. 体质颜料

体质颜料又称填料,是一种没有着色力和极小遮盖力的无色或白色粉状物质;体质颜料加入油漆中，可增加漆膜厚度，加强漆膜体质，并能提高漆膜经久坚硬，耐磨耐水等性能。

3. 防锈颜料

防锈颜料具有优良的防锈性能，可阻止金属的锈蚀，延长金属寿命。

四、辅助成膜物质

油漆虽说是辅助成膜物质，不是主要成膜物质，但正确地选择和使用辅材料，对油漆的成膜及漆膜的质量同样有着很大的影响。

油漆中的辅助材料很多按其功用可分为下列几种。

1. 催干剂

催干剂是一种加速漆膜干燥的物质，主要为钴、锰、铅等金属的氧化物，盐类及它们的各种有机皂类。可分为钴催干剂、锰催干剂、铅催干剂及混合催干剂。尽管催干剂能促进漆膜干燥，提高漆膜质量，但催干剂的用量必须按比例严格控制，否则容易引起起皱、结皮、加速老化等毛病，严重影响漆膜质量。

2. 固化剂

以人造树脂制成油漆，有些在常温下可干结成膜，有些经过加热可以干结成膜，有则需利用酸胺，过氧化物等物质与人造树脂发生反应而使漆膜干结，这种酸胺过氧化物等称之为固化剂。一般造漆厂生产的固化剂有 H-1，H-2 等型号，也可根据需要自己配制，使用较多的是乙二胺，E 二胺两种。

3. 增塑剂

增塑剂又叫增韧剂，用以增加漆膜的弹性、韧度和提高漆膜的附着力。常用于纯树脂漆中，可改进漆的脆性大、易开裂等缺陷。

五、挥发物质

挥发物质主要是指溶剂和稀释剂。

1. 溶剂

(1) 溶剂的作用

1) 溶解涂料中的成膜物质，降低漆的黏度，使它便于喷刷、浸涂，方便施工。

2) 增加涂料贮存的稳定性，它能防止成膜物质发生凝胶的弊病，在桶内充满溶剂的蒸气可减少涂料表面的结皮倾向。

3) 涂料施工使用时，溶剂能增加物体表面润滑性，使涂料便于渗透至物体空隙中去，使涂层有较强的附着力。

4) 使漆膜具有良好流动性，可避免漆膜过厚、过薄造成刷痕和起皱等弊病。

(2) 溶剂的选择

一种好的溶剂应该有良好的溶解性能，能适时地从漆膜内挥发出去，而没有残留的不挥发物；并且还易与其他溶剂混合。在选择时应考虑以下几点：

1) 颜色及杂质。因为颜色直接影响干后漆膜的颜色，尤其是清漆或浅色漆关系更大。

2) 溶解力。所谓溶解力就是溶剂溶解油料或树脂的能力，即指当其加入涂料中，不应引起混浊和沉淀，能保持透明状态。溶解力愈强黏度愈小。

3）毒性以及对施工人员的影响。为了施工操作的安全，应当尽可能地采用毒性小的溶剂，如果必须采用毒性较大的溶剂，则应注意劳动保护。

4）挥发性：如挥发速度太慢，则会使漆膜流挂及干燥缓慢，而挥发速度太快，会造成漆膜流动性不好。

5）可燃性。这是考虑到安全生产问题，如溶剂闪点太低、可往里加入一些其他溶剂来提高它的闪点。

6）成本。这也要适当考虑，要做到质好价廉。

（3）溶剂的种类

溶剂的种类很多，按化学成分来分，大致有以下几类：

1）烃类溶剂。烃类溶剂是用的最多的一种溶剂，可分脂肪烃和芳香烃两种。脂肪烃有如 200 号溶剂汽油(松香水)、煤油、汽油等。芳香烃有如苯(闪点低，挥发性快，有显著毒性，溶解力极强)、甲苯、200 号煤焦溶剂和重质苯等。

2）脂类溶剂。一般用的是醋酸丁酯、醋酸乙酯、醋酸戊酯。根据它们溶解度大小，挥发速度快慢，搭配使用在硝基漆、过氯乙烯漆、丙烯酸漆、乙烯漆等中。

3）酮类溶剂。它对合成数值的溶解力很强，如丙酮、丁酮、甲基异丁酮、环己酮等。环己酮由于其挥发性慢、溶解性好，故能使漆膜在干燥中形成光亮平滑表面，起到流动作用。

4）醇类溶剂。醇类溶剂如乙醇、甲醇、丁醇等，对涂料的溶解力差，仅能溶解虫胶，或缩丁醛树脂。只有甲醇能溶解硝化棉，将它们与酯类、酮类溶剂配合使用，可增加其溶解能力，因此称它们为硝基漆的助溶剂。丁醇还常用于氨基、环氧、乙酸乙烯等漆中。

5）萜烯类溶剂：绝大多数来自松树分泌物。常用的有松节油、双戊烯，双戊烯的挥发速度较松节油慢 3 倍，故有流动剂的作用，可以改善醇酸漆的流动性。由于它本身能抗氧化，加入桐油中能防止结皮。另外能使漆很好地分散，故可用在短油度醇酸漆中防止贮存时胶化。因其挥发很慢，故在溶剂中的用量为 25％即可。

6）醇醚类溶剂：如乙二醇-乙醚、乙二醇-丁醚，二乙二醇-乙醚等，它用于硝基漆、乙烯漆、环氧漆、聚氨酯漆和乳胶漆中。它们是很好的溶剂，但由于价格较贵，目前还只用于环氧漆中。

7）其他溶剂

① 含氯溶剂。如二氯甲烷、三氯乙烯、氯苯、二氯乙烷等都属于这类溶剂。它们的特点是溶解力强，不易燃烧，毒性较大，只在某些特种漆和脱漆剂中使用。

② 硝化烷烃溶剂。如硝基甲烷、硝基乙烷、硝基丙烷等，能溶解硝化棉、醋酸纤维素和氯乙烯乙酸乙烯共聚树脂，其挥发速度大致同醋酸丁酯。

③ 糠醛溶剂。有较强的溶解力和渗透力，可用于油基漆、酚醛漆、硝基漆和部分乙烯漆中，因其颜色较深，且易泛黄故不能制白色或浅色漆。

2. 稀释剂

稀释剂的作用是用来扩充油漆的体积，以达到想要的使用黏度，但又不妨碍溶剂对成膜物质的溶解。使用稀释剂最根本的原因是因为一般稀释剂在价格上都要比溶剂便宜，所以在不妨碍成膜物质的溶解和保证涂层质量的前提下，要求尽可能地使用稀释剂来代替溶剂，以降低油漆的成本。必须指出，稀释剂除能够很好地稀释漆料使之达到使用黏度以外，其挥发速度必须比溶剂快。如果比溶剂慢，成膜物质在稀释剂中不溶解而析出，将使漆膜造成结皮和发白等缺陷。

稀释剂就是用各种溶剂，根据溶解力，挥发速度和对漆膜的影响等情况考虑而配制的，所以使用时必须选择合适的稀释剂。对于不同类型的漆，究竟采用哪种稀释剂比较合适，应根据漆中所含成膜物质的性质而定，例如硝基漆的稀释剂叫香蕉水，因为成分中含有醋酸戊酯的香味而得名，如 X-1、X-2 等均是。它们由酯（乙酸乙酯、乙酸丁酯）、酮（丙酮）、醇（丁醇、乙醇）和芳香烃类（苯、二甲苯、甲苯）溶剂所组成，也可采用表 4-7 的配方。

表 4-7　硝基漆稀释剂的组成

硝基稀释剂	重量百分比/%		
醋酸丁酯	25	18	20
醋酸乙酯	18	14	20
丙酮	2	—	—
丁醇	10	10	16
甲苯	45	50	44
酒精	—	8	—

硝基漆静电喷涂用的稀释剂见表 4-8。

表 4-8　硝基静电喷涂稀释剂组成表

硝基静电喷涂漆稀释剂	重量百分比/%
醋酸丁酯	30
二丙酮醇	14
二甲苯	20
甲苯	9
丁醇	27

硝基漆热喷涂时用稀释剂由挥发性较慢的醋酸戊酯、乳酸乙酯、二甲苯等溶剂所组成，专供硝基漆热喷涂时配套用。为避免引起施工时苯中毒的缺点，新研究出硝基无苯稀释剂是以轻质石油溶剂代替苯和二甲苯为原料的一种硝基漆稀释剂。

由上可以看出，溶剂和稀释剂之间，并没有什么严格的界限来区分，很多溶剂也可以作为稀释剂。稀释剂本身就是几种溶剂的混合物，之所以有溶剂和稀释剂之分，只不过是根据溶解力，挥发速度和对漆膜的影响等不同来考虑和配制罢了。

第五章　相关的生产准备

学习目标：掌握表面处理中常用溶液的配制；能区别本岗位非限用材料、限用材料、禁用材料，并清楚限用材料的管理和使用要求。

第一节　配制溶液

学习目标：掌握表面处理中常用溶液的计算、配制过程。

在进行表面处理前必须把各种溶液准备好，需进行溶液计算和配制。以下是几种溶液的配制过程。

一、配制硝酸铝水溶液

配制质量分数为15%的 $Al(NO_3)_3 \cdot 9H_2O$ 的不饱和溶液，即在100 g这种溶液中含15%的 $Al(NO_3)_3 \cdot 9H_2O$。

1. 计算

$Al(NO_3)_3$溶液络合槽的尺寸为4 500 mm×690 mm×580 mm的不锈钢槽，根据需要要求一次配体积为2/3槽的 $Al(NO_3)_3$溶液。我们要计算出，这槽溶液中含 $Al(NO_3)_3 \cdot 9H_2O$ 的重量，首先要求出溶液的总重量为多少，要求溶液的总重量必须知道溶液的体积和比重。槽子的体积＝长×宽×高，所以

$$溶液的体积为 \frac{2}{3} \times 4\ 500 \times 690 \times 580 = 1.200\ 6(m^3)$$

含15%的 $Al(NO_3)_3 \cdot 9H_2O$ 溶液的比重为1.1 g/cm³左右，溶液的总重量为1.200 6×1.1＝1.320 66 t

溶液中 $Al(NO_3)_3 \cdot 9H_2O$ 的重量为1.320 66×15%＝0.198 099 t＝198.099 kg

水的重量为1.320 66×85%＝1.122 56 t＝1 122.56 kg

水的体积为1 122.56(L)＝1.122 56(m³)，

需加入水的深度＝1.122 56÷(4.5×0.69)＝0.361 5(m)。

2. 溶液的配制

(1) 用去离子水将槽清洗干净。

(2) 量1 122.56 L的水的倒入槽中(水的比重为1)或直接在槽中注水至0.361 5 m深度处。

(3) 称198.099 kg的 $Al(NO_3)_3 \cdot 9H_2O$ 倒入络合槽中。

(4) 用不锈钢棒或塑料棒在溶液中轻轻搅拌，让 $Al(NO_3)_3 \cdot 9H_2O$ 完全溶解在溶液中。

(5) 配好的溶液用盖子盖严，防止杂质灰尘进入。

二、硝酸、氢氟酸和水的混合酸液的配制

根据生产工艺要求，锆合金燃料棒及部分零部件要在硝酸、氢氟酸和水的混合酸液中进行酸洗。酸洗液的组成一般为5%的氢氟酸，45%的硝酸和50%的去离子水(浓度为体积分数)。

在配制混合酸液过程分为计算和配制操作两个过程。

1. 计算

要计算出各种子成分酸的量，必须先求出混合酸液的量。我们这里以配制酸洗槽容积一半为例来计算。

先求出混合酸液的体积，以混合酸液的体积等于酸洗槽体积的一半来进行计算。

$$酸洗槽的体积=长\times宽\times高=4\ 500\times880\times590\ \text{mm}=2.336\ 4\ \text{m}^3$$

$$混合酸的体积=2.336\ 4/2=1.168\ 2\ \text{m}^3$$

1) 求HF的体积

$$V_{HF}=1.168\ 2\times5/100=0.058\ 41\ \text{m}^3=58.41\ \text{L}$$

每瓶HF的体积为500 ml，即0.5 L，则所需HF的瓶数为58.41/0.5=117瓶。

2) 求硝酸的体积

$$V_{HNO_3}=1.168\ 2\times45/100=0.525\ 69\ \text{m}^3=525.69\ \text{L},$$

每瓶HF的体积为2 000 ml，即2 L，则所需HF的瓶数为525.69/2=263瓶。

3) 求去离子水的体积

$$V_{H_2O}=1.168\ 2\times50/100=0.584\ 1\ \text{m}^3=584.1\ \text{L},$$

$$H_{H_2O}=0.584\ 1\div(4.5\times0.88)=0.147\ 5\ \text{m}$$

2. 配制操作

(1) 酸洗槽中用去离子水清洗干净。

(2) 在清洗干净的酸洗槽中倒入584.1 L的去离子水或直接注水至0.147 5 m高度处。

(3) 向酸洗槽内的去离子水中倒入263瓶体积为2 000 ml的HNO_3。

(4) 再在上述溶液中加117瓶体积为500 ml HF。

(5) 用塑料棒在上述混合液中轻轻搅动，使其进一步均匀化。

(6) 混合酸洗液的配好后将盖盖好，待冷却后酸液的温度降到要求后即可使用。

3. 注意事项

(1) 计算时要细心，反复核对，保证计算值的准确性。

(2) 在配混合液时一定要注意先向酸洗槽内倒去离子水，然后再向去离子水中倒酸。边加酸边搅动溶液，决不能先倒酸后倒水，否则会发生酸伤事故。因为酸的水解反应是放热反应，先倒酸后倒水，刚倒下去的水与大量的酸发生激烈作用放出大量的热将使酸液沸腾，四外飞溅，极易烧伤肌体，溅到设备上也会腐蚀设备。

(3) 配酸时，要特别小心轻放各种酸瓶。防止把酸液倒掉，容易伤人也污染环境。

(4) 配完酸后，配出混合酸液的体积肯定小于理论计算时的总酸液的体积，即小于酸洗槽的一半，不能因为配出的酸液的体积小于酸洗槽体积的一半而向槽内再加入酸液或去离子水。

第二节 接触材料

学习目标:能区别本岗位非限用材料、限用材料、禁用材料,并清楚限用材料的管理和使用要求。

所有与元件接触的材料,如:橡胶、条形码纸标签、热缩塑料套管、棉签、擦洗纸、记号笔和清洁块、导向板等均需做腐蚀性能试验,结果合格方能使用。腐蚀性能试验的试验条件应选极限条件(温度最高,时间最长)。

一、分类及定义

在核燃料元件生产过程中,产品或零部件(半成品)不可避免地要与某些材料相接触,这些接触材料大致可分为三类。

1. 非限用材料

无需事先批准即可使用的材料。在核燃料元件生产过程中,以下材料属于非限用材料:奥氏体不锈钢、镍基合金、锆合金、碳化物硬质合金、惰性气体、丙酮、酒精。

2. 限用材料

必须经过预先批准,才能在产品生产的某些或所有阶段使用的材料(与产品或零部件相接触)。这些材料中的某些成分、杂质可能是有害的或难于清除的。限用材料不得影响产品的质量。以下材料属于限用材料:

卤素、游离的或化合的硫、熔点低于 700 ℃的金属或合金、不锈钢的铁素体污染、油脂类化合物、铜及铜合金、吸收截面大于 3.5b 的中子吸收元素、易于合金化或产生化学反应,或在材料上易形成沉积物的元素。

超过下述限值的塑料制品(或相似物质):特氟龙,含氯 0.075%或含氯 0.05%(薄膜);尼龙,含氯 0.075%;聚乙烯,含氟 50 ppm,铅 0.05%,能测量到的汞和卤素。

其他可能影响产品或零部件的性能或质量的材料。

3. 禁用材料

与产品或零部件相接触后,可能导致产品或零部件的性能和质量改变的材料。除了非限用材料和限用材料外的所有材料均是禁用材料。

二、限用材料的管理和使用要求

限用材料必须预先批准后方可按规定制造使用,并符合有关技术条件的要求。

三、限用材料的批准程序及管理

各制造单位应根据本单位在核燃料元件制造中所涉及的限用材料,按规定的格式要求填写《限用材料使用申请单》,详细列出限用材料的名称、性质、所使用的范围或地点等,同时附上试验结果(证明对产品性能无影响),送交相关技术、质保部门进行审查(必要时,送交设计代表审查),并经批准后方可使用。各制造单位应按照批准后的《限用材料使用申请单》建立本单位的《限用材料清单》,对材料的使用进行严格管理。如要增加使用数量或变更使用地点,则应对这种材料重新按上述程序进行申请,批准后方可使用。相关部门对限用材料的使用单位进行不定期的检查活动,以核实制造单位是否正确使用了限用材料。

四、燃料棒制造中涉及的限用材料清单

根据制造产品的不同,其接触材料有所变化,但接触材料均需要经过工艺试验,明确对最终产品性能无影响。表 5-1 中的材料是可以在燃料棒制造与之接触的部分材料清单。

表 5-1　燃料棒制造中涉及限制使用材料清单

序号	名　称	用　途
1	热缩套管	标识
2	胶木夹头	返修车床夹头
3	铜夹头	焊接夹头
4	铜导电片	堵孔焊夹头
5	铜电极	骨架点焊电极
6	铜芯轴	骨架点焊芯轴
7	棉签	管口清洗
8	夹具	压塞机
9	铅	X 光机
10	记号笔墨水	记录卡、流通卡
11	清洁擦	通用擦拭
12	猪皮手套	接触拉棒后燃料组件
13	拨轮,滚轮,夹具,导向板,拖板,塑料布	流水线,丰度机,压塞机, 堵孔机,拉棒机装置,X 光机,通用复盖
14	不干胶	导向管标签
15	绸布	通用擦拭
16	Wynns 501 131 Charge 润滑剂	AFA 3G 胀接锥体部分
17	NEOLUBE 型润滑剂	AFA 3G 套筒螺钉
18	医用胶布	减少设备对包壳管表面的损伤
19	Scotch Brite 清洁擦	通用擦拭
20	天然橡胶	增大燃料棒的摩擦,减小设备对包壳管的损伤
21	料架、滚轮	运输、传送
22	毛毡	增大燃料棒的摩擦,减小设备对包壳管的损伤

第三节　特殊仪表、仪器及其使用

学习目标:了解岗位涉及的特殊仪表、仪器工作原理,并能对其进行正确操作。

在表面处理工艺中,除了使用到普通的计量器具外,还会使用到其他一些计量仪表或仪

器，如电导仪、热电偶、热电阻等。表面处理工艺中对介质的温度、压力和水质都有严格的要求，任何一环节出现问题，都有可能影响产品质量，导致产品报废，造成严重的损失。而造成这方面的主要原因，大多是工作仪器仪表出现异常。所以，必须选择合适的仪器和显示仪表，同时对它们的工作原理也要掌握。

各种显示仪表仪器，应根据其作用，分成A级和B级。A级指一类仪表和仪器，其校准期限为半年；B级指二类仪表和仪器，其校准期限为一年或更长。对于各种仪表和仪器，应在它的校准有效期内使用。

一、电导仪

电导仪主要用来测量去离子水的比电阻。水的导电能力说明水的性质，以证明水质是否达标。水的导电能力强，说明电阻小，水质里含的杂质多；水的导电能力弱，电阻越高，说明水质含的杂质少。

1. 电导仪的结构原理

结构原理见图5-1，主要由一个平衡电桥、一个信号放大和一个电眼组成。

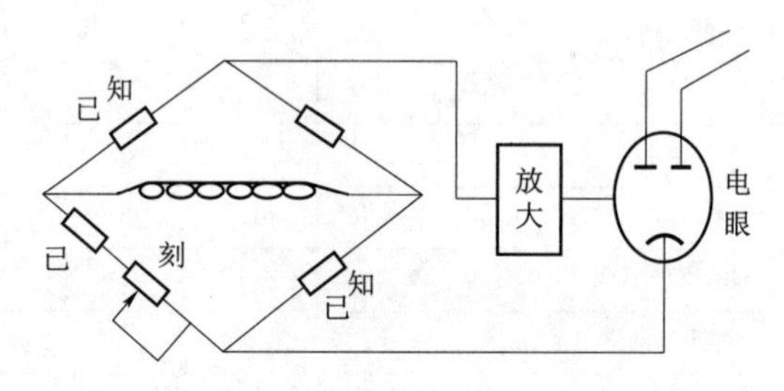

图5-1 27型电导仪结构原理图

2. 电导仪的工作条件

电导仪的工作条件主要是对温度和湿度有要求，即空气温度0～40 ℃，空气中的相对湿度≤80%。

3. 电导仪的工作原理

27型电导仪系一台交流电桥与转换器(260型电导电极)配合使用，电桥的工作电源有1 000 Hz与50 Hz或60 Hz(市电电频)两种频率。1 000 Hz用一个电子管作振荡，由另一个电子管作阴极输动用，电眼指零，其原理见图5-2。

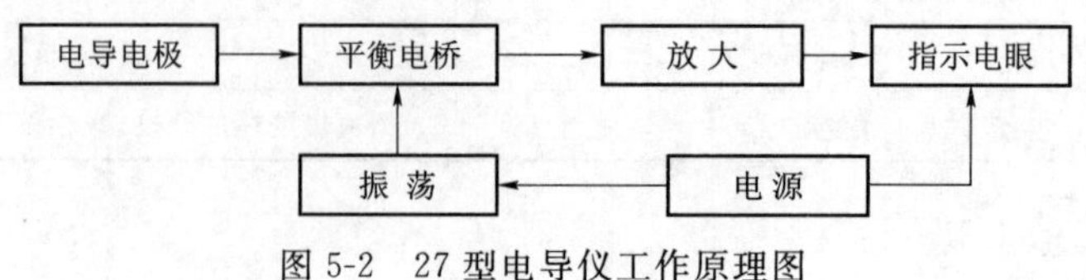

图5-2 27型电导仪工作原理图

4. 电导仪的主要技术数据

主要技术数据如下：

(1) 供电电源：220 V交流电源。

(2) 电源频率:50 Hz 或 60 Hz(市电频率)。

(3) 电桥频率:50 Hz、1 000 Hz。

(4) 测量范围:电导 500 mS～0.5 μS,电阻 20 Ω～20 μΩ。

(5) 误差:20 ℃时为±1%～±3%。

二、热电偶

热电偶是工业上应用最广泛的一种感温元件,通常与显示仪表和连接导线(铜导线或补偿导线)组成测温系统。其工作原理是基于两种不同性质的导体相接触时产生的接触电势和同一导体的两端因温度不同而产生的温差电势。其基本结构为棒形,由热电极、绝缘管、保护管和接线盒四部分组成。在选择热电偶时,应注意:选用热电偶的分度号必须与显示仪表的分度号一致,且应满足使用温度范围的要求;金属保护管不适于在强烈氧化气氛中使用,高铝质、刚玉质保护管宜在含有水气和还原气氛中使用;按照热电偶选型样本的提示合理选用热电偶,正确标记热电偶;使用热电偶时必须选用与其热电特性相一致的补偿导线。

我们采用的是 K 型铠装热电偶,其热电极采用镍铬-镍硅,K 指热电偶的分度号。这是一种小型化、结构牢固、使用方便的特殊热电偶。它是由热电极、绝缘材料、和金属套管三者组合加工而成的坚实的整体。这种热电偶的优点是:热惰性小,反应快,可用于快测温度或热容量很小的物体温度;套管可弯曲,适应复杂结构上的安装要求,如安装到狭小、弯曲的测温部位;结构坚实,可耐强烈的振动和冲击,可用在高压设备上测温。这种 K 型铠装热电偶测温精度的允许等级分三级,Ⅰ级:±1.5 ℃或 0.4%t;Ⅱ级:±2.5 ℃或 0.75%t;Ⅲ级:±2.5 ℃ 或 1.5%t。其他分度号如 N、E、J、T 等应用较少。

三、热电阻

热电阻与热电偶相比,使用在较低温度范围内,但其测量准确度高,有较高的灵敏度,因此在中低温－200～600 ℃测量中得到了广泛的应用。它是利用导体或半导体电阻值随温度变化的性质来测量温度的。热电阻有铂热电阻、铜热电阻、半导体热敏电阻。选择热电阻时应注意:根据测量的范围和对象,选择适当的热电阻种类和规格;选用的分度号必须与显示仪表的分度号一致。除双支式的铠装热电阻外,在不使用切换开关的情况下,每支热电阻不可同时和两块显示仪表连接使用。

铠装铂热电阻的分度号有 Pt10 和 Pt100 两种,是由铂电阻元件、内引线、绝缘材料、金属导管组合而成的坚实体。它作为一种温度传感器通常用来和显示仪表配套,可以直接测量和调节－200～600 ℃范围内的液体、气体、蒸汽介质以及固体表面等的温度。它具有精度高、稳定性好、线径小、可任意弯曲、热响应快、可绕性好、抗震、耐压、抗冲击、适应性强等特点。

四、温度变送器

温度变送器是指借助检测元件接受被测变量,并将它转换成标准输出信号的仪表。电动温度变送器,是电动单元组合式仪表(DDZ)中的一个主要品种,它与热电偶、热电阻等配合使用,将温度或其他直流毫伏信号转换成标准统一信号,输给显示仪表或调节器,从而实现对温度等参数的指示记录或自动调节。电动单元组合仪表有 DDZ-Ⅱ型和 DDZ-Ⅲ型两大系列。前者用晶体管作为电子线路的基础元件,采用 0～10 mADC 为统一的标准信号;后者用集成电路,采用 4～20 mADC 或 1～5 VDC 为统一的标准信号。DDZ-Ⅲ型仪表由于采用集成电路和低功耗的半导体元件,提高了仪表的可靠性能和稳定性,具有安全火花防爆功能,在工业上应用最广。DDZ-Ⅲ型温度变送器有三个品种:热电偶温度变送器、热电阻温度变送器、直流毫伏温度变送器。它们在线路结构上分为量程单元和放大单元。放大单元是通用的,量程单元则随品种、测温范围不同而异。

五、差动远传压力表

1. 用途与技术指标

远传压力表用于一般的环境,耐震远传压力表用于震动剧烈的场所,测量对铜和钢及其合金不起腐蚀作用的液体、气体和蒸汽的压力。带上阻尼器后,仪表可测量脉动、冲击、突然卸荷介质的压力。带上隔膜部分后,仪表可测量有腐蚀介质的压力。仪表除就指示压力外,还连续输出与被测压力成线性的 0～10 mA · DC 或 4～20 mA · DC 信号。仪表具有 DDZ-Ⅱ型(Ⅲ型)单元组合仪表中的压力变送器相同的功能。可以和显示、记录、调节仪表联系,组成自动调节系统。

一般采用 YTT-150、150 A 型差动远传压力表或 YTT-150、150A-Z 型耐震动差动远传压力表,根据工作条件,选择量程合适的压力表。该仪表在线路上采用 CMOS 集成元件,使整机具有结构简单、性能稳定、可靠性高和抗干扰的能力及调校、使用方便等特点。其使用的环境温度为:-10～+55 ℃;相对湿度小于 85%。其性能参数见表 5-2。

表 5-2 YTT-150、150A 型差动远传压力表性能参数表

仪表型号	输出信号/(mA · DC)	供电电源/(V · AC)	负载电阻/kΩ	消耗功率/W	传输形式
TYY—150A	0～10	220	0～1.5	≤1	四线制
TYY—150	4～20	24	250～350	≤1	二线制

2. 工作原理与结构

仪表由压力测量系统、差动变压器、振荡器和整流滤波器、放大器五部分组成。原理见图 5-3。

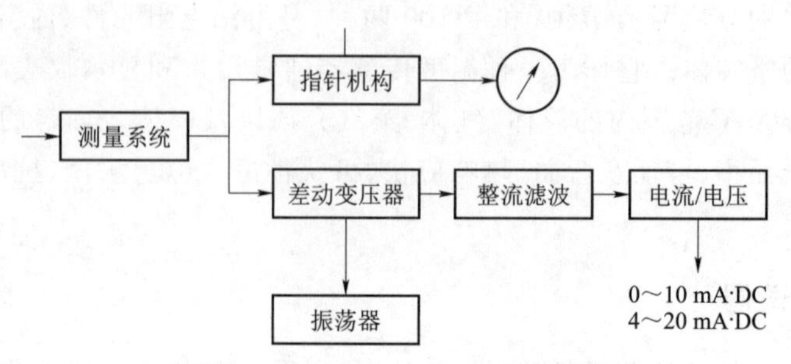

图 5-3 差动远传压力工作原理框图

弹簧管测量系统和指针机构与普通压力表完全相同,它的作用是实现压力检测及现场指示。差动变压器将弹簧管末端位移转换为交流电压输出,该电压经整流滤波及电压/电流

转换放大后，输出 0～10 mA·DC 或 4～20 mA·DC 信号。部分压力表的表头内充油，机芯部件、指针及位移—电压变换部件完全浸没在阻尼油中，阻尼油能使由于环境振动而引起的零件摆动幅度大大减少，零件间摩擦力减少，从而提高了仪表测量精度和使用寿命，达到耐环境振动的目的。由于对氧化釜内的清洁度要求很高，而压力表与氧化釜相通，我们使用压力表表头内不能带阻尼油。

压力表必须垂直安装在符合规定的工作环境中，在使用前及作用中半年应调试一次。

六、β 射线涂/镀层测厚仪

β 射线反向散射法是将放射性同位素的 β 射线射向试样，然后一些射线被反射至探测器。反射的 β 射线的强度与镀层种类和厚度有关，因此可以测得镀层的厚度。该方法精度高，适用于大多数金属镀层，若镀层金属与基体金属之间的原子序数相差较大时，厚度测量的灵敏度也会提高，故该方法特别适用于测量贵金属镀层。

图 5-4 是美国 UPA β 射线测厚仪 MP-900，它融合了 β 射线反向散射和霍尔效应测量技术。避免了因为存在两种需要而购买了两种仪器的麻烦。

图 5-4　美国 UPA β 射线测厚仪 MP-900

β 射线涂/镀层测厚仪特点：

(1) 利用 β 射线反向散射测量技术，应用在测量许多经典结构的镀层厚度，包括镍上镀金(Au/Ni)，环氧树脂镀铜(Cu/epoxy)，光致抗蚀剂 Photoresist，铜上镀银(Ag/Cu)，科瓦铁钴镍合金上镀锡(Sn/kovar)，铁上镀氮化钛(Ti-N/Fe)，锡铅合金(Sn-Pb)。

(2) 可以利用霍尔效应技术测量铜上镀镍(Ni/Cu)的厚度。

(3) 探头系统可以用于精确测量各种样品表面，从小零件(连接器和端子)到大零件(印制线路板)。Micro-Derm BBS 厚度标准片(4 点设定)包括：纯材料的底材，表面镀层的纯材料无限厚片和两块经过 NIST(美国联邦标准技术委员会)认证的标准厚度的薄片。

(4) 标准校准模式:4 点,3 点,2 点,线性,多点和 Sn-Pb。

(5) LED 读数显示测量结果的单位可以是微英寸(microinches),微米(micrometers),毫英寸(mils),埃(angstroms),组分百分含量等。

七、其他显示仪表

显示仪表,就是接受测量元件(传感器)或变送器的输出信号,将测量值显示(指示、记录)出来以供观察的仪表。显示仪表大致可分为模拟式、数字式和图像显示仪表三大类。模拟式显示仪表,是以指针与标尺间的相对位移量或偏转角来模拟显示被测参数的连续变化的数值。如压力表等。数字式显示仪表,是以数字的形式直接显示出被测数值,因其具有速度快、准确度高、无读数误差,便于和计算机等数字装置联用。图像显示仪表,是在荧光屏上以图形、字符、曲线及数字等方式显示所要观测的信息,它兼有模拟式和数字式两种显示的功能,用途非常广泛。

在氧化装置中所用的是数字显示仪表,实际上是一台数字电压表,它将线性化电路送来的信号进行模-数(A/D)转换、标度转换、计数译码等处理,以数字形式显示被测的温度或压力。如:显示炉温的百特表。在选显示仪表时应注意显示仪表的型号与测量元件配套。

第六章　表面处理常用设备结构与工作原理

学习目标：了解除油、酸洗、氧化、涂/脱膜设备的结构、工作原理，并能对其进行正确操作。

第一节　除油设备

学习目标：了解除油设备的结构、工作原理，并能对其进行正确操作。

一、化学除油设备分类

1. 按清洗方式主要分类

化学除油设备按清洗方式主要分为两大类：浸入除油设备（见图 6-1）和喷洗除油设备（见图 6-2）。

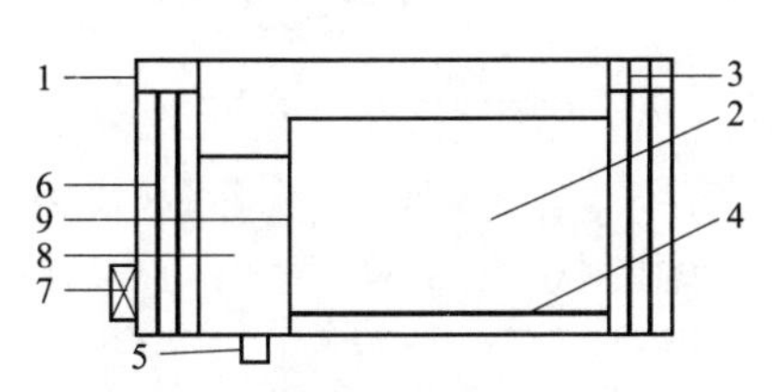

图 6-1　浸入除油设备示意图

1—放水保险；2—除油空间；3—喷水管；4—加热元件；5—放水孔；6—循环管；7—泵；8—收集器；9—隔板

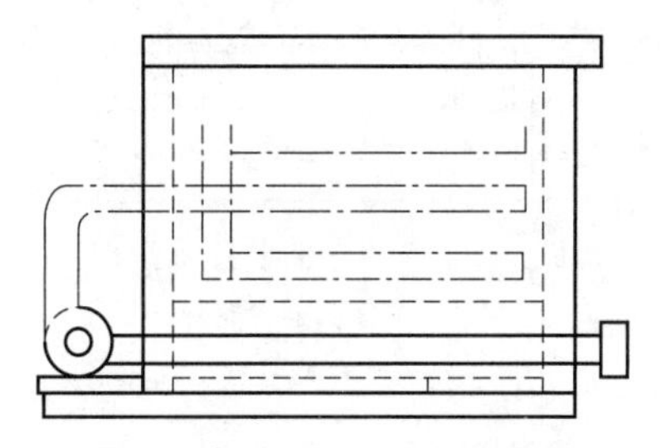
图 6-2　喷洗除油设备示意图

2. 按清洗溶剂分类

从使用的清洗溶剂上可分为可燃性除油装置和非可燃性除油装置。

(1) 可燃性溶剂除油的装置

用汽油、煤油及类似的可燃性材料除油，使用可燃性溶剂除油装置。

这种装置的简单结构示意图见图 6-3。它是一个槽子，下部分有两个池，相互间由一个过滤器隔开，一个装脏溶剂，另一个装洁净溶剂。槽的上部有一个带栅格板的小槽，零件就放在这栅板子上除油。除油装置有一个可掀开的盖子，并在溶剂着火时盖上。槽子的正面有一个泵，用它把溶剂打入除油小槽中，在制件除油以后，打开活门将溶剂放入装脏溶剂的池中，经过滤器，重新进入装洁净溶剂的池中。

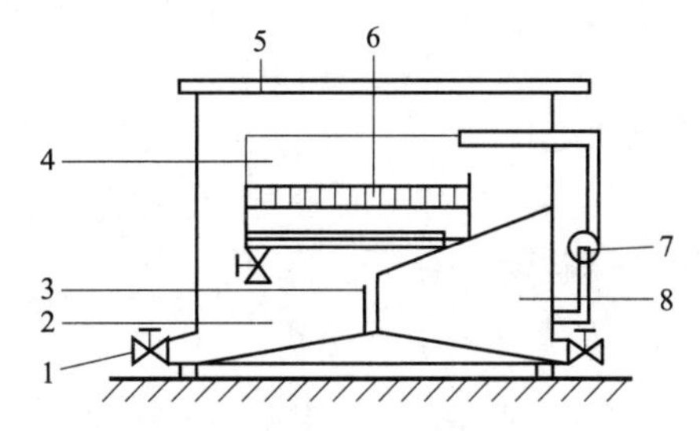

图 6-3　可燃性溶剂除油装置示意图

1—开关；2—装脏污溶剂的池；3—过滤器；4—除油槽；5—盖子；6—栅板；7—泵；8—装洁净溶剂的池

(2) 非燃性溶剂除油装置

非燃性溶剂除油装置根据工作原理,又可分为开放式浸入除油装置和气相除油装置。

1) 开放式浸入除油装置

开放式浸入除油装置是一个槽子,由隔板分成几个池(一般三个),每个池子的隔板高度不同,进入最后一个池的溶剂流进第二个池,然后由此再流入第一个池子,最后排入盛脏液的槽子。除油过程按逆流原理进行。每个池都有通蒸气的蛇形管加热器,蒸发的溶剂由冷凝器冷凝,此外,还有排风装置。

2) 气相除油装置

利用溶剂的蒸气来进行除油,即先把溶剂加热成蒸气,当溶剂的蒸气上升到槽子的上部,遇到被除油的制件冷凝成溶剂,使制件表面上的油脂溶解,并重新流入槽子的下部。除油一直进行到制件被加热到溶剂沸点为止。图 6-4 所示为气相除油装置示意图。

三氯乙烯蒸气法除油装置大体可分成三氯乙烯贮存槽与加热器,三氯乙烯蒸气除油区,冷却区三部分,见图 6-5。

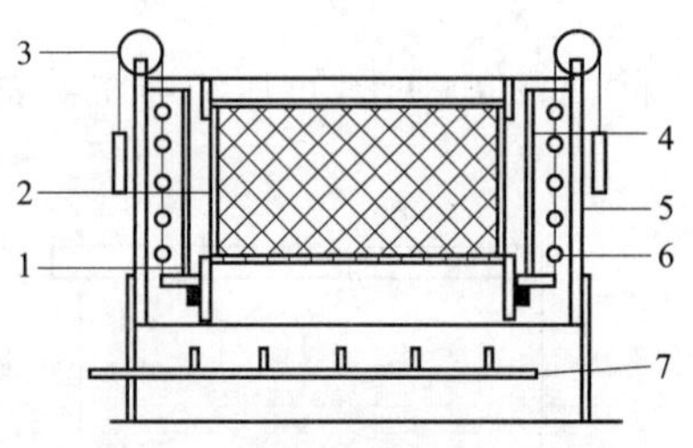

图 6-4 气相除油装置示意图

1—栅板;2—篮筐;3—滑轮;4—罩子;5—除油槽;6—冷却管;7—加热器

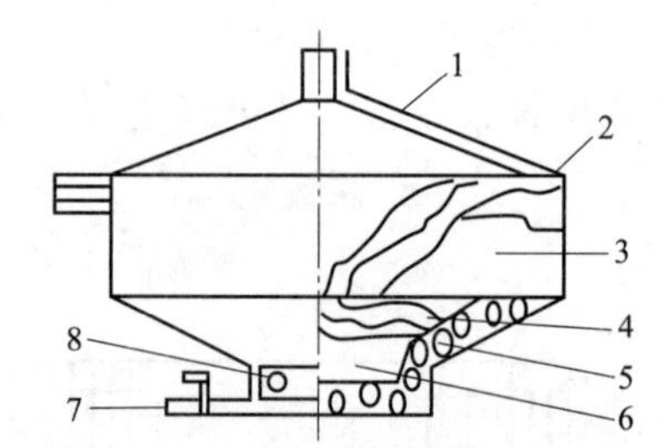

图 6-5 三氯乙烯蒸气法除油装置示意图

1—自然通风罩;2—轨道;3—冷却水套;4—冷却水管;5—玻璃棉;6—三氯乙烯贮存槽;7—三氯乙烯排放阀;8—蛇形管式加热器

由于三氯乙烯沸点很低(87.1 ℃)易变成蒸气,可采用蛇形管加热器,气相区为清洗工件的主工区域,冷却区的主要作用是使三氯乙烯进入这一区域后,迅速冷凝为液体,流回储存槽供下次使用。

二、常用除油装置

包壳管在焊接前经过运输、包装、机械加工,内外表面的油污比较严重,必须进行严格的除油处理,以便保证焊接、表面酸洗和氧化质量。包壳管焊接后的加工和转移过程中,油污较少,只需经过二甲苯或丙酮擦洗除油就可以去除油污。尽管油污较少,也必须经过仔细认真的除油处理,因为包壳管表面上的少量油污,也会造成整体表面酸洗不均匀,残留油污的部位得不到清洁光亮的表面,氧化釜氧化后也得不到均匀黑亮的氧化膜。若后续需涂膜,也会使膜层贴紧度差。

1. 涂膜前的除油设备

涂膜前的除油槽结构见图 6-6。元件放在除油平台上,操作人员在平台上操作,平台上有许多的小孔,直通排风管。除油时,除油剂产生的有害气体被抽风机从小孔抽走,由于排气口低于人体高度的 2/3,有毒气体从下面抽走,这样,就能减少有毒气体的扩散,使操作者尽可能少呼吸一些有毒气体，比从上部抽走有害气体除油要优越。

2. 超声清洗装置

(1) 超声清洗装置组成

超声清洗采用的设备为超声波清洗机和清洗槽，其中超声波清洗机是核心。清洗槽示意图见图6-7。超声清洗原理、溶液配制在相关章节中已讲述，这里不再重复。

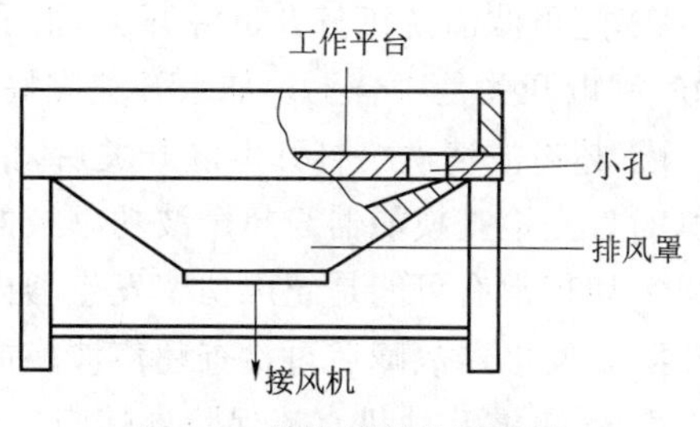

图 6-6　除油槽结构示意图

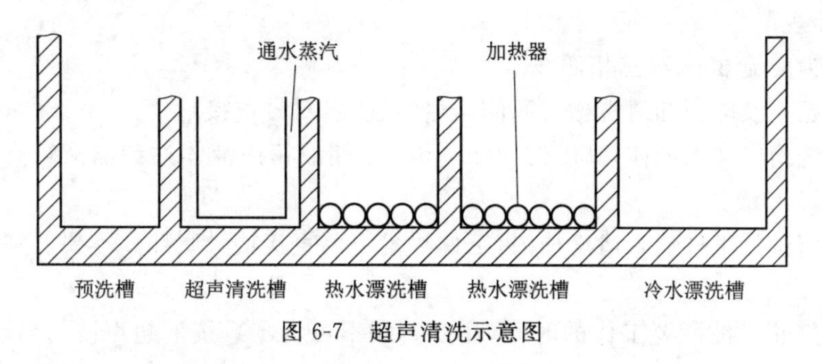

图 6-7　超声清洗示意图

(2) 超声波清洗机的故障判断

1) 超声波清洗机打开电源开关，指示灯不亮，没有超声输出。原因：A. 电源开关损坏，没有电源输入；B. 保险丝 ACFU 熔断。

2) 超声波清洗机打开电源开关后，指示灯亮，但没有超声波输出。原因：A. 换能器与超声波功率板的连接插头松脱；B. 保险丝 DCFU 熔断；C. 超声功率发生器故障；D. 换能器故障。

3) 超声波清洗机直流保险丝 DCFU 熔断。原因：A. 整流桥堆或功率管烧毁；B. 换能器故障。

4) 超声波清洗机打开电源开关后，机器有超声波输出，但清洗效果未如理想。原因：清洗槽内清洗液液位不当。

5) 超声波换能器常见问题。

① 超声波振子受潮，可以用兆欧表检查与换能器相连接的插头，检查绝缘电阻值就可以判断基本情况，一般要求绝缘电阻大于 5MΩ 以上。如果达不到这个绝缘电阻值，一般是换能器受潮，可以把换能器整体(不包括喷塑外壳)放进烘箱设定 100 ℃左右烘干 3 h 或者使用电吹风去潮至阻值正常为止。

② 换能器振子打火，陶瓷材料碎裂，可以用肉眼和兆欧表结合检查，一般作为应急处理的措施，可以把个别损坏的振子断开，不会影响到别的振子正常使用。

③ 振子脱胶，我们的换能器是采用胶结，螺钉紧固双重保证工艺，在一般情况下不会出现这种情况。

④ 不锈钢振动面穿孔，一般换能器满负荷使用 10 年以后可能会出现振动面穿孔的情况。

6) 超声波清洗机发生器常见问题。

① 超声波清洗机打开电源开关,指示灯不亮。这种情况维修时必须检查电源开关是否完好,漏电开关是否合上。如果开关完好再检查保险丝是否过载熔断,基本上可以解决。

② 超声波清洗机打开电源开关后,指示灯亮,但没有超声波输出。这种情况比较复杂,维修时首先检查换能器与超声波功率板的连接插头是否有松脱,然后检查保险丝是否熔断。如果一切正常有可能是超声功率发生器内部故障,用万用表打电源线明线,火线是否都通。在排除了发生器故障后再检查超声波换能器是否烧坏,是否需要更换。

③ 超声波清洗机直流保险丝熔断。可能是整流桥堆或功率管烧毁,也可能是换能器老化,电流不稳,这些都可能造成电源发生器故障。维修时要多加注意。

(3) 保养规范

1) 电源为交流 380 V(三相四线)。

2) 先将超声波电源和清洗槽之间的信号线连接(对号连接)。

3) 将清洗槽内加入液体,高度约为 300 mm。储液箱内液体达到储液箱高度的一半即可温度 40～55 ℃最佳。

4) 将要清洗的工件放入清洗槽内,工件尽量不要直接接触底部。不要对清洗槽侧壁进行撞击。

5) 设定好超声波所要工作的时间(注意时间不可为零),按下超声波的启动按钮,超声波开始工作。

6) 清洗时间根据工件的油污程度自行确定。

7) 循环过滤关闭时请将过滤出水阀门关闭。

8) 定期清理清洗槽底部的油泥。

9) 夏季如果长时间(7 天)不使用设备应将清洗槽内的液体排放干净,冬季要保证槽内不结冰。

10) 车间内如灰尘较大,应每月使用压缩空气将配电柜内的灰尘进行清理。

(4) 日常维护

1) 电源:使用合符设备规格的电源及电源线,用户方的电源回路中必需装设专用于清洗机的空气开关以在需要的时候切开清洗机电源。

2) 接地线:清洗机机体及发生器都会在其电源引线上配有专用的接地线,并有明显区分于其他电线的特征,因为本设备与水、腐蚀性(溶胀性)液位接触,易引起漏电,请按安全要求接好接地线。

3) 设备采用不燃性洗净剂,切勿采用易燃易爆物质作洗净剂,设备的使用在必须确保远离有易燃易爆物质的场合,用户特殊情况下必须采用某些物质时,必须确认安全,并作好相应的安全防护措施。

4) 洗净槽中无液或液位不足都会对设备造成不可逆转的破坏,使用时必须确保槽中注入足量的洗净液,否则相关的电热器、泵、超声波震子都可能损坏并可能引起火灾及人身伤害。

5) 电气控制箱及相关电气组件等注意不要溅入水,并远离水蒸气、腐蚀性气体、粉尘等。

6) 设备异常时请及时停止电源后由有经验的专业电工进行检查。

7) 要清洗的工件请用有支脚的洗篮或挂具装挂好,置入槽中洗净,禁止将工件直接置入槽底进行洗净，否则可能引起工件及缸底的损伤。

8）设备作业时，机体内可能存在高温、高压、电气组件端子表面带电、传动机构的运动、压力突动等可能的引起人身伤害的因素，工作时请勿打开机壳，以免在无防护条件下作业。

9）设备长期不用时，请放出洗净液，干燥内槽及表面后用薄膜保护好，以防止设备的腐蚀老化加快。

10）保持设备工作场所的通风、干燥、洁净，有利于设备的长期高效运转及优化工作环境条件。

11）洗净液过于肮脏时应及时处理，定期清理清洗槽、贮液槽内污垢，保持洗净槽内及外观的洁净，可提高洗净槽的耐用性。

第二节 酸洗设备

学习目标：了解酸洗设备的结构、工作原理，并能对其进行正确操作。

一、主要酸洗设备

1. 通风设备

酸洗主要使用送风机和抽风机，其规格型号可根据日产量和厂房的容积来选择，但必须保证酸洗槽上方空气的流动速度大于 85 m^3/min，以保证空气中各种气氛含量如下：

（1）一氧化氮＜25 ppm。

（2）硝酸蒸汽＜10 ppm。

（3）二氧化氮＜5 ppm。

（4）氢氟酸蒸汽＜3 ppm。

2. 通风管道

通风管道采用耐酸塑料做成，耐酸蚀，易加工，经济。一般用聚氯乙烯材料。

3. 酸洗槽

酸洗槽中为 HF、HNO_3 和去离子水的酸洗混合液，混合酸腐蚀性很强，要求耐酸腐蚀材料作成酸洗槽，一般用聚氯乙烯硬塑料、新一号钢、蒙耐尔合金等制成，其中以聚氯乙烯塑料较理想。

酸洗槽的规格尺寸由产品的尺寸和日产量而定；现生产中使用的酸洗槽材质一般为聚氯乙烯。酸洗槽的长度应根据产品的长度来定，并留有一定的间隔，用来使燃料棒的来回晃动；高度应以所盛的酸液能完全淹没燃料棒，并留有一定的高度，以避免燃料棒在晃动时酸液从槽中溅出伤人；宽度应以装燃料棒的工装架的宽度来定，并留有间隙余量。

聚氯乙烯塑料为脆性材料，在装入大量酸液时，会产生变形和破裂，产生严重的后果。为了安全，必须在酸洗槽的外周围用金属材料进行紧固，防止其变形和破裂。

4. $Al(NO_3)_3$ 溶液络合槽

材质：1Cr18Ni9Ti 或性能相近的奥氏体不锈钢，尺寸：与酸洗槽相同，槽底部装有蛇形管可通水蒸气对槽内溶液进行加热。

5. 热去离子水漂洗槽

材质:1Cr18Ni9Ti 或性能相近的奥氏体不锈钢 ,尺寸:与酸洗槽相同,槽底部有蛇形管可通水蒸气加热。

6. 冷去离子水漂洗槽

材质:1Cr18Ni9Ti 或性能相近的奥氏体不锈钢,尺寸:与酸洗槽相同。

二、主要仪表

1. 秒表

普通的秒表,精度 0.1 s。测酸洗速度和控制酸洗时间及转移时间用。

2. 电子石英计时器

普通的电子石英计时器,用于测量和控制络合、漂洗时间。

3. 电导仪

电导仪主要用来测量去离子水的比电阻,使用及性能见第五章相关内容。

第三节 氧化设备

学习目标:了解井式燃烧棒氧化装置的结构、工作原理,并能对其进行正确操作。

产品的结构特点不同,其所用的氧化设备结构也不相同。燃料棒相对来说较长,其所需的氧化设备体形也较长。下面将以井式燃烧棒氧化装置为例进行讲解。

一、井式燃烧棒氧化装置的结构

加热装置一般分为直接加热和间接加热两种方式,井式燃烧棒氧化装置采用间接加热方式,其炉体由加热炉、氧化釜炉组成。炉体上部和下部相通。加热炉通过加热器发热,经强风循环将热量循环到氧化釜炉,加热氧化釜,形成封闭的热循环系统,使加热炉和氧化釜达到热平衡。井式燃烧棒氧化装置系统结构见示意图 6-8。

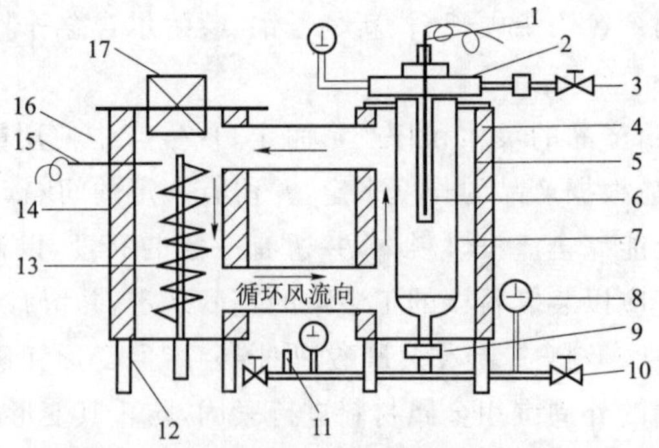

图 6-8 井式燃烧棒氧化装置结构示意图

1—热电阻;2—釜盖;3—DN6 截止阀;4—保温层;5—内筒;6—热电偶管;7—氧化釜釜体;8—压力表;9—连接法兰;10—DN10 截止阀;11—安全阀;12—三角支撑架;13—加热电阻片;14—炉体外壳;15—热电偶;16—挡板;17—循环风机

二、井式燃烧棒氧化装置的组成

井式燃烧棒氧化装置由氧化釜系统、加热系统、控制系统、计算机监控部分组成，设有手动和自动调节。

1. 氧化釜系统

氧化釜系统主要由氧化釜、连接件、密封元件、炉壳、炉衬、内筒、接管和支座等组成。

在燃料棒氧化装置中，氧化釜是承压的容器，按压力容器管理，氧化釜系统非常关键，它经常处于高温高压环境下工作，反复升温和降温，容易产生疲劳腐蚀；而且密封口多，要求高，一旦出现微量泄漏，导致氧化釜内压力降低不满足要求时，经常导致操作失败，严重时可导致产品批量报废。

1）氧化釜

氧化釜是燃料棒氧化装置最主要的组成部分，属于压力容器，是完成燃料棒氧化所需要的压力空间，可采用奥氏体不锈钢、镍基不锈钢等材料制造。氧化釜采用的是圆筒形壳体，圆筒形壳体是一个平滑的曲面，应力分布比较对称均匀，承载力高，易于制造。氧化釜壳体主要由筒体、封头与端盖等组成。

氧化釜是装置中的核心组成与氧化釜相连通的还有压力表、安全阀、截止阀等附件。在氧化釜中所用到的密封垫或密封圈，应考虑到其硬度和性质，这样既不会损坏氧化釜各密封面，也不会影响元件的氧化质量。

2）连接件

在燃料棒氧化装置中采取的连接件形式是法兰螺栓连接，各法兰通过螺栓起到连接作用。在燃料棒氧化装置中法兰主要有管法兰和容器法兰两种形式。

3）密封元件

在容器中起密封作用的元件，放在两个法兰或封头与筒体端部之间，借助于螺栓等连接件的压紧力而起密封作用。根据材料不同，可分为非金属密封元件、金属密封元件和组合式密封元件。在氧化釜中，采用铜质和钢质等密封元件。钢质密封圈主要用于釜盖与釜体、法兰与法兰、热电偶插管与釜盖之间密封，铜质密封垫主要用于仪表与管道连接之间密封。

4）接管

接管是压力容器与介质输送管道或仪表、安全附件管道等进行连接的附件，常用的有螺纹短管、法兰短管和平法兰。氧化装置上用的有连接压力表与管道的螺纹管、管道与管道之间的平法兰等。

5）支座

支座对压力容器起支承和固定作用。

2. 加热系统

加热系统由炉盖通风机系统、炉壳、炉衬、内筒、卡口式加热器等组成。炉盖通风机系统采用强循环离心风机，功率约 1.5 kW，当然也可以根据设备性能选择其他功率的风机。内叶和轴均为 1Cr18Ni9Ti。炉壳采用优质硅酸铝耐火纤维柱体与盖板组成。炉衬采用优质硅酸铝耐火纤维定形砖砌成。卡口式加热器采用优质 Cr20Ni80 的电阻带。

3. 控制系统

控制系统主要参数为釜温、釜压及炉温，以上三个参数分别来自于安装在氧化釜上的热电阻、压力传感器和安装在加热炉上的热电偶。其中釜温测量系统由铠装铂热电阻、日本岛电 SR73A 数字控制仪组成;釜压测量系统由普通压力表、SBY-1000 扩散硅压力变送器、压力数显表组成;炉温测量系统由 K 型热电偶、温度数显表组成。

釜温和釜压是氧化釜氧化工艺控制的关键参数,在氧化工艺保温的全过程中,必须保持均匀的温度和压力。为了保持一定的釜温,必须控制炉温。通过控制系统加热电阻丝,使主回路电压和电阻丝发热量产生变化、电阻丝温度产生变化,改变加热炉温度,改变氧化釜内温度或使氧化釜达到设定的温度。釜温作为控制系统最终的被控对象,该控制系统由岛电调节仪、可控硅调压系统及加热电阻丝组成。

釜温控制系统原理见图 6-9 所示,釜压控制系统见图 6-10 所示,炉温控制系统见图6-11 所示。

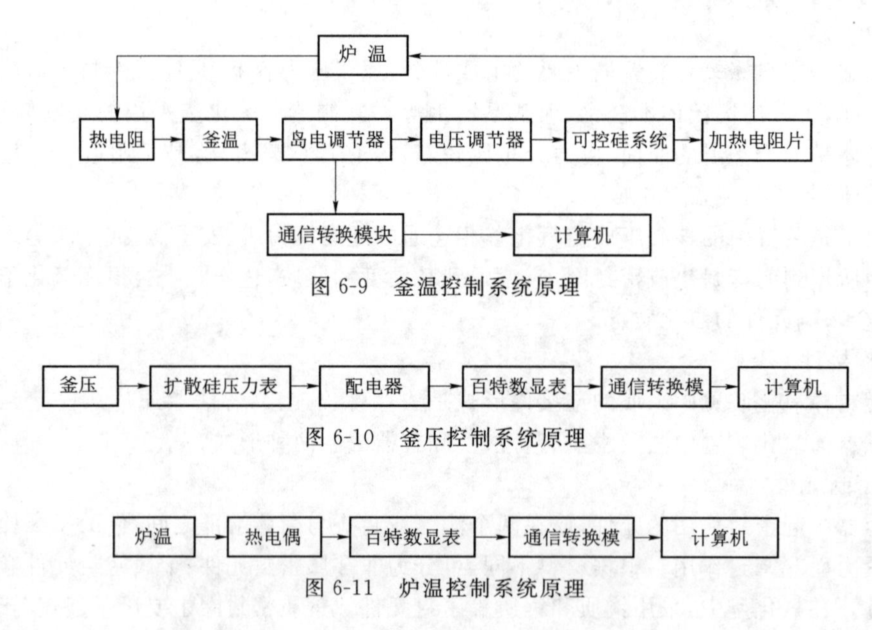

图 6-9 釜温控制系统原理

图 6-10 釜压控制系统原理

图 6-11 炉温控制系统原理

第四节 涂膜和脱膜设备

学习目标:了解涂膜和脱膜设备的结构、工作原理,并能正确操作。

一、主要设备

涂膜和脱膜操作中所使用的主要设备如下:

1. 桥式起重机

数量:1 台。

2. 电葫芦

数量:1 台。

3. 涂膜盒升降平台

数量:1 台。通过升降调整涂膜盒位置。

4. 涂膜盒翻转装置

数量:1台。通过翻转装置将水平方向的涂膜盒转到竖直位置。

5. 清洗槽

涂膜与脱膜工艺中使用的清洗槽分为涂膜前的燃料棒清洗槽和涂膜后的组件清洗槽。涂膜清洗槽主要用于涂膜前燃料棒的清洗;涂膜后组件清洗槽主要用于涂膜拉棒后组件的清洗。要保证清洗槽的清洁度。用棉布擦拭清洗槽的表面,以检查清洁质量。棉布上不应该有沾污,只要发现槽的内壁有沾污,应清洗干净,直到满足要求。

数量:各1台。

6. 涂膜槽

涂膜槽是燃料棒涂膜的空间。涂膜槽至少每季度清洗一次。

数量:1台。

7. 干燥室

用于烘干涂膜的燃料棒。

数量:1台。

8. 自动上料机构

数量:1台。

9. 涂膜液配制槽

用于配制涂膜溶液,将配制好的涂膜液从涂膜液配制槽注入到涂膜槽。

数量:1台。

二、主要工器具

涂膜和脱膜操作中所使用的主要工器具有:

1. 千分尺(螺旋测微器)

精度:0.01 mm。

2. 秒表

精度:0.1 s。

3. 吊钩称

规格:1 000 kg。

4. 温度计

范围:0～100 ℃。

5. 湿度计

6. 涂膜盒

用于盛装和保护涂膜和转运过程中的燃料棒。

7. 吊篮

主要在清洗时盛放保护套、隔板。

8. 涂膜棒束吊具

9. 拔出器

主要用于将涂膜烘干后的燃料棒的保护套拔出。

10. 涂膜插条

11. 涂膜上端定位板

12. 涂膜下端定位板

当燃料棒插入涂膜盒后用于燃料棒定位。

13. 下端塞专用刀

14. 检验平台

精度:0 级。

15. 涂膜导向梳

16. 燃料棒储存盒

17. 预装盒

将涂膜后的燃料棒和钆棒按相应的方位和顺序插入到预装盒内,再转运到拉棒工序组装成组件。预装盒内燃料棒或钆棒方位与组件中的要求相符。

18. 保护套

每个焊接批的第一支燃料棒和最后一只燃料棒应戴上具有相同符号的保护套,起标识作用。必须保持保护套的清洁,至少每季度清洗一次。

19. 可燃气体报警装置

在报警发生时,排风机自动启动进行排风,报警灯 ALARM(红色)常亮,同时伴有声音报警,按下 RESET 键可消除声音报警。

第七章　燃料组件和结构件表面处理工艺

学习目标：掌握燃料组件和结构件表面处理基本工艺，能进行燃料组件和结构件的标识。

第一节　除油工艺

学习目标：掌握焊接前除油、涂膜或氧化前除油、超声清洗工艺的基本操作过程，并能进行一般的外观质量检验。

燃料组件和结构件在加工、中转及接触的过程中，不可避免地会产生油污，燃料组件和结构件表面有油污在酸洗时无法去除，而且会产生不均匀的腐蚀，不能得到清洁光亮的表面，以后在堆内运行中（或氧化釜中氧化时）也无法生成均匀致密的氧化膜。大量的油污，将使酸洗液的表面上浮起一层油污，影响酸洗液的质量和寿命，同时燃料组件和结构件表面的油污也影响焊接时焊缝的质量，因为油污在焊接时分解形成气体，导致焊缝内部和表面产生气孔，降低了强度；同时焊缝区腐蚀性能下降，氧化后会出现白色腐蚀产物。又由于油中含有 H、N 等元素，焊接时发生渗 N 和 H，使包壳管的 N、H 含量超标。因此，包壳管表面的油污一定要尽量去除干净。

燃料组件和结构件表面的油污可采用碱煮、二甲苯擦洗、三氯乙烯蒸气除油，也可采用氟利昂或 5%～10% 的 NaOH 溶液超声除油。

一、包壳管焊接前的除油

包壳管在焊接前经过运输、包装、机械加工，内外表面的油污比较严重，必须进行严格的除油处理，以便保证焊接、表面酸洗和氧化质量。

1. 工艺流程

包壳管焊接前的除油工艺流程见图 7-1。

2. 主要设备

主要设备：碱煮槽一个，漂洗槽四个，均用奥氏体不锈钢制作。

规格尺寸可结合产品的尺寸和产量而定。碱煮槽和热去离子水漂洗槽底部要求装有蛇形管加热器，便于生产时通水蒸气来加热槽内溶液。

除油平台一个，材料用硬聚氯乙烯塑料。规格尺寸由产品的尺寸和日产量而定。

3. 主要原材料

主要原材料：苛性钠、二甲苯或丙酮等、去离子水。其性质在前面已讲述。

4. 溶液的配制

溶液的配制主要是针对 NaOH 溶液的配制。碱液的配制过程如下：

(1) 根据需要碱液量计算出 NaOH 和去离子水的量；例如：我们要配制 400 L、20%的 NaOH 溶液(重量百分比浓度)。则需 NaOH 的量为 400×20%=80 kg，去离子水的量为 400×80%=320 kg。

(2) 在清洗干净的碱洗槽中加入 320 kg 去离子水。

(3) 称 80 kg NaOH 加入已加了去离子水的碱洗槽中。

(4) 搅拌，让 NaOH 完全溶解在去离子水中。

热漂洗液槽和冷漂洗槽加入的是去离子水。按量控制在 1/2 至 2/3 槽。

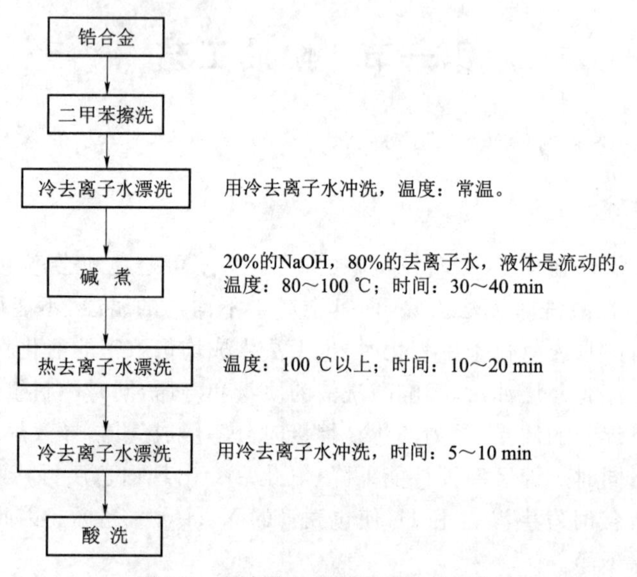

图 7-1 包壳管焊接前的除油工艺图

5. 工艺操作

(1) 开工做好一切的准备工作，包括劳保保护用品、安全检查，并开启通风设备。

(2) 先用毛刷蘸上二甲苯，在干燥包壳管表面擦洗(若有水或潮湿应烘干)，使包壳管表面的油污溶解在二甲苯溶剂中。

(3) 经二甲苯擦洗过的包壳管放入冷去离子水中漂洗。

(4) 经冷去离子水漂洗过的包壳管放入 20%的 NaOH 溶液槽中除油，温度：80～100 ℃，时间：30～40 min。

(5) 经碱煮后的包壳管放入第一道热去离子水中漂洗，温度：100 ℃以上，时间：10～20 min。

(6) 经第一道热去离子水漂洗过的包壳放入第二道热去离子水中漂洗，温度：100 ℃以上，时间：10～20 min。

(7) 经热去离子水漂洗过的包壳管，放入冷去离子水中漂洗。

6. 检查

用水膜破坏法检查，主要看包壳管表面的润水性，如全部润水，则认为清洗干净；如部分润水，则不干净，需重新除油。另外，从酸洗后的包壳管表面质量也可看出。酸洗后，如包壳管白净发亮，则证明包壳管表面的油已去除干净；如表面发暗，酸洗不均匀，有暗花纹，则说明油污没有去除干净。经过以上除油处理且处理干净的包壳管可送去焊接或酸洗。

二、燃料棒涂膜或氧化前除油

包壳管焊接后的加工和转移过程中，油污较少，只需经过二甲苯擦试或丙酮擦洗就可以去除油污。尽管油污较少，也必须经过除油处理，因为包壳管表面上的少量油污，也会使酸洗不均匀，得不到清洁光亮的表面，氧化釜氧化后也得不到均匀黑亮的氧化膜。若用来涂膜，也会使膜层贴紧度差。

1. 除油溶剂

除油溶剂用二甲苯、酒精或丙酮。

2. 除油设备

除油槽结构见图 6-6。

3. 除油工艺过程

(1) 将燃料棒摆放在除油平台上。

(2) 用毛刷蘸满二甲苯、酒精或丙酮在燃料棒表面上擦拭。

(3) 用绸布擦尽燃料棒上的丙酮和残留的油污。

(4) 经绸布擦拭过的燃料棒送到冷去离子水槽内冲洗。

4. 除油质量检验

用一块浸过丙酮的白绸布或棉布作标准，与在包壳管表面擦洗过的绸布做比较，如果两者的颜色一致，则可认为合格，否则重新进行除油。另外，从酸洗后的包壳表面也可说明，除油干净的制件在酸洗后的颜色白净且发亮，不干净的酸洗后则有暗花。

三、超声清洗

核燃料元件的零部件(塞头、管座、螺钉、螺帽、压紧弹簧等)的清洗除油，采用超声清洗的方法。超声除油具有速度快、效果好、毒性小的特点。特别是对形状复杂，有小孔的零部件清洗，其优越性更为突出。

1. 主要设备

超声清洗采用的设备为超声清洗槽，示意图见图 6-7。

2. 主要材料

主要材料：NaOH、丙酮、去离子水。

3. 工艺

(1) 工艺流程

超声清洗的工艺流程见图 7-2。

(2) 工艺操作过程

1) 准备工作。配制溶液：按常规的超声清洗槽中配 1/2 槽 10%(重量百分比)NaOH 水溶液；在预洗槽、两个热水漂洗槽和冷水漂洗槽中注入 2/3 槽的去离子水；在丙酮浸泡槽中加 1/2 槽丙酮。

2) 在超声清洗槽的夹壁内通水蒸气；两个热漂洗槽和烘箱分别送电升温。并按工艺要

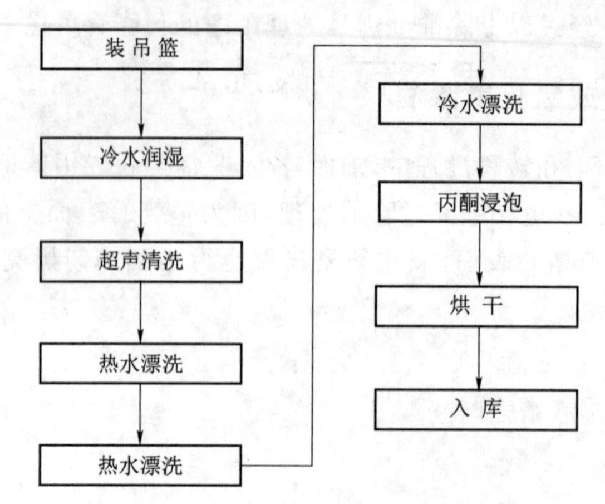

图 7-2　碱溶液超声清洗的工艺流程图

求调好温度范围。

3）当温度达到工艺要求时，启动超声波发生器。

4）将需清洗除油的零部件平铺在吊篮底部。

5）将装有零部件的吊篮浸泡在冷去离子水中，让零部件表面润湿。

6）将润湿了的零部件连同吊篮一起置于超声清洗液槽中，在 50～70 ℃下洗3～10 min。

7）将装有零部件的吊篮从超声清洗槽中吊出，送入第一道热去离子水中漂洗槽中。在80～100 ℃下洗 3～10 min。

8）将零部件从第一漂洗槽中吊出，送入第二道热去离子水中漂洗槽中。在 80～100 ℃下洗 3～10 min。

9）将零部件从第二道热去离子水槽中吊出，送入冷去离子水槽中漂洗 10 min。

10）将零部件从冷去离子水槽中吊出，待水流尽后送入丙酮槽中泡 3 min。

11）将零部件从丙酮槽中吊出，待丙酮溶液流尽后，送进烘箱中，在 80～100 ℃下烘40～60 min。

12）烘干好的零部件经检查人员检查合格后入库，不合格者重新清洗。

4. 检查

(1) 自检和互检。工作人员按照前面介绍的方法进行自检和互检，合格者方能进入下一道工序。

(2) 质量检查。在入库和装配前，质量部门按质量标准检查零部件的除油质量，不合格者要重新进行清洗。

5. 溶液寿命

NaOH 溶液用到一定的时间就要报废，需重新配制 NaOH 溶液。NaOH 溶液判废标准：

(1) NaOH 溶液表面有油污或其他污物；

(2) 用 pH 纸检查，pH 小于 10 时报废。

第二节　酸洗工艺

学习目标：掌握酸洗工艺的基本操作过程，并能进行一般的外观质量检验。

燃料元件的锆合金包壳管，从锆材厂到密封包装需经酸洗处理。包壳管在锆材厂经冷轧加工要经过酸洗才能出厂。根据管材表面状态，有的在焊接前酸洗处理，有的在堵孔密封焊接后进行酸洗处理。

一、溶液的配制与计算

在酸洗前必须把各种酸液准备好，同时也需进行溶液配制和计算。酸洗主要是配制硝酸、氢氟酸和去离子水的混合酸洗液、硝酸铝的漂洗液，后者也叫络合液。

1. $Al(NO_3)_3$溶液

$Al(NO_3)_3$溶液的配制见相关章节。

2. 酸液

酸液的配制见相关章节。

3. 去离子水

在热、冷去离子水的漂洗槽内加入去离子水（加去离子水前应将漂洗槽清洗干净），并能保证燃料棒能完全处于去离子水中，并将盖盖严，留作备用。

二、燃料棒表面酸洗工艺

焊接前的酸洗工艺流程图，见图 7-3。

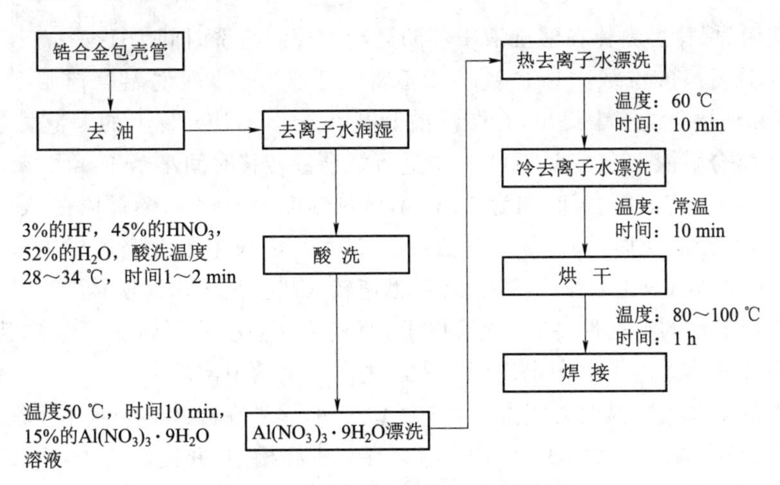

图 7-3　焊接前的酸洗工艺流程图

氧化前或涂膜前燃料棒的酸洗工艺流程图，见图 7-4。

1. 酸洗前的准备

(1) 穿戴好防护用品，并检查是否完好。

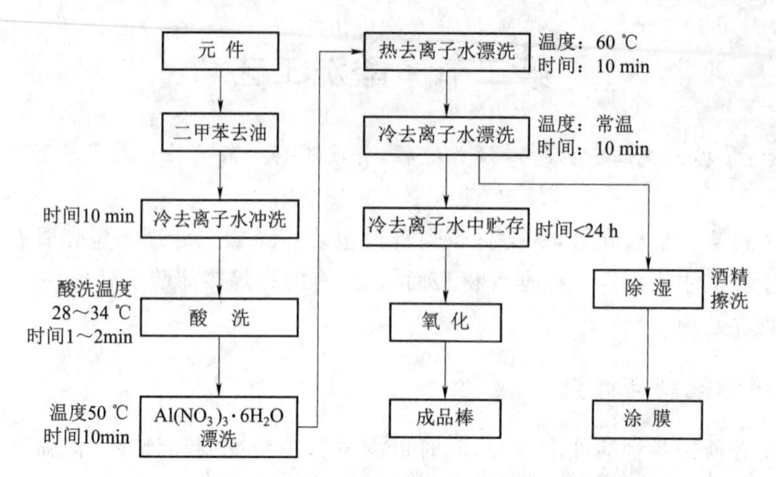

图 7-4　燃料棒的氧化前或涂膜前的酸洗工艺流程图

(2) 检查水电风气是否俱全,去离子水的水质是否合格,要求电阻率大于 5 000 Ω·m,检查抽风机、送风机运转是否正常。

(3) 检查所有设备是否运转正常,各种工器具是否完好,各种量具测量是否有效。

(4) 清洗干净各种量具和容器及槽子。并检查是否符合要求。

(5) 根据需要量,按工艺要求配好混合酸洗液和络合液,在热去离子水槽中加入去离子水并加热到规定要求,在热去离子水槽中加入去离子水,水的高度要求完全淹没燃料棒。

(6) 采用电加热或高温水蒸气加热,把络合溶液和热去离子水加热到工艺要求的温度。

(7) 测出酸洗速度,并确定酸洗去除量和酸洗时间。

(8) 将除油合格的燃料棒装入酸洗架,并用去离子水冲洗,入酸洗槽中酸洗。

2. 酸洗

(1) 酸洗时,保持燃料棒在酸洗液中不断运动。控制酸洗时间为 1～2.5 min,酸洗量按技术要求指标执行。酸洗液中锆含量一般不得大于 25 g/L,酸洗温度控制在 28～34 ℃。酸洗完后,将元件从酸洗液中提出,在酸洗槽上停留 2～3 s,让元件上的大量酸液流回槽中,之后迅速转入络合溶液 15% $Al(NO_3)_3$ 中进行络合。转移时间小于 15 s。

(2) $Al(NO_3)_3$ 溶液络合,时间为 10 min,溶液温度为 50 ℃ ,燃料棒在 $Al(NO_3)_3$ 溶液中呈运动状态(或让溶液循环)。燃料棒在 $Al(NO_3)_3$ 溶液中漂洗完后提出来在槽上停留 3～5 s,让大量的 $Al(NO_3)_3$ 流回槽内,之后迅速转入热去离子水漂洗槽。

(3) 热去离子水的温度保持在 60 ℃以上,燃料棒在热去离子水中呈运动状态,时间为 10 min。燃料棒从热去离子水中提出即送入冷去离子水槽中漂洗。

(4) 冷去离子水漂洗温度为室温,时间为 10 min,元件在冷去离子水中呈运动状态。

(5) 贮存:经冷去离子水漂洗完后的元件,存入贮存槽中,并盖好盖子,冷去离子水的水质要求比电阻率大于 5 000 Ω·m,温度为室温。但要注意存放时间过长时,需要定期更换去离子水。每槽的存入量按临界规程的要求执行。

(6) 每班至少测一次酸洗速度,测两次以上酸洗温度。当酸液中加入氢氟酸恢复酸洗速度时必须取样分析酸液中的锆含量,由锆含量决定是否再向酸液加入氢氟酸,是否继续进行酸洗。如果锆含量大于 25 g/L 应重新配制新的酸洗液。原来的酸洗液应由专车运走,进行专门处理。经处理后的酸液在排放前应测量废液中氟含量<20 μg/L,方可排放,若氟含量>20 μg/L,得重新处理。

三、不锈钢的酸洗

不锈钢的酸洗目的是为去掉不锈钢零件表面的氧化皮。

1. 工艺流程

不锈钢的酸洗工艺流程见图 7-5。

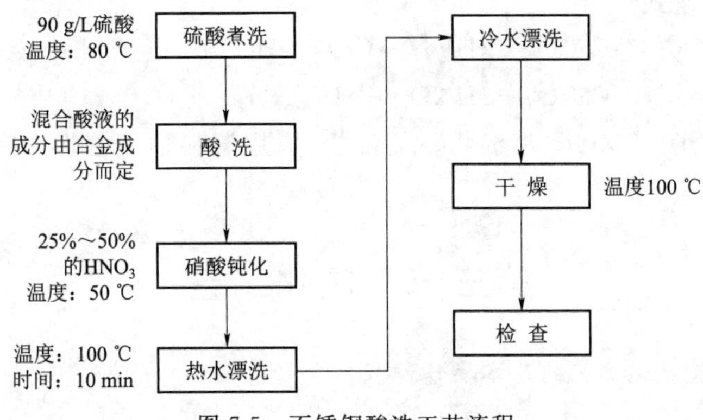

图 7-5　不锈钢酸洗工艺流程

2. 酸洗液的配方

酸洗液的配方及参数主要有下面几种：

(1) 硝酸 HNO_3 (20～40)%

氢氟酸 HF　(25～50)g/L

温度　(18～40)℃

时间　(30～60)s

(2) 铬酐 CrO_3 60 g/L

氢氟酸 HF　120 g/L

温度　(60～80)℃

时间　视需要而定

(3) 硝酸 HNO_3 15%

氢氟酸 HF　20%

H_2O　65%

温度　(25～30)℃

时间　30 min

用哪一个配方较好,要根据不锈钢的合金成分而定。

四、废酸洗液的处理

酸洗液用到一定程度就不能再继续使用,需要更换新的酸洗液。而旧的酸液中含有大量的氟离子,硝酸根离子,及其大量的氟盐,而氟和氟盐都是毒性较大的物质,不能随便乱放或直接流入江河,否则就会污染环境,危害人体健康。必须经过处理,使废酸液中的有害物质降到符合国家规定标准。以往大部分是稀释,即向废液中大量加水,使废液中的毒物浓度降低再排入江河,这种方法与直接排入江河没有本质的区别。因为这样江河中的毒物含量并没有减少,最根本的办法是让废液中的有害物质转变成无害物质,使排放到江河的毒物尽量减少才能达到保护环境的目的。最廉价的方法是使废酸液通过一层石灰石的固定床。废液通过 $CaCO_3$ 时,它能使酸中和,并使氟化钙离子沉淀。CaF_2 以细的悬浮物保留于水中并不会使床结皮,由于反应过程中放出大量的 CO_2 气体,应使气体的流动方向与废液的流动方向相反。反应方程式

$$CaCO_3+2HF \longrightarrow CaF_2+H_2O+CO_2\uparrow$$

$$CaCO_3+2HNO_3 \longrightarrow Ca(NO_3)_2+H_2O+CO_2\uparrow$$

对于酸洗槽中的 H_2ZrOF 沉淀物不能乱扔,应用塑料桶装着埋存在地下,以免污染环境。

第三节　氧化工艺

学习目标:掌握氧化工艺的基本操作过程。

一、核燃料棒氧化工艺操作

1. 燃料棒氧化工艺流程

生产准备→清洗→燃料棒装入专用吊篮→燃料棒装入氧化釜内→冲洗并测量水质→加入定量水→氧化釜封盖→升温、放汽→保温→降温、出釜→自检。

2. 燃料棒氧化工艺操作

(1) 生产准备。检查来料的表面质量状况、核对跟踪文件与产品一致性、检查岗位计量器具、设备工装的完好性。特别新投入的氧化吊篮使用前要注意检查其表面质量,无毛刺,需要在氧化釜内反复氧化保证其清洁度,同时也可以预生成氧化膜,之后才可以投入使用。

(2) 清洗。燃料棒在装入氧化釜前,用专用吊具和去离子水进行擦拭和清洗氧化釜内和吊篮,保证其清洁度。

(3) 燃料棒装入专用吊篮。操作时必须戴干净的乳胶手套,按一定方向和顺序插入燃料棒,不能及时装入氧化釜的燃料棒应暂时贮存在去离子水中。

(4) 燃料棒装入氧化釜内。确认氧化釜内无异物和内壁干净后将装有燃料棒的吊篮装入氧化釜内,记录好产品号、氧化釜号与对应氧化吊篮号。

(5) 冲洗并测量水质。打开下部排水用截止阀,用去离子水冲洗氧化釜内的燃料棒,测量氧化釜内水质的电阻率和 pH,满足要求后可加水封釜盖。

(6) 加入定量水。关闭下部排水截止阀,给氧化釜内加入定量去离子水。

(7) 氧化釜封盖。将氧化釜盖吊到釜口,两人对称拧紧氧化釜盖;关闭上部放汽截止阀。

(8) 升温、放汽。检查每台燃料棒氧化装置设备的控制温度是否与相关要求符合;打开加热电源升温;当釜温达到 145 ℃左右时,应打开上部放汽截止阀放汽 5 min 以上;当压力

超过 14 MPa 时，从下部截止阀排水汽，控制压力好氧化釜内的压力，使最终保温状态下的水蒸气压力保持在 10.30±0.70 MPa 范围内。

(9) 保温。当温度与压力均达到技术条件要求时，即 400±3 ℃和压力 10.30±0.70 MPa 时，开始计时保温时间，保温时间 72^{+8}_{-0} h(若因故障中途停止，则处理时间前后累计，再次起算时间的原则同上)。

(10) 降温、出釜。当 72 h 保温时间结束后，可关闭加热电源降温；当温度低于 100 ℃之后，打开上部和下部截止阀排空氧化釜内残存的水汽，之后可打开釜盖，吊出氧化吊篮和产品；按一定方向和顺序取下燃料棒，按次序摆放好。

3. 注意事项

(1) 在将酸洗后的燃料棒装入专用吊具的过程中的注意事项

1) 必须戴干净的乳胶手套，不允许用手直接接触燃料棒，使燃料棒表面沾污。

2) 应避免燃料棒表面被划伤和撞伤。

3) 在插棒时应注意确保燃料料棒的顺序和便于其数据跟踪。

4) 当燃料棒不能及时装入氧化釜时，应及时贮存在去离子水中。

(2) 把燃料棒装入氧化釜内时的注意事项

1) 燃料棒在装入氧化釜前，用去离子水冲洗釜内和燃料棒，确认釜内无异物和水质达到要求后，将燃料棒装入釜中。

2) 在装釜时，应避免燃料棒掉落和撞击事故的发生。

3) 燃料棒装入氧化釜后，用去离子水冲洗，并接水测量水的电阻率和 pH。当水质达到要求后再向氧化釜内注入去离子水，否则，继续清洗和冲洗氧化釜；

4) 注入的去离子水要淹没燃料棒。在实际操作中通过淹没氧化吊篮的吊环来保证。

(3) 在对氧化釜进行封盖时的注意事项

1) 氧化釜盖平稳吊放在氧化釜的釜口。

2) 检查氧化釜盖与氧化釜体之间的间隙度，如有必要，及时更换密封圈。

3) 两人对称地拧紧氧化釜盖。

4) 升温前检查确认上部放汽的截止阀处于关闭。

(4) 在升温、放汽时的注意事项

1) 检查并确认温度等控制参数设置与设备鉴定时的要求值相符。

2) 当温度达到 145 ℃左右时，应进行放汽 5 min 以上，把残留在氧化釜的空气排除干净。

3) 控制好氧化釜内的压力，使最终保温状态下的水蒸气压力保持在 10.30±0.70 MPa 范围内，防止超压和欠压(压力不足)。

4) 当釜温趋近控制温度时，应精心操作，以防超温。

(5) 在保温过程中的注意事项

1) 当温度与压力均达到技术条件要求时，开始计算保温时间。

2) 至少每小时记录一次釜温和釜压。

3) 若因故障中途停炉，再次加水升温后，保温时间仍从温度与压力达到设计要求值开始计算，总的保温时间为累积值。

二、核燃料棒氧化后表面质量要求

燃料棒经氧化釜氧化处理后，全部表面应呈黑色光亮和均匀致密的氧化膜。但在某些因素的影响下，燃料棒经氧化后，表面会出现疖状腐蚀、酸斑、焊区出现白斑等缺陷，产生这些缺陷的因素也不一样，在相关章节中将进行讲述。

第四节 涂膜和脱膜工艺

学习目标：掌握涂膜和脱膜工艺的基本操作过程，并能进行一般的外观质量检验。

一、涂膜工艺操作

1. 漆液的配制

漆液的配制以108虫胶涂膜液为例进行讲述。

(1) 原料的计算

根据涂膜槽形状，先计算涂膜槽的体积：假设涂膜槽为长方体结构，设高为4.21 m，长为0.3 m，宽为0.3 m，则其容积为$0.3\times0.3\times4.21=0.38\ m^3=380\ L$。因为涂膜液不能装满，装满后元件放进后就会“冒槽”，故应减去组件的体积，假设组件体积为$3.5\times0.2\times0.2=0.14\ m^3$，所以涂膜液的体积为$0.38-0.14=0.24\ m^3$，设涂膜液的比重为$0.84\ t/m^3$，所以涂膜液的重量为$0.84\times0.24=0.202\ t=202\ kg$。

因为虫胶的重量为涂膜液的20%，所以虫胶的重量实为$202\times20\%=40.4\ kg$，酒精的重量为$202\times80\%=161.6\ kg$，酒精的比重是0.79 kg/L，应加入的酒精体积为$161.6\div0.79=204.56\ L$。

(2) 漆液的配制操作

1) 在平台上称108型虫胶40.4 kg，倒入干净的配漆容器中。

2) 将204.56 L的酒精倒入装有虫胶的配漆容器中。

3) 用盖将容器密封好，防止酒精挥发。

4) 浸泡一段时间后用不锈钢棒搅拌，三天后经白绸布过滤后即可成均匀的108型虫胶清漆，则可倒入涂膜容器中备用。

2. 涂膜工艺操作

以TVS-2M燃料组件燃料棒、钆棒为例讲述涂膜工艺。

(1) 准备

1) 涂膜盒准备。

① 清理涂膜盒内部，确保无异物。

② 将干净的涂膜盒放到涂膜盒升降装置上，并调整位置。

2) 燃料棒检验平台准备。用浸有酒精的纱布擦拭台面。

3) 燃料棒储存盒准备。

① 根据燃料组件序列号，确定组件类型。

② 根据燃料棒放行单进行预装与涂膜。

4）检查。

① 检查工装的清洁度。清洗装置的清洗槽和隔板和保护套应用清洁剂清洗。为了保证涂膜槽，清洗槽和隔板与保护套的清洁，至少每季度清洗一次。用于清洗隔板和保护套的水每星期至少更换一次。用棉布擦拭涂膜清洗槽的表面，以检查清洗质量。棉布上不应该有沾污。只要发现槽的内壁有沾污，那么应该重新进行清洗。

② 检查燃料棒文件资料和质量合格证（放行单及出库单）。

③ 水质检查，清洗用水的水质应满足：pH 为 5.4～7.0；残渣浓度不超过 7.0 mg/L；电阻率不小于 0.2 mΩ・cm。

（2）棒装入涂膜盒

1）将燃料棒按放行单从燃料棒储存盒取出放在平台上，并使燃料棒下端朝向涂膜盒。

2）用浸有酒精的绸布擦拭燃料棒。

3）将燃料棒插入涂膜盒相应栅元。燃料棒的插入从下向上分层进行，每层均从左向右（或从右向左）逐一插入。

4）将燃料棒向涂膜盒栅元中插入的同时应继续用浸有酒精的绸布或纱布擦拭棒。

5）钆棒及不同富集度的燃料棒应分别装在单独的涂膜盒中，不允许不同富集度的燃料棒混装。

6）标识。每个焊接批的第一支燃料棒和最后一只燃料棒应戴上具有相同符号的保护套，在记录本上记录标识符号对应的燃料棒批号及数量。

7）将所有燃料棒推放到下端部定位挡板上。

8）装好的涂膜盒吊放在涂膜盒翻转装置上，装入定位板，装上涂膜棒束吊具。将翻转装置转到竖直位置。

（3）涂膜

1）涂膜液的制备

① 将室温去离子水注入涂膜液配制槽，液面高度达到一定高度后停止注水（高度低于需要配置溶液的高度）。根据要配置的溶液的体积和涂膜液的浓度，计算出需要的聚乙烯醇的质量，并准备好需要的聚乙烯醇。

② 用蒸汽对配置槽内的水加热，温度控制在 30～40 ℃；启动搅拌器，将聚乙烯醇通过送料装置倒入配置槽。

③ 将水加热到 80～90 ℃。关上蒸汽。再加入去离子水使液面达到计算高度。

④ 根据数量要求加入聚乙烯醇，配置浓度为（65±6）g/dm^3 聚乙烯醇液。

⑤ 聚乙烯醇加入水中得到均匀浓度的溶液并将溶液加热至 75～90 ℃。然后关掉蒸汽。

⑥ 将涂膜液用搅拌器不停搅拌 2.5 h。

⑦ 聚乙烯醇完全溶解于水并获得均匀的涂膜液。

⑧ 将制好的涂膜液注入涂膜槽中。

2）棒涂膜

① 准备。涂膜槽内液面高度应该满足所要涂膜的全长要求，涂膜时尽量不要浸到悬挂燃料棒的工装。一旦涂膜液消耗，预先将溶液温度降到（25±10）℃，往涂膜槽内加入涂膜液至工作要求的高度。在加入时涂膜液应通过纱布过滤。清洗槽注满去离子水，并加入空气

使鼓泡。液体温度不低于 70 ℃。加入的空气应避免水溢出和烧干。产生的热空气在干燥柜内循环流动,使得干燥柜出口处温度为 70～90 ℃。

② 清洗。吊车将燃料棒吊运到清洗槽,把燃料棒浸入水中清洗。在将燃料棒浸入水中之前,应至少在清洗槽上停留 20 s,以避免燃料棒的晃动棒束以≤4 m/min 的速度浸入清洗槽的水中清洗。棒束完全进入水中后,至少停留 2 min,然后将棒束提出。

③ 涂膜、干燥。将清洗好的燃料棒吊运至涂膜槽,浸入涂膜液中涂膜。在燃料棒浸入涂膜液之前,应至少在涂膜槽上方停留 10 s,以避免燃料棒的晃动。涂膜后的燃料棒应吊运至烘干室内将膜层烘干,在烘干室内的时间至少是 12 min。

④ 卸料。将已完全烘干的涂膜棒插入翻转装置上的涂膜盒中,涂膜盒转运到水平位置,并吊运到涂膜盒升降平台,将燃料棒全部卸出涂膜盒。并用拔出器将保护套拔出。

⑤ 标识。同一焊接批的第一支及最后一支燃料棒/钆棒用有相同的标示牌标识。

3) 涂膜棒储存及重新涂膜

涂膜后的燃料棒保存期限不能超过 14 天。超过保存期,应将燃料棒上的膜层清洗干净,重新涂膜。涂膜后最佳保存时间是 7 天,这时膜层具有最好的特性。

4) 涂膜层的质量控制

① 膜层应密实、均匀一致,不允许有滴挂和异物。

② 允许下面的膜层缺陷存在:

——沿着棒,允许在几个地方有膜层的分离,每一个地方的尺寸不应超过 10×10 mm,没有破坏涂层的密实性;

——膜层上允许存在单个气泡,但气泡区域尺寸应不超过 4 mm^2,这些气泡不应位于一条直线上,并且两气泡之间的距离至少应该是 100 mm。

——在燃料棒的上端塞一端,涂膜层的缺失长度应小于 45 mm。

(4) 燃料棒组批

1) 根据燃料组件类型选择涂膜钆棒及涂膜燃料棒储存盒,记录钆棒、燃料棒的焊接批号及对应的数量。

2) 燃料质量(有再生区):505.4±4.5 kg/组。

二、脱膜工艺操作

涂膜后的燃料棒,经组件组装后,需要将涂层清洗干净,以免把涂料带入堆内影响水质和增大中子的吸收截面。108 型虫胶的脱膜剂可用工业酒精和稀的 NaOH 溶液进行脱膜。

1. 酒精脱膜工艺

(1) 脱膜设备

1) 脱膜槽:规格和大小由产品的尺寸来定。

2) 超声清洗器。

3) 真空泵。

4) 行车。

(2) 脱膜的操作步骤

1) 在脱膜槽内加入适量的工业酒精,其量以全部淹没燃料组件为准。

2) 将燃料组件用行车吊入脱膜槽中,让燃料组件悬挂在脱膜溶液中。

3）启动超声清洗设备，让组件在脱膜液中清洗 30 min 左右。

4）将组件吊出脱膜槽，并在脱膜槽上方停留 3～5 min，让黏附在组件上的脱膜液流入脱膜槽内，再启动真空泵抽走控制棒、导向管和测量管内的脱膜液。

5）将燃料组件吊到组件库，让组件上方的脱膜液进一步挥发干净，待酒精挥发干净后，用塑料袋将组件套住，防止空气中灰尘污染组件，再入库。

(3) 脱膜的工艺控制

1）脱膜时间控制为 30 min。

2）脱膜温度为室温。

3）脱膜液中虫胶的含量小于 1‰。脱膜液中的虫胶的含量用比色法可进行测定，误差小于 15%，脱膜前后必须对酒精中的虫胶含量进行取样测试，严格控制酒精中的虫胶含量。

(4) 废液回收

经过脱膜清洗后的废酒精和虫胶的混合液，用蒸馏的方法分离，使虫胶和酒精分离开来，以便再回到生产中使用，这样既节省了原材料，降低了成本，又减少了环境的污染。

蒸馏法回收酒精和虫胶就是利用酒精和虫胶的沸点有较大的差异，将酒精和虫胶废液加热到酒精的沸点 78.5 ℃，此时酒精大量汽化变成蒸汽；虫胶的熔点是 78 ℃，故虫胶在 78.5 ℃下只能熔化而留在废液中。酒精不断地挥发，最后只剩下虫胶。把收集到的酒精蒸汽经过冷凝装置使温度降低到室温，酒精蒸汽变成液体酒精，从而达到酒精和虫胶的分离目的。由于虫胶的熔点是 78 ℃，酒精在 78.5 ℃挥发时，有一部分的虫胶也变成了汽态进入酒精中，所以要保证回收的质量，必须严格控制回收的温度，使酒精中的虫胶含量尽量降低。

回收设备采用隔板式蒸馏塔，规格型号由日处理量来选定。

回收的工艺过程：先将脱膜废液经 800 目的筛网过滤；将过滤好的脱膜液用泵打入隔板式蒸馏塔内，控制回收的温度为(78±1)℃进行回收。回收后的酒精中的虫胶含量由比色法测定。如果回收的酒精中虫胶含量小于十万分之三，可送脱膜岗位用作脱膜溶剂，高于十万分之三，需重新进行处理。

2. NaOH 水溶液的脱膜工艺

(1) 清洗槽及漂洗槽的清洗

1）清洗槽的清洗。

① 清洗槽中加入去离子水至溢流管下 50～100 mm 处。

② 将 2.85 kg±0.5 kg 的 NaOH 加入清洗槽，然后将溶液加热至(95±5)℃。

③ 关闭清洗槽盖，通过压穿鼓泡清洗至少 15 min 然后关闭压空。

④ 打开盖子。打开排水阀及排水泵将槽液排空。关闭排水泵及排水阀。

⑤ 用去离子水充满清洗槽至溢流管处，关闭盖子，通入压空鼓泡清洗至少 5 min，然后关闭压空。

⑥ 打开盖子，打开排水阀及排水泵将槽液排空。关闭排水泵及排水阀。完全打开盖子，取出导轨。

⑦ 用吊车将拖把吊运到清洗槽，将粗棉纱布(或绸布)绑在拖把工作面上并用胶带固定。用拖把清洁清洗槽内壁，清洁时一边上升或下降一边旋转拖把。清洁一遍后，粗棉布上应无明显脏迹。如脏迹明显，应更换粗棉布(或在其表面再缠绕一层干净的粗棉布)再进行清洗。

⑧ 将导轨装入清洗槽。导轨可以不再用去离子清洗。

⑨ 清洗效果检查。用干燥洁净的棉纱布擦拭清洗槽及导轨的表面,应该没有污迹留在纱布上。如果发现污迹,应重复清洗。检查槽内壁时,在距离清洗槽口一臂距离的任一处进行擦拭检查。

2）漂洗槽的清洗。

漂洗槽清洗操作同清洗槽。

3）清洗周期。

生产期间至少每半年进行一次以上清洗操作,并记录清洗及检查者姓名、日期。

(2) 燃料组件清洗

1）组件吊运。

2）组件脱膜清洗。

清洗槽中加入去离子水至溢流管下 100 mm 处,加热至(95±5)℃,通入干燥无油的压空鼓泡,将组件吊入清洗槽,取下吊具,关闭盖子。温度达到 90 ℃时记录清洗开始时间。

清洗时间按工艺参数要求执行,清洗后,关闭压空。打开清洗槽盖子,打开排水阀及排水泵将槽液排空。关闭排水泵及排水阀,完全打开清洗槽盖子,将燃料组件转至一次漂洗槽。

3）一次漂洗。

操作同脱膜清洗,漂洗时间按工艺参数要求执行。漂洗水排出到清洗槽使用或排空。

4）二次漂洗。

操作同脱膜清洗,漂洗时间按工艺参数要求执行。漂洗水排出到清洗槽或一次漂洗槽使用。

5）淋洗。

淋洗和第二次漂洗可在同一漂洗槽内(二次漂洗槽)进行。在组件上装上吊具。在漂洗槽淋洗环内注入(95±5)℃的去离子水,用吊车提升燃料组件进行淋洗。组件完全提出漂洗槽后,关闭淋洗水。打开漂洗槽排水阀和排水泵,将槽液排空,关闭排水泵和排水阀。

6）检查。

用干燥洁净的粗棉纱布擦拭组件表面来检查组件的清洗质量。应没有污迹留在纱布上。否则应重新进行清洗。上管座内表面应无异物存在。

在诸如端部格架和燃料棒下端塞等难以清除的地方允许有部分涂膜层残留。

7）干燥。

将组件吊入组件烘干装置,关闭盖子并固定,向烘干装置内通入热空气。

当热空气温度为(120～150)℃时,干燥时间至少为 30 min;

当热空气温度为(100～120)℃时,干燥时间至少为 40 min;

当热空气温度为(80～100)℃时,干燥时间至少为 50 min;

当热空气温度为(60～80)℃时,干燥时间至少为 60 min。

注意:烘干温度应严格控制,不允许超过 150 ℃。干燥完成后,打开烘干装置。将燃料组件吊运到喷吹位置。

8）氮气/压缩空气喷吹。

在燃料组件下降过程中,用去毛刺工具对燃料棒及格架栅元的锆屑及积瘤进行去除。

在燃料组件提升的过程中，用高压氮气或经过过滤、干燥、无油的压缩空气（4～8 个大气压）从 6 个面喷吹燃料棒及格架，每层燃料棒都要进行喷吹，直到燃料棒及格架无可见锆屑为止。将组件吊到存放位置。

9）清洗后局部处理。

① 清洗后的组件局部表面还存在未洗净的污渍、斑点等，应待组件冷却后，可用干净的细纱白布蘸酒精进行擦拭直到表面污迹、斑点等消失。

② 经过正常清洗后对于组件上的不锈钢零部件存在的锈点、黄斑等等铁素体污染物，可采用干净的细纱白布蘸草酸去离子水进行擦拭（或用细砂纸打磨）直到表面锈点、黄斑等消失。草酸溶液的浓度不应高于 10%（V/V）。

10）自检。

自检燃料组件，无异常痕迹；组件清洗后，吊装前检查吊具是否有异物，就位时检查吊位是否有异物，有异物应立即去除。

第五节　燃料组件和结构件的标识

学习目标：掌握燃料组件和结构件的标识编码系统、质量状态标识、产品的可追溯性管理，并能进行标识。

为了防止产品在实现过程中的混淆和误用，实现对产品的可追溯性管理，要求在产品制造过程中对产品的标识及跟踪作出规定。在标识过程中，需识别出产品的质量状态，质量状态标识包括（不限于）：合格、不合格、返修、试验、待定、待检、废品、不合格品准用等八种。其中，待定是指经过检查，检查人员不能做出明确结论或不合格品在返修前所处的质量状态；待检是指产品经过制造加工，处于等待检验状态的质量状态；废品是指经过验证，判定报废的不合格品的质量状态。

一、产品标识管理体系

产品标识管理体系由产品标识编码系统、裂变材料标识系统、产品质量状态标识三部分组成。标识的方法可采用：标签、实体标识、区域标识三种形式。产品标识可标注在产品上或载体上。产品标识的文字、图案或代号应清晰、完整，处于醒目或图纸指定的位置，易于识别和追溯。在产品接收、生产、贮存、包装、运输、交付等过程中，产品标识应与产品同步流转。产品标识的保留期限应与所标识产品的状态、产品的保管和使用期限以及可追溯性要求相适应。

1. 产品标识的内容与方法

（1）产品标识的内容

产品标识一般可根据需要选用下述内容：

1）产品名称、型号、图（代）号。

2）关键件、重要件。

3）紧急放行、例外放行。

4）产品状态（如成品、半成品等）。

5）检验和试验状态(如待检、合格、不合格、待定等)。

6）所处工序。

7）质量状况。

8）生产批次或编号。

9）生产单位。

10）生产者。

11）检验者。

12）制造日期、检验日期。

13）其他内容。

(2）产品标识的方法

根据产品的特点和实际需要，选择下列标注方法：

1）成型：如铸件、模锻件、注塑件、橡胶件等，将标识通过成型模具制作在产品上。

2）印记：如钢印、胶印、铅(铝)封印、密封印等。

3）涂敷：如用涂漆、喷塑、书写等方式作彩色、文字、符号等。

4）附带：是在相关的文件(如流程卡)上对产品进行标识，并随同产品同步流转，或将标识制作在标签、套管、标牌、名牌等载体上，再以黏贴、挂系或固定的方法附加在产品上或相关区域。

5）其他形式的标识：如化学腐蚀、电子标识、刻字等。

2. 生产过程的产品标识

(1）在产品生产过程中，组织应按设计和工艺文件的规定，适时地制作对产品处置和使用以及安全警示等标识。

(2）经检验验收的成品、半成品、在制品以及影响产品质量特性的每道工序，均应有检验收的标识。

(3）经首件鉴定的产品，应在首件及其记录上做出首检标识。

(4）特殊过程(锻、铸、焊接、热处理等)的产品，经检验合格后，应在产品或流通卡上做出标识。

(5）经无损检验(如X光、超声波、磁力探伤、泄漏等)的产品，应在产品或流通卡上做出标识。

(6）经紧急放行、例外放行的产品，应做出标识，并做记录。

(7）检验人员对鉴别出的不合格品应及时做出标识，并进行隔离。不合格品的处置结果也要做出相应的标识。

(8）对让步接收和材料代用，除在产品上做出相应的识别外，必要时还应对其进行编号，在流通卡上注明其去向，并在合格证上加以注明。

(9）对有可追塑性要求的零件、部件、设备和最终产品，应按设计、工艺文件的规定制作产品唯一性标识(对每个或每批产品的编号)。

(10）生产过程中，产品标识至少包括或能查明：

1）生产部门。

2）生产批次和日期。

3）生产者。

4）检验者;不合格处理的结果。

3．产品标识号编码系统

各生产线应根据其产品的特点制定各种产品的编码规则。编码规则要覆盖所有的产品,规则中应规定:产品的名称代号、编码的位数、编码的字符集、排列规则等内容。

4．产品质量状态标识

质量状态标识包括(不限于):合格、不合格、返修、试验、待定、待检、废品、不合格品准用等八种。

如采用标签标识,标签长约 60 mm,宽 40 mm,可包括:质量状态、批号和数量等内容。

二、产品的可追溯性管理要求

组织应根据有关法规、标准的要求和产品的特点,进行产品可追溯性需求分析,并要在工艺文件中规定产品应具有可追溯性的项目、追溯的范围和时间期限。

对规定有可追溯性要求的有关的记录,应按投产批次分批保存,其保存期限应与产品的寿命周期相适应。

对实行批次管理的产品,组织应按批次建立随件流通卡,详细记录投料、加工、装配、交付等过程中投入和产出的数量、质量状况及操作者和检验者、生产日期。在批次管理中,产品的批次标识可作为进行追溯时的标识。

各生产线或相关职能单位应根据产品特点制订质量跟踪方案及质量跟踪的方法,内容包括:产品的制造批、检验批的规定、确定按件跟踪或按批跟踪的产品范围。

对物项及标识的跟踪,可以通过检验报告单、跟踪单、流通卡等质量记录的形式实现追溯,对具体跟踪的内容与要求应作出详细规定,以达到从原材料开始至最终产品的全过程质量跟踪。

第二部分　核燃料元件生产工中级技能

第八章　燃料组件和相关组件组成和特性

学习目标：了解燃料组件和相关组件的组成和特性。

第一节　燃料组件的组成和特性

学习目标：了解燃料组件的组成和特性，了解其结构件的功能。

一般来说，燃料组件主要由燃料棒、压紧弹簧、上管座部件、下管座部件、控制棒导向管及仪表管、格架等部件组成，但型号不同，其结构也不同。

17×17 型燃料组件是由燃料棒(可能有钆棒)、上下管座、导向管、中子通量管、端部格架、搅混翼格架、中间格架等组成，导向管与下管座通过轴肩螺钉胀形连接而成，导向管与上管座通过套筒螺钉胀形连接而成，具有可拆卸功能。

15×15 型燃料组件是由燃料棒、上管座部件、下管座、导向管、中子通量管、定位格架等组成，导向管与下管座通过锁紧螺钉拧紧后夹扁固定而成，导向管与上管座通过管板焊连接而成，不具有拆卸功能。

燃料组件的功能将结合各部件在相关章节中进行叙述。

一、燃料棒

燃料棒主要由上端塞、下端塞、燃料芯块、包壳管等组成，燃料棒结构见图 8-1。

燃料棒的结构是随着反应堆运行经验的不断积累以及人们对于燃料棒的燃料芯块和包壳材料的性能等有了全面而深入的研究之后而不断改进和发展的。在反应堆内，燃料芯块是不能直接暴露在水或空气之中的，因为这样一来将导致铀燃料的迅速氧化或者腐蚀。如果把铀燃料直接暴露在惰性热交换介质之中也是不可能的，因为来自铀燃料的裂变产物将会进入冷却剂的回路中，从而使冷却剂系统具有高度的放射性。因此在反应堆中，铀燃料都是以燃料棒的形式不均匀地分布在反应堆中。

1. 燃料棒的结构形式

根据使用情况的不同，燃料棒的结构也不尽相同。燃料棒的结构主要有以下几种形式：

(1) 块状燃料棒。主要用于生产堆。

(2) 管状燃料棒。主要用于试验堆。

(3) 板状燃料棒。主要用于船用动力堆。

(4) 棒状燃料棒。主要用于压水堆、沸水堆。

压水堆燃料棒大都采用棒状结构形式，这是因为棒状结构的燃料棒具有刚性好，容易加工制造，散热性能好，破损率低，能够达到预定燃耗深度以及它的卸料、贮存和后处理操作比较简单等优点。17×17 型燃料棒结构示意图如图 8-1(a)图所示。15×15 型燃料棒结构示意图见图 8-1(b)图所示。

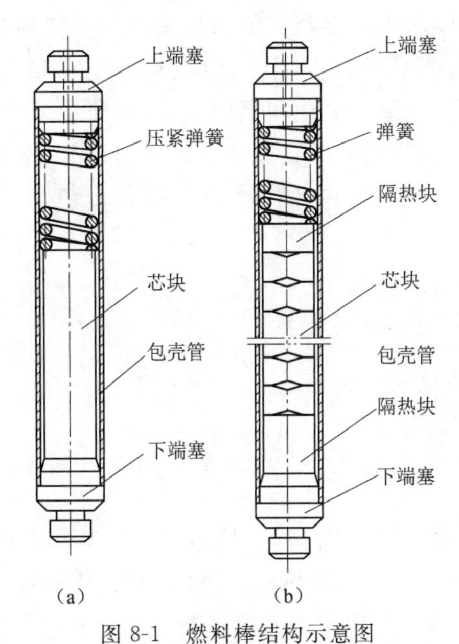

图 8-1　燃料棒结构示意图

a—17×17 型燃料棒结构示意图；b—15×15 型燃料棒结构示意图

2. 燃料棒的组成

17×17 型燃料棒结构示意图如图 8-1(a)图所示。这种燃料棒是由燃料芯块、包壳管、压紧弹簧及上、下端塞等组成。内部充有一定压强的氦气。15×15 型燃料棒结构示意图见图 8-1(b)图所示。这种燃料棒是由燃料芯块、包壳管、压紧弹簧、隔热块及上、下端塞等组成。内部充有约 3 MPa 压强的氦气。

(1) 端塞

端塞的材料与包壳管的材料相同，端塞是用来密封燃料棒并起吊耳或支承作用。此外，为了降低反应堆运行过程中包壳管的内外压差，防止包壳管的蠕变塌陷和改善燃料棒的传热性能，现代的燃料棒设计都采用预充压技术，即在燃料棒密封焊(堵孔焊)时，在包壳管内充有 2～3 MPa 的纯氦气。当元件工作到接近寿期终了时，包壳管内氦气加上裂变气体的总压力应同包壳管外面的冷却剂工作压力值接近。

在设计燃料元件时芯块与包壳管间应留有径向和轴向间隙。径向间隙用来补偿燃料芯块的热肿胀和芯块与包壳管间由于温差而引起的热膨胀。轴向间隙除了上述补偿作用外，还用于贮存燃料释放出来的裂变气体，如氪和氙气。

为了在反应堆内更换破损燃料棒方便起见,对燃料棒的结构形式又作了一些改进。这种燃料棒的结构特点是在上下端塞上都设计出一个可以单根抓取燃料棒的沟槽。为了使燃料棒芯块释放气体尽快到达空腔,有些设计者把燃料棒内的空腔分别设置在上下两端,下端采用 Zr-4 合金支撑管或弹簧支撑芯块拄,上端仍采用螺旋式的不锈钢压紧弹簧压紧燃料芯块柱,这种燃料棒的主要优点是增加了上下部的中子反射层,而且又改善了下端塞的温度应力。也有在活性区两端增加天然 UO_2芯块或低富集度 UO_2芯块作反射层。

(2) 包壳管

以前的包壳管主要采用 Zr-4 合金冷轧而成,并经适当的退火处理。随着技术的进步和对反应堆效率的更高要求,要求提高燃料棒的燃耗并延长燃料棒在堆内的运行时间,加长循环周期。为防止高燃耗下包壳管的蠕变塌陷,包壳管的壁厚略有增加,以提高包壳管的强度。为提高耐水侧腐蚀的能力,降低氢化和辐照生长,又研制成功新的包壳管材料并进行了堆内考验,如:法国法玛通公司研制的改进型 Zr-Nb 合金(M5 合金)、俄罗斯的 Zr-1%Nb 合金、美国西屋公司的 ZIRLO 合金、德国西门子公司的复合包壳(外层超低锡高耐腐蚀锆基合金,内层标准 Zr-4)。

包壳管在堆内的主要功能如下:

1) 保证燃料棒形状和尺寸稳定性。

2) 容纳裂变气体。

3) 防止燃料芯块与高温水直接接触。

4) 抑制芯块辐照肿胀。

(3) 隔热片(块)

芯块柱两端的 Al_2O_3 陶瓷块称为隔热片(块),它用来减小芯块的轴向传热,从而减小端塞的热应力。但也有些设计者不采用隔热片,为改善中子利用效率在芯块柱两端装贫 UO_2 芯块或低富集度 UO_2芯块,称作轴向反射芯块。

(4) 燃料芯块

目前核电站用的燃料几乎都是 UO_2陶瓷烧结块,其富集度为 1.9%~5%,芯块直径一般在 6~9 mm 范围内。燃料芯块的高度不宜过大,高/径比一般在 1.5 范围内为宜。这样可以限制芯块过大而引起收缩变形,芯块两端做成凹碟形,以便补偿中心部位较大的热膨胀和减少包壳可能产生的轴向变形。也有将芯块设计成开孔型的,可以补偿芯块在径向方向上向外的热膨胀,利于热量的散发,还可以贮存燃料释放出来的裂变气体。

(5) 压紧弹簧

压紧弹簧有下面三个作用:

1) 保证芯块柱的连续性,因为芯块之间的空隙将引起中子场的扰动及芯块的极度过热,并导致包壳管的过热和加速腐蚀等。

2) 提供贮存气体的自由空腔或称作气腔,该空腔是为降低燃料捧内压所必需的。

3) 在燃料棒(包括装成组件以后)装卸过程中避免芯块窜动造成破碎。压紧弹簧一般用不锈钢丝制成。它们有等节距、变节距及同一直径弹簧和变径弹簧等形式。

二、下管座

下管座是燃料组件的底部构件,在燃料组件的下部入口处形成一个空腔,冷却剂通过下管座流入，以冷却燃料棒。

1. 下管座的主要功能

(1) 燃料组件骨架的底部构件。燃料组件的骨架在底部是由下管座的格板与控制棒导向管通过机械连接件构成组件的底部支承结构，作用在组件上的轴向载荷和燃料组件的自重均通过下管座传递和分布到堆芯的下栅格板上。

(2) 燃料组件的底部定位构件。燃料组件工作时竖立在堆芯的下栅格板上，为了保持组件在堆内的准确位置，在堆芯下栅板的对应位置上均有定位销，而在燃料组件的下管座上则有与之相配合的定位孔(也叫S孔)。这两个孔和堆芯下栅格板上的两个定位销相配，作用在燃料组件上的水平载荷同样通过定位销传送到堆芯支承结构上。

(3) 控制燃料组件冷却剂的流量。冷却剂通过下管座格板上的流水孔而流入组件。因此通过对下格板流水孔的开孔面积的孔径大小的选择以调整流过燃料组件的冷却剂流量的大小。

2. 下管座的结构

下管座是一个方形箱式结构，它由正方形的下格板和若干个定位支撑脚组成，支撑脚上有定位销孔，并与正方形下格板焊在一起，构成一个冷却剂水腔。

(1) 17×17 型燃料组件的下管座部件

下管座由四个支撑脚和一块方形孔板组成，都用不锈钢制造。支撑脚焊在方形孔板上的孔布置成既起冷却剂流量分配的作用，又使燃料捧不能通过孔板。为了防止异物进入燃料组件，在下管座连接板底部加一滤网。

(2) 15×15 型燃料组件的下管座部件

下管座具有类似方箱的结构，调节燃料组件冷却剂流量的分布和作为组件的下部构件，正方形截面的管座由 4 条支撑腿和一个正方形孔板组成。这些部件为不锈钢制成。支撑腿与孔板相焊接，形成冷却剂通入的增压室。冷却剂从增压室经孔板流入燃料组件。孔板上的孔位于燃料棒之间，其大小不至使燃料棒通过。近年来，根据在堆内的运行经验，在下管座底部增加了一滤网防止异物进入燃料组件，提高燃料组件在堆内的安全性。

三、上管座部件

上管座部件为燃料组件的上部结构。在组件的顶部出口处形成一个空腔，冷却剂经过堆芯集中在上管座水腔后流向反应堆出口水腔。

1. 上管座部件的主要功能

(1) 燃料组件骨架的顶部构件。无盒燃料组件的上管座通过其格板与控制棒导向管相连接，此格板又与管座箱体连接以形成组件的顶部构件。管座上有吊装构件，便于燃料组件换料过程中远距离吊装运输。

(2) 燃料组件的上部定位构件。为了保持燃料组件在堆芯中的准确位置，防止燃料组件在水力冲击下发生摇晃或窜动，燃料组件的上管座上设有定位元件。通过堆芯上栅板上对应的定位元件，将燃料组件准确地固定在堆芯内。

(3) 调节燃料组件冷却剂的流动阻力和进行冷却剂的混合。被加热的冷却剂通过上管座中的格板流水孔，汇集在上管座水腔中混合流出组件。通过格板开孔结构的设计，可以调整流过组件的流动阻力和改善冷却剂的混合。

2. 上管座部件的结构

根据目前国内外压水堆几种典型燃料组件的结构，上管座的结构大致可分为框架式和支架式两类，它们均由一个上框架，四个侧面围板，一块上格板和几个压紧弹簧等零件组成。其整体呈箱形结构。两种结构基本相似，所不同的是压紧弹簧的结构，围板形状和高度略有差异。

(1) 17×17 型燃料组件的上管座部件

上管座是一个箱式结构，它起着燃料组件上部构件的作用，并构成了一个水腔，加热了的冷却剂由燃料组件上管座流向堆芯上栅格板的流水孔，上管座是燃料组件的相关部件的保护罩。上管座由上连接板，围板，上框板，四个板弹簧和相配的零件组成。除了板弹簧和它们的压紧螺栓用因科镍 718 制造外，上管座的所有零件均采用 304 型不锈钢制造。

上连接板呈正方形，它上面加工了许多长孔让冷却剂流经此板，加工成的圆形孔与导向管相连，上连接板起燃料组件上格板作用，即使燃料捧保持一定的栅距，又能防止燃料棒从组件中向上弹出。

管座的围板是正方形薄壁式壳体，它组成了管座的水腔。上框板是正方形中心带孔的方板，以便控制棒束通过管座插入燃料组件的导向管，并使冷却剂从燃料组件导入上部堆内构件区域。上框板的对角线上有两个带直通孔的凸台，它们使燃料组件顶部定位和对中。与下管座相似，上管座上框板上的定位孔与堆芯上栅格板的定位销相合。

4 组板弹簧通过弹簧螺钉固定在上框板上，弹簧的形状为向上弯曲凸出燃料组件，而自由端弯曲朝下插入上框板的键槽内，当堆内构件入堆时，堆芯上栅格板将板弹簧压下引起弹簧挠曲而产生的压紧力将足以抵消冷却剂的水流冲力，板弹簧的设计及其与上管座上框板键槽的配合使得在弹簧断裂这种概率很小的事故情况下，既可防止零件松脱掉入堆内，又能防止弹簧的任何一端卡入控制棒的通道，这就避免了棒束控制组件正常运动中可能发生阻碍的危险。当燃料组件在制造厂内搬运和运往使用现场的运输过程中，上管座也为燃料组件的相关部件提供保护作用。

(2) 15×15 型燃料组件的上管座部件

上管座为一类似方箱的结构，由一孔板，顶围板和 8 个压紧弹簧组成，除弹簧外，其余零件均由 0Cr18Ni10Ti 不锈钢制成。上管座具有燃料组件上部构件功能并形成一种增压空间，使受热后的反应堆冷却剂在此搅混，然后流向堆芯上格板。孔板截面为正方形，其上加工有狭槽，以便冷却剂通过。狭槽间留有孔带，以防止燃料棒从组件上部顶出，上格板 4 个角上的 4 个孔用于燃料组件的定位和顶部对中。上管座内的 8 个螺旋压紧弹簧，容许承受堆内足够的压紧力，以抗衡冷却剂的水力推力。每个弹簧用一根压杆和一个压帽压紧。

四、控制棒导向管及仪表管

燃料组件在某些燃料棒位置上设置控制棒导向管和仪表管作为燃料组件的中间结构。

1. 导向管和仪表管功能

导向管和仪表管主要有三个功能：

(1) 燃料组件骨架的中间构件。燃料组件利用控制棒导向管和仪表管与定位格架连接组成燃料组件骨架的中间结构，它的下端与下管座连接，上端与上管座连接，整个燃料组件依靠这些骨架在堆内承受各种载荷(水力冲击、压紧和控制棒快速插入时产生的冲击等)的作用。

(2) 控制棒束的导向。燃料组件中的导向管均匀对称地分布在组件中，管内充满冷却水，控制棒在堆内上下抽插时起导向作用。在不带控制棒的燃料组件中，利用导向管内孔设置固体可燃毒物、阻力塞或中子源等组件，仪表管内供插入堆芯中子通量的测量探头或温度测量探头，以监测反应堆在运行过程中中子通量分布或温度变化等作用。

(3) 控制棒快速插入时起水力缓冲作用。控制棒导向管是由不锈钢或中子俘获截面较小的锆合金制成，长约为 4 m 的导向管上、下内径不同。下端内径缩小构成水力缓冲段，在接近缓冲段的上部开有若干流水小孔。在正常运行时，有一部分冷却水由此流入冷却控制棒。在紧急停堆控制棒快速下插时，有一部分缓冲段中的水也由此流出。

2. 导向管和仪表管结构

(1) 17×17 型燃料组件的导向管和仪表管

导向管由一整根 Zr-4 合金管制成，为等外径、变内径结构，其下段在第一和第二格架之间内径缩小，在紧急停堆时，当控制棒在导向管内接近行程底部时，它将起缓冲作用，缓冲段的过渡区呈锥形以免管径过快变化，在过渡区上方开有流水孔，在正常运行时有一定冷却水流入管内进行冷却，而在紧急停堆时水能部分地从管内流出，以保证控制棒的冲击速度被限制在棒束控制组件最大的允许速度之内。

法国已开发了新一代 M5 合金导向管，并已入堆进行了考验。M5 合金导向管具有低吸氢、低热蠕变和低辐照生长的特点。

(2) 15×15 型燃料组件的导向管与仪表管

导向管与仪表管均由 0Cr18Ni10Ti 不锈钢制成，每根导向管的下部设有 1 处内径尺寸不同的缩径段，当反应堆停堆时，对控制棒起缓冲作用，缓冲部分的过渡区为圆锥形，以防卡管。流水孔刚好设置在缓冲段之上，当反应堆正常运行时，冷却水可进入，停堆时冷却水部分地从管内流出。

五、格架

燃料组件中，燃料棒沿长度方向由多层格架夹住定位，这种定位使棒的间距在组件的设计寿期内得以保持。格架有端部格架、中间结构格架、搅混翼格架等等。

1. 17×17 定位格架

17×17 定位格架是双金属定位格架，是由 36 条规则排列的锆合金条带(其中 32 支内条带和 4 支外条带)形成一个有 289 个栅元的方形结构。内条带有 16 种。靠细槽和定位凸起，条带相互之间装配定位，并用激光焊把每个交叉线的端部焊在一起。格架中有 2 种类型的因科镍 718 弹簧：单弹簧和双弹簧。它在格架栅元中与对面条带上的刚凸一起固定燃料棒。在格架中有 25 个对称分布的特殊栅元，它们内部没有弹簧和刚凸，每个栅元有四个点焊舌，供导向管和中子通量管插入并焊接的栅元。17×17 定位格架有三种类型：端部格架、搅混翼格架和中间格架。

随着技术的进步，法国研制了 M5 合金格架，并已入堆进行了考验，其性能更好。

2. 15×15 定位格架

15×15 定位格架是由 28 条规则排列的内条带和 4 条外条带组装钎焊而成的有 225 个栅元的方形结构。内条带有 7 种,靠装配细槽和定位凸起相互装配定位,并采用钎焊把每个交叉部位焊在一起。格架中 204 个栅元是容纳燃料棒的。在这些栅元中,每一个栅元都为燃料棒提供了六个接触点:两个弹性点和四个刚性点,弹性点是在内条带或外条带上冲出的三弯弹簧上形成的。刚性点是在内条带上冲出的刚凸上形成的。在格架中,有 21 个对称分布的特殊栅元,它们内部没有三弯弹簧和刚凸。每个栅元上有两对点焊舌,其功能是通过点焊舌点焊到 20 根导向管和 1 根中子通量管(仪表管)上。

第二节　相关组件组成及功能特性

学习目标:了解相关组件的组成、特性、功能。

相关组件主要包括:控制棒组件、可燃毒物组件、阻流塞组件和中子源组件等。

一、控制棒组件

1. 控制棒组件的功能

控制棒组件是压水堆本体内的控制部件,是堆芯唯一的频繁运动部件,也是堆芯中承受载荷最大的部件。在快插、步跃、冷却剂压力和升力、振动、腐蚀以及中子辐照等联合作用下,要始终保持其功能。棒束控制组件用以补偿反应堆由热态零功率到满功率时反应性变化、维持功率在一定水平上以及对冷态停堆起补偿作用,以及在事故工况下靠它快速下插来实现紧急停堆,确保反应堆的安全。

2. 控制棒组件的特点

(1) 棒径细、数量多,有利于堆芯中子通量及功率分布的均匀化。

(2) 由于棒径小,控制棒提升时的空腔效应小(即水腔对中子的慢化作用小),不需另设挤水棒,因而反应堆容器的高度可相对降低。

(3) 由于控制棒细而长,增大了挠性,因而在保证控制棒与导向管对中的前提下,装配工艺要求可相对放宽,而不致引起卡棒现象。

(4) 燃料组件规格可单一化。

3. 控制棒组件的设计寿命

17×17 型燃料组件对应的棒束控制组件的设计寿命为 15 年,15×15 型燃料组件对应的棒束控制组件的设计寿命为 10 年,引进俄国技术的 VVER 1000 型棒束控制组件的设计寿命也为 10 年。

二、可燃毒物组件

可燃毒物组件是非永久性控制组件,只有电站第一个运行(首炉)周期使用,以减少冷却剂硼的浓度,保证反应堆具有负的慢化剂温度系数,有利于展平堆芯中子通量分布及功率分布,提高功率密度。所需可燃毒物棒的数目取决于堆芯的初始总反应性。

300 MW 核电站、AFA3G 核电站首次堆芯装有的可燃毒物组件在一次换料时将全部卸出，换上阻流塞组件。VVER 核电站换料卸出可燃毒物组件后，不换上阻流塞组件。

三、阻流塞组件

阻流塞组件虽不直接对反应堆的反应性控制起作用，但在燃料组件中不插控制棒，可燃毒物棒及中子源棒的导向管内插以阻力塞棒，增加冷却剂水流阻力，起到限制导向管内的旁通流量和平衡燃料组件流量的作用。

四、中子源组件

在反应堆起动过程中，堆内中子通量变化范围大，从零功率到满功率，中子通量由每秒 8 个中子增长到每秒 10^{13} 个中子，虽然在低中子通量水平时，测量仪器的统计特性，使仪器具有缓慢的响应特性，因此如果不保持适当的控制，特别在起动量程内，极易造成严重事故。

初级中子源组件的作用就是把反应堆达到临界前几乎为零的中子通量提高到足够高的起始中子水平，使源量程核测量仪器能以较好的统计特性测出中子通量水平，让反应堆起动时通量增长的全过程置于核仪器的监督之下，保证反应堆安全起动。此外在反应堆物理起动过程中将预测达到临界的条件，例如对某种给定的控制棒棒位，预测达到临界时的硼浓度值。

反应堆内初次启动到满功率运行以及以后每次停堆之后的再启动，需要有“点火”作用的中子源棒。建堆时，一般配置两种人工中子源，即一次中子源和二次中子源，一次中子源是购买现成的产品，供初次启动用。它的中子强度随时间指数规律衰减，二次中子源本来不放出中子，只是放在反应堆内，依靠堆运行所产生的高通量中子照射活化才产生中子，它的强度随堆运行时间增长而提高，不久就可以接替一次中子源，由此可知，除了反应堆初始运行期间是靠一次中子源安全启动外，在整个燃料寿期内都是靠二次中子源来启动反应堆。所以初级中子源组件只有在电站第一个运行周期使用，换料时把初级中子源组件卸出，在该位置装次级中子源组件，而原次级中子源组件位置用阻力塞组件填上。

第三节　突发事故应急与处理

学习目标：能够对存在危险源的岗位的突发事故进行应急与处理。

在表面处理的一些岗位，有的是涉及高温高压，有的是涉及强酸强碱，有的则是涉及有毒有害的化学试剂，要根据本岗位的危险源的特性，来制定对突发事故的应急与处理措施。对于有 A、B 级危险源的岗位，需要成立应急小组，并对本岗位的成员进行相关应急培训。本节就酸洗和氧化两个岗位为例进行讲述。

一、酸洗岗位突发事故应急与处理

酸洗岗位属于 B 级危险源，为加强危险源管理，预防突发事故的发生，并能在事故发生后迅速有效地进行控制处理，特制定了一些对突发事故的应急与处理措施。

1. 基本要求

(1) 生产现场通风良好,具备安全自来水冲洗设施。

(2) 按应急程序及时报告。当出现事故时,岗位人员必须及时向车间调度或酸洗岗位事故应急组报告(必要时报告生产调度室);相关成员接到通知后,须及时赶到现场开展事故救援工作,并进行事故分析,确定应急处理措施,同时报告相关管理部门。

(3) 操作人员熟知岗位风险。岗位操作及应急小组人员必须了解酸洗岗位的潜在性危险,熟悉设备性能、事故的排除及应急方法,正确使用灭火器材。操作或事故处理时正确穿戴好防酸碱工作服、耐酸碱手套,佩戴好自吸过滤式防毒面罩等劳动保护用品。

2. 酸液泄漏处理

(1) 当出现酸液泄漏事故时,迅速撤离泄漏区至安全地带,严格限制人员进入。

(2) 事故应急处理人员在穿戴好防酸碱工作服、耐酸碱手套,佩戴好自吸过滤式防毒面罩等劳动保护用品后,尽可能切断泄漏源。小量泄漏,采用中和处理,用大量水冲洗稀释后放入排水系统;大量泄漏,采用构筑围堤或地坑收容,用泵转移至槽车或专用容器内运至废物处理地点。

3. 酸液灼伤或碱烧伤的处理

(1) 迅速撤离泄漏区至安全地带。

(2) 皮肤接触:立即脱去被污染的衣服,用大量流动清水冲洗至少 15 min 后,尽快送医诊疗。

(3) 眼睛接触:立即撑起眼睑,用大量流动清水或生理盐水彻底冲洗至少 15 min,就医。

(4) 如有人员被严重灼伤或烧伤,应立即报告,在进行应急处理后,及时送到医院进行观察治疗。

二、氧化岗位事故应急与处理

氧化岗位属于B级危险源。燃料棒氧化装置可能发生以下安全事故:当升温或保温时,控制系统和安全阀失灵,导致釜内压力突破限值,高温蒸汽瞬间向外大量喷射;在即将保温并进行放汽操作时,放汽阀突然失控,导致高温蒸汽瞬间向外大量喷射。

1. 基本要求

(1) 氧化岗位的燃料棒氧化装置,是将高压釜内的去离子水加热成(400±3)℃和(10.3±0.50)MPa 高温高压的水蒸气对燃料棒进行氧化处理,属于高温、高压运行设备,属于B级危险源。因此,按事故预防为主的原则,必须按相关要求加强设备的检修、保养工作,并符合特种设备相关管理要求,强化人员操作、检修及故障应急处理能力,准备好应急抢修的器材,避免事故发生或减小损失。

(2) 氧化岗位事故应急小组成员必须熟悉燃料棒氧化装置可能出现的事故应急抢修、救援方法,随时准备好应急抢修的器材,保持通信畅通。

(3) 当出现高温蒸汽瞬间大量喷射事故时,岗位人员必须及时报告;相关成员接到通知后,须及时赶到现场开展事故救援工作、进行事故分析,确定应急处理措施,同时报告相关管理部门。

2．蒸汽泄漏事故的处理

当出现高温蒸汽瞬间大量喷射事故时，必须采取以下措施：

（1）立即远离高温蒸汽喷射部位，防止人员烫伤。

（2）切断氧化装置加热电源。

（3）电话报告应急小组成员。

（4）如有人员被严重烫伤，应立即拨打相关管理电话，同时拨打医院救急电话。

（5）应急小组有关成员立即到达事故现场，进行事故的处理。

（6）维修人员应带上所用的工、器具和材料，以便及时处理故障；岗位人员应该首先抢救伤员，同时密切监控其他未发生事故的氧化装置运行状况，保护事故现场，并配合开展事故的调查和善后处理工作。

第九章　影响组件和结构件表面处理的因素

学习目标：了解影响组件和结构件表面处理的因素，判断常见的质量问题，能解决表面处理中常见的质量缺陷。

零部件性能的提高，除了从材料改进方面下功夫外，组装过程的各种处理工艺水平的提升也起很大的作用。因此对表面处理工来说，应充分了解各种处理工艺的机理及对零部件处理的影响。

第一节　影响除油的因素

学习目标：了解影响燃料组件和结构件除油的因素，判断常见的质量问题，能解决表面处理中常见的质量缺陷。

一、影响化学除油的因素

1. 表面现象

从两相接触面积上发生表面过程的观点看，对化学除油溶液的要求可以确定如下：

(1) 除油槽溶液应具有不大的接触张力(与油比较)。

(2) 溶液应善于润湿污物及金属。

(3) 溶液应含有能使油脱离金属表面的物质。

(4) 溶液的组元应破坏并弥散固体污物。

(5) 溶液应能暂时容纳呈乳浊或弥散状的被解脱的污物，同时应能阻碍其在清理过的零件上发生反向沉积。

除油溶液与污物及金属接触面积上的表面过程，对除油具有决定意义。

2. 溶液中的碱浓度

溶液中碱的浓度影响除油质量。溶液中有碱存在，能中和游离的脂肪酸，还能部分地皂化植物油或动物油，生成表面活化肥皂。pH 低于 10.2 时，肥皂发生水解；pH 低于 8.5 时，肥皂实际上大体不能生成，溶液的清洗质量开始变差。碱度增大会引起有色金属及轻金属的腐蚀：pH 大于 10 时，轻金属发生腐蚀；pH 大于 12.5 时，有色金属发生腐蚀。当存在有硅酸盐(水玻璃)时，轻金属不发生腐蚀，因为硅酸盐在除油溶液中起保护作用。此外，硅酸盐也有很好的除油作用，是溶液具有所需碱度的最合适的组元。苛性钠及苏打没有硅酸盐的相关性能，所以，现今只在对除油溶液效力要求不高或溶液活化碱度需要增大的地方才使用它们。

3. 溶液温度的影响

由实践可知，在高温下除油效果较好，因为在高温时，某些固体物质变软，油脂的黏度也减小，从而加速了除油过程。固体污物常常附上油脂，所以，除油时要破坏外壳的完整性，尽管溶液的弥散能力随温度升高而变弱，加热溶液时它的循环加强，尤其在沸腾的时候，这时靠对污物层的机械作用加速除油过程。所有这些补偿了由于温度升高所导致的组元除油能力变弱的缺点，所以，高温除油比用冷溶液除油更为有效。

4. 机械作用

机械作用能使密实的污物膜发生破坏。被除油的制件在槽液里运动，其机械作用比溶液循环或强烈搅拌都好。这样可以使沉淀不在制件表面上形成。

5. 材料表面的影响

在除油时，材料表面的化学性能、物理性能及物理—化学性能对清洗质量也有影响。例如：洁净表面(没有氧化皮的)比有氧化膜的容易除油，因为油脂与氧化皮的表面形成难以除掉的非溶性肥皂。相反地，不含生成肥皂的游离脂肪酸的油从有氧化皮的表面上比从洁净的表面上好除掉，因为氧化膜滞留油脂的力量较小。由于表面附着张力的大小也与材料的种类、表面粗糙度及许多其他情况有关，所以表面状态常常是造成除油质量不同的原因之一。

6. 水质硬度的影响

水的硬度太大会使除油效果减弱，即溶液除油的效力很差，这是因为钙皂及镁皂凝结在被除油的制件上，并形成难以除掉的非溶性盐的膜层缘故。添加表面活化物质或者软化剂(如多磷酸盐)，使钙及镁不会形成非溶性盐，都能防止硬水的有害作用。

7. 洗涤的影响

制件在碱性溶液中除油之后，必须进行清洗，因为碱性溶液残迹的存在都会给以后各道工序造成有害的影响，即污染其他的溶液或促使工件腐蚀。清洗不够干净的零件表面上会剩有油脂，以除油溶液的乳浊液形式存在。在进行后面的几道工序时，乳浊液会发生分解，使除油后的工件上重新盖上油脂膜。因此，必须彻底地除掉残留在零件表面上的碱性溶液。在碱性溶液的多组元中，磷酸盐类最容易洗去。磷酸盐类还能改善其他组元的洗去性，此外，它的活化碱度高，本身就具有良好的除油作用。所以，磷酸盐类几乎是每一种碱性除油槽液的组成部分。

二、影响电解除油的因素

1. 溶液中的碱浓度

溶液中的碱浓度：电解除油时对 pH 不可提出苛刻的要求，因为电极附近的 pH 有很大的局部变化，因此，实际上是不能够控制的。在电解除油时，主要考虑的问题是碱浓度对被除油制件的腐蚀。例如，铜和黄铜只可在不含大量苛性钠的溶液里进行阴极除油清洗。

2. 溶液的导电度

必须适当地选择能使溶液具有一定碱浓度的组元，并保证溶液具有一定数值的导电度。电流密度一定时，导电度决定需要的电压及电解的消耗。pH 一定时，用添加中性盐的方法来调节溶液的导电度是不容许的。这是因为适于添加的物质如 $NaCl$ 和 Na_2SO_4，排除了采用阴极除油法的可能；而采用阴极除油方法，适当的阴极材料又不好选择。实验表明,在需要的电流密度为10～30 A/dm^2时,必须使电解除油溶液的导电度大于1 800×10^4 A/(Ω·cm)。

3. 溶液的温度

溶液的导电度随着溶液温度的升高而增大,温度由20 ℃增高到100 ℃时,溶液的导电度增大1～2倍。高温能够改善除油效果,首先是因为高温下黏度降低适合除油的缘故。

4. 溶液的洗去性

"溶液的洗去性"这一术语一般理解成在洗涤后溶液组元不留在制件表面上的一种性能。在选择除油溶液组元时,不可忘却这一性能,因为零件表面上滞留的溶液残迹,在以后的加工时会引起像油脂残迹造成的同样的缺陷。

第二节　影响酸洗的因素及控制

学习目标:了解影响产品酸洗的因素,判断常见的质量问题,能解决表面处理中常见的质量缺陷。

一、影响的酸洗速度和均匀度的因素

对酸洗过程的控制,主要是控制酸洗速度和均匀度。影响酸洗过程的因素主要有酸洗液的成分和温度、运动方式。

1. 酸洗液的成分和温度对酸洗速度和均匀度的影响

在工艺上一般用变化酸洗液的成分和温度来控制酸洗速度和均匀度。酸洗速度不能太快,锆合金零件在混合酸洗液中的溶解速度随温度而变化,酸洗温度升高,锆合金的溶解速度加快。这一点对于形状复杂的零件和有裂隙的零件显得尤为重要,因为它在酸洗液中容易出现死角。由于温度高,溶解速度快,放出的热量就多,使局部地区温度升高,造成腐蚀不均匀。所以在酸洗时酸洗温度必须严格控制。国际上一般认为是:8～34 ℃这样一个酸洗温度较好。根据国内经验如果酸洗中氢氟酸含量为5%时,温度控制宜偏下限,即25 ℃左右为合适。酸洗液的温度和酸洗液的成分是相辅相成的。例如,酸洗温度低,可以让酸洗液中的HF含量稍高一些,5%左右为好。温度高,可使酸洗液中HF的含量适当地低一些。由实验得知,酸洗温度在30 ℃以上时,采用含3%的HF、45%的HNO_3、52%的去离子水组成的混合酸洗液,酸洗的锆合金的表面能达到较好的效果。

2. 运动方式对酸洗速度和均匀度的影响

另外,在酸洗过程中,零件一定要在酸洗液中运动或零件不动而酸洗液流动的方式。因为酸洗过程即锆合金的溶解过程是放热反应,如果零件是运动的,反应产生的大量热就不会停留在零件表面,而由于运动使液体产生对流把大量的热带入溶液中,从而不至于出现过热区,以达到均匀酸洗的目的。还有酸洗液与锆合金作用将产生大量的H_2ZrOF_4、H_2ZrF_6、$H_2ZrO_2F_6$,由于它们将离开零件表面的酸液中扩散,而不至于出现局部地区的锆氟酸浓度过大而沉淀结晶在零件表面,造成酸染色。其次,零件在酸洗液中运动,可以防止酸洗中气体刻槽的现象。由于凹槽缘故,酸洗时放出的气体,有一种对锆合金产生选择性侵蚀的明显倾向。侵蚀在材料相遇的接触点处更为强烈。所以对于这样的触点应尽可能减少到最小范

围，采取的方法是经常改变位置，使零件或酸洗液保持运动状态。如果采用超声清洗可以使小气泡聚成大气泡，对减低或限制气体刻槽是有益的。

对于长的零件垂直酸洗时，必须掉头进行第二次的酸洗，以便酸洗均匀。因为锆合金零部件在混合酸液中的腐蚀速度很快，先进入酸洗的一端比后进入的一端去除量大。两端交替进入酸洗液就能使去除量相等。

由于在搅拌酸洗槽内会产生严重的钝化作用，因此，必须采用交替进入法进行酸洗。这就是平时生产中所说的暴露原理(即当酸洗到一定酸洗时间后，将零件从酸液中迅速提出，然后立即放下去，如此反复两三次)。

二、络合液中的 $Al(NO_3)_3$ 的作用

$Al(NO_3)_3$的水解式：

$$Al(NO_3)_3+3H_2O \longrightarrow Al(OH)_3+3H^++3NO_3^-$$

由于 $Al(OH)_3$的电离少，所以水解液 $H^+>OH^-$，溶液呈酸性。

而 $Al(OH)_3$是两性化合物，在一定条件下，它可以成碱性，也可以成酸性。根据经验，$Al(OH)_3$在酸性溶液中呈碱性，在碱性溶中呈酸性，即呈 H_3AlO_3形式出现。如果脱水就成为偏铝酸：

$$H_3AlO_3 \longrightarrow HAlO_2+H_2O$$

当溶液中的 pH 为 4.5 时，溶液中就会有氢氧化铝沉淀析出。在操作中控制溶液的 pH 为 3，所以看不到氢氧化铝的白色沉淀。在漂洗时，氢氧化铝始终呈碱性，即溶液中有铝离子，所以 15％的 $Al(NO_3)_3$络合液的作用有三个：中和作用、中止作用和络合作用。

1. 中和作用

$Al(NO_3)_3$络合液能中和酸洗液中的 HF，主要过程是 $Al(NO_3)_3$水解生成 $Al(OH)_3$，$Al(OH)_3$与酸洗液中的 HF 产生如下反应：

$$Al(OH)_3+3HF = AlF_3+3H_2O$$

包壳管从酸洗液中带来的 HF 与溶液中的 $Al(OH)_3$作用，生成 AlF_3和水，把 HF 中和了。

2. 中止作用

由于包壳管表面从酸液中带来的 HF 被络合溶液中 $Al(OH)_3$中和了，整个酸洗反应过程就此结束。因此 $Al(NO_3)_3$络合液对酸洗过程起到了中止的作用。

3. 络合作用

对氟离子而言，铝是最好的络合剂，溶液中的铝离子将迅速与包壳管表面的锆、氟离子生成各种不同的络合物溶解在 $Al(NO_3)_3$络合液中，从而使氟离子与包壳管表面分离，这样就可以避免或减少酸染色的形成。生成的络合物一般可用下面的式子表示：

$[AlF_n]$，即 $Al^++nF^- = [AlF_n]$

$[AlOF_n]$，即 $Al^++O+nF^- = [AlOF_n]$

$[Al(ZrOF_4)_n]$，即 $Al^++n(ZrOF_4) = [Al(ZrOF_4)_n]$

15％的硝酸铝溶液加热到 50 ℃，热去离子水的温度加热到 60 ℃以上，都是为了提高漂洗的效果，使包壳管表面残留物尽量减少，但硝酸铝溶液的温度不能太高；因为温度太高时

包壳管从 $Al(NO_3)_3 \cdot 9H_2O$ 漂洗液中提出时也会黏附一层 $Al(NO_3)_3$溶液，而这种溶液中也含有锆氟的络合物。当温度越高时，包壳管上的 $Al(NO_3)_3$的溶液很快挥发，在转移过程中包壳管表面上就可能粘附上锆氟的络盐，造成酸染色。

经热去离子水漂洗过的产品尽量不要暴露在空气中，最好贮存在去离子水中。因为空气中还有酸雾，包括 HF、HNO_3、NO、NO_2混合气体，尽管含量很少，但仍能腐蚀已清洗干净的产品表面。另外，空气中也存在灰尘，也会沉积在元件表面。经试验证明，酸洗过的燃料棒长时暴露在空气中，也容易出现酸染色。所以，经热去离子水漂洗过的燃料棒，必须贮存在冷去离子水中。

第三节　影响涂膜的因素及控制

学习目标：了解影响燃料组件和结构件涂膜的因素，能判断常见的质量问题，能解决表面处理中常见的质量缺陷。

在核燃料元件制造中，涂膜对象是燃料棒，主要是为了在组件拉棒过程中保护燃料棒；脱膜对象是燃料组件，清洗燃料棒表面的涂膜层。影响涂膜的因素主要有燃料棒表面质量、涂膜层的厚度、涂膜层的烘干时间、涂料的浓度、产品从涂液中的提升速度等。

一、燃料棒表面质量

燃料棒本身的表面质量状况对涂膜层的质量有很大的影响。一是燃料棒表面的油污影响涂膜层质量。燃料棒表面存在的油污使涂膜层容易出现气泡，起皮脱膜。主要原因是油污降低了涂膜层的附着力，使燃料棒表面从宏观上看上去不光滑，影响了涂膜层的均匀性，降低了膜层的质量。二是燃料棒表面硬化层影响涂膜层的质量。包壳管表面冷轧后表面有一层很光滑的硬化层，也会降低涂膜层的附着力。经试验证明：除油后不酸洗的管材和酸洗的管材表面涂膜层质量差别很大；没有酸洗过的管材表面的涂膜层贴紧度很差，一旦在拉棒过程中通过多层的定位格架时膜层会产生脱落，燃料棒表面失去保护层，从而产生不同程度的划伤。

二、涂膜层厚度

通过燃料棒表面涂膜试验，得出涂膜层厚度与燃料棒表面的划伤程度的关系，见表 9-1 所示。

表 9-1　涂膜层厚度与其抗划伤性能的关系

膜层厚度/μm	浸涂次数	燃料棒表面划伤情况	燃料棒表面划伤深度/μm	抗划伤性能	备　注
0	0	划伤严重	8～12	—	(1) 108 型虫胶浓度 25%表面经除油酸洗处理，在(60±5)℃下烘 2 h； (2) 通过 8 层定位格架； (3) 0 表示没涂膜的燃料棒
<5	1	轻划伤	4	差	
10	1	未划伤	—	好	
25	2	未划伤	—	好	

要避免燃料棒表面划伤就像必须要求其涂膜层达到一定的厚度，膜层小于 5 μm 不抗划伤，而膜层太厚要增加涂层次数，耗费人力和物力。

三、涂膜层烘干时间

涂膜层的烘干时间对涂膜层的抗划伤性能有影响，由表 9-2 内的数据可以得出烘干时间与抗划伤性的关系。不烘的涂膜层可能没干透，也可能在室温下 108 型虫胶中的石蜡没有熔化，在膜层间呈颗粒状分布，因而使涂膜层的强度、硬度、附着力都比较低，因而不抗划伤或抗划伤性能差。涂膜层经在 65 ℃时烘 1～2 h，涂膜层中的石蜡很均匀地分布在虫胶分子之间，使虫胶更加密实。同时由于石蜡的均匀分布也改善了燃料棒表面的润滑性，使燃料棒在组装过程中不被划伤；另外，虫胶的熔点在 75～78 ℃，在 60 ℃时就开始熔化，在 65 ℃时烘 1～2 h 有利于虫胶分子的扩散，使膜层与元件表面间的附着力加大，从而改善了膜层的性能，大大提高了涂膜层的抗划伤性能。但要注意控制烘干时间，如果烘干的时间过长，由于石蜡的熔点低，在高温下长时间烘干可能石蜡都从涂膜层中挥发了，使涂膜层变脆，降低了其润滑性能；同时虫胶长时间在 65 ℃时烘烤也可能老化，使涂膜层性能变差，特别是涂膜层抗划伤性能降低。通过燃料棒表面的涂膜试验，烘干时间 1～2 h，涂膜层抗划伤性能最优。有的工艺先采用强风干燥 0.5～1 h，然后自然干燥 24 h 也能满足质量要求，这是因为工艺上对涂膜层抗划伤性能要求不是很高，故不采用烘干工艺。

表 9-2　涂膜层的烘干时间与其抗划伤性能的关系表

烘干时间/h	燃料棒表面划伤情况	燃料棒表面基体划伤情况		抗划伤性能	备　注
		划深/μm	划伤长度/mm		
0	划破	3.5	15	差	烘干温度：65 ℃，其余同表 9-1 的备注内容
1	未伤	0	0	好	
2	未伤	0	0	好	
4	涂膜层脆裂剥落	2.5～3.5	10	差	
8	涂膜层脆裂剥落	2.2～3.6	6	差	

四、涂膜层烘干温度

涂膜层的烘干温度与涂膜层的抗划伤关系见表 9-3。

表 9-3　涂膜层烘干温度与其抗划伤性能

烘干温度/℃	涂膜层划伤情况	燃料棒基体划伤情况		抗划伤性能	备　注
		划深/μm	划伤长度/mm		
室温	划破	3. 5	15	差	在室温下干燥两天；在各种温度下烘 2 h，其余同表 9-2
60	划破	0	0	好	
65	划破	0	0	好	
85	脆裂剥落	2.8	10	差	

由表 9-3 的数据可以看出涂膜层的烘干温度对其划伤性能有一定的影响,在室温下由于温度太低,石蜡在涂膜层中的分布是不均匀的,组装时润滑性能差,燃料棒表面会产生划伤;另外在室温下虫胶的扩散速度慢,涂膜层可能不致密,涂膜层的强度、硬度、附着力差,达不到最佳滑性状态,因而使涂膜层的抗划伤性能差。涂膜层在 65 ℃下烘两小时,在这一温度下,108 型虫胶中的石蜡在涂层中均匀分布,使膜层致密,润滑性能改善;另外虫胶分子的能量也增大,扩散速度加快,使涂膜层进一步致密化,因而增加了涂膜层的强度、硬度和附着力,改善了涂膜层的抗划伤性能。当在 80 ℃以上温度烘烤时,108 型虫胶中的石蜡可能挥发掉,涂膜层中的缺陷增多;另外在 80 ℃下已高于虫胶的熔点 78 ℃,时间长了可能使虫胶老化变质,会使涂膜层出现脆裂脱落,降低涂膜层抗划伤性能。从表 9-3 中得知,烘干温度在(60±5) ℃时,所得的涂膜层质量较好。

五、涂料的浓度

涂料的浓度会对涂膜层厚度的影响,进而会影响到涂膜层抗划伤性能,见表 9-4 所示。

表 9-4　涂料的浓度对膜层厚度的影响

涂料浓度/%	涂膜层厚度/μm	上下涂膜层厚度差/μm	涂膜层表面状况	备　注
35	15～25	10	厚薄不均匀,有针孔	108 型虫胶
25	5～10	5	厚薄较均匀	浸涂一次
20	5～7	<5	厚薄均匀,无针孔	提升速度为 300～350 mm/min

由表 9-4 的数据可知,涂料的浓度对涂膜层的厚度和表面的质量有较大的影响。由于涂料容易挥发,浓度不断变化,而浓度又是不容易测定,不易控制的。浓度越大,黏度就越大。涂料浓度太大,涂料的流动性能差,涂膜层厚度就不均匀,且存在针孔,膜层偏厚。一次成膜太厚,涂膜层的附着力就降低,增加了组装时的阻力和脱膜剂的用量。涂料浓度太稀,涂料的黏度就小,流动速度太快,每次成膜薄,而膜太薄,其抗划伤性能就差,而且要达到一定的膜层厚度,就必须增加浸涂的次数,浪费了人力,降低了效率。通过燃料棒虫胶涂膜试验,当提升速度为 300～350 mm/min 时涂料的浓度为 25%左右较为合适。

注意:在每次涂膜前必须用黏度计测量漆液的黏度,如因随着溶剂挥发,漆液黏度增大,就必须向漆液中添加适当的酒精,使漆液的黏度保持在最佳数值。

六、提升速度

提升速度指元件从涂膜液中提出的速度。提升速度直接影响到涂膜层的厚度,见表 9-5。

表 9-5　提升速度与膜层厚度的关系

提升速度/(cm/min)	涂膜层厚度/μm	上下涂膜层厚度差/μm	涂膜层表面状况
550～600	18～20	10	厚薄不均匀,有针孔
300～350	13～15	5	流挂分布明显
30～35	8～10	<5	膜层较均匀,分布不明显
15～20	5～8	<5	膜层均匀无流挂分节现象

由表中可以看出，燃料棒从漆液中提出的速度对膜层的厚度和膜层的质量有明显的影响。提升速度快，燃料棒从涂膜槽内黏附的漆液来不及流回槽内就被迅速带入空气中，由于溶剂的速度挥发快，漆液很快变浓，黏度增大，流动性变差，所以膜的厚薄也就不均匀，上面薄，下面厚。同时由于流动性差而出现针孔和流挂，漆膜厚，膜层的附着力降低。提升速度太慢，由于大部分漆液来不及成膜就流入涂膜槽内，所以成膜薄，要达到要求的膜厚就必须增加涂膜的次数。另外，提升速度不均匀，所形成的膜厚薄也不均匀，像竹子形状，看起来很明显。通过对燃料棒的虫胶涂膜试验，当漆液的浓度为25%时最佳的提升速度控制在30～35 cm/min，且匀速向上提出溶液。涂膜层的厚度和漆液浓度和提升速度都有关。如果要求涂膜层的厚度一定，漆液浓度和提升速度互为反比，即漆液越浓，提升速度越慢；提升速度越快，漆液浓度就要求越低。在批量生产中，采用行车起吊，一般来说，行车的提升速度为1.5 m/min时，漆液浓度控制在15%～20%的范围，但这样上、下涂膜层厚度差大，一般为2～15 μm，能满足工艺要求。

第十章　燃料组件和结构件表面处理中常见质量缺陷与检验

学习目标：能够判断燃料组件和结构件表面处理中常见的质量问题，能解决表面处理中常见的质量缺陷。

第一节　除油质量的检验

学习目标：能够应用燃料组件和结构件除油中常用有检验方法，能解决表面处理中常见的质量缺陷。

评定除油质量最困难的是选择一种适于确定表面上污物数量的方法，以及解决多少污物。关于表面上污物数量的确定方法，许多著作中都有论述，分析化验单位也建立了多种方法。只是这些方法都有一个共同缺点，就是都基于测定油脂的清除程度。可是，除油时还除掉了其他种类的污物。

在生产中常用的检验产品表面的除油质量方法有：水膜破坏法、下道工序评定法和比较法。

一、水膜破坏法

水膜破坏法是最方便的一种检验方法。它的原理是水能够润湿绝对洁净的表面，并能在表面上形成薄薄的水膜，而在被油脂沾污的地方则不能形成水膜。在这些地方，水将分开，水膜断裂或呈水珠状留在这些地方，与连续水膜很好分辨。应当指出，尽管这种方法简便，但不可靠。

1. 水膜破坏法的缺点

这种方法有两个缺点：

(1) 不能发现金属表面上可能有水可润湿的污物。

(2) 不能发现除油溶液中的表面活化物质(添加的或除油时形成的)。表面活化物质能被金属表面或油脂表面吸附，因而油污的地方也是可润湿的，所以检查出污物。

2. 水膜破坏法的基本规则

采用水膜破坏法评定除油情况时，必须遵守下列基本规则：

(1) 不可在热源附近或穿堂风的地方观察水膜情况。

(2) 制件离槽后，应立即使被观察的的表面倾斜45°角，并在这一位置上观察。

(3) 制件在用水最后一次洗涤前应在3%的硫酸溶液中洗涤。

(4) 在不小于1 dm^2平面上评定除油的表面，若制件不大或形状特别，则最好也按照同一材料制成100×100 mm^2的试样，定期检验除油能力。

(5) 在制件取出洗涤槽后的一分钟内，水膜的状态对评定制件表面洁净度是具有决定性的。

二、下道工序评定法

用这一种方法是比较可靠的。例如：燃料棒表面油污没消除干净，酸洗后就会产生表面发暗、在焊接时焊缝易产生表面气孔和内部气孔、有机涂膜时贴紧度差等现象。为防止过多的浪费，最好在一个班次开始之前，用预制的专门试样来检查溶液的实用性和确定必需的除油时间。为使这种试样的表面及油污最接近对应零部件的状态，必须使试样经过被除油零件所经过的全部工序。

三、比较法

用干净的脱脂棉球、泡沫海绵或绸布沾上有机溶剂擦试除油后的零部件表面，与未擦拭的脱脂棉球、泡沫海绵或绸布进行。若前后无变化，说明除油干净；若擦拭后的颜色与擦拭前不一致，说明工件上面还有油污，则需重新除油。

第二节　酸洗常见质量缺陷

学习目标：能够判断燃料组件和结构件酸洗中常见的质量缺陷，能解决常见的酸洗质量缺陷。

在酸洗中，常见的质量缺陷有：尺寸不合格、酸染色、沾污痕迹、表面暗花或发暗不光亮、岛形麻点等缺陷。

一、尺寸不合格

酸洗产品对尺寸公差有严格的要求，必须严控。尺寸不合格包括尺寸偏大和尺寸偏小。

1. 尺寸偏大

(1) 尺寸偏大的产生原因

1) 酸洗前酸洗速度测得不准，酸洗时间太短。

2) 由于酸洗液洗的产品多，酸洗液中的氢氟酸含量减少，酸洗液中氢氟酸挥发造成其浓度降低，导致酸洗速度变慢，酸洗量不够，造成外径尺寸偏大。

(2) 尺寸偏大的处理方法

1) 经常测定酸洗液的酸洗速度，以便准确控制酸洗时间。

2) 向酸洗液中加氢氟酸，以恢复酸洗速度。

3) 严格控制酸洗温度，减少酸洗液中 HF 的挥发。

4) 对于尺寸偏大的产品可根据重新测出的酸洗速度再洗一次，以达到要求。

2. 尺寸偏小

尺寸偏小指零件尺寸小于公差下限。

(1) 尺寸偏小原因

1) 操作者工作不认真,测量酸洗速度不准,控制酸洗时间过长。

2) 酸洗时间长,酸洗温度升高,酸洗速度加快,酸洗量加大,没及时调整酸洗时间。

(2) 尺寸偏小处理方法

针对不同产品,尺寸偏小有不同的处置方法,但燃料棒只能报废。

要避免尺寸偏小,可采取以下措施:

1) 加强工作责任心,经常测定酸洗温度和酸洗速度,严格控制酸洗时间。

2) 酸洗量应控制在零件的上公差。

3) 加大测量产品尺寸的频次。

二、酸染色

酸染色是指经酸洗后的产品表面出现白色的沉淀物,俗称"酸斑",经氧化处理后更容易观察的白色云雾状的斑痕。产品表面的白色沉淀物必须再次酸洗才能去除,因它溶解于氢氟酸中。通过试验证明,在15%的 $Al(NO_3)_3 \cdot 9H_2O$ 溶液用细纱手套使劲擦洗表面有白色沉淀物的产品,之后又放在热去离子水中擦洗,均没洗掉,说明燃料棒上的白色沉淀物是漂洗不掉的。

1. 酸染色的产生原因

产生酸染色的主要原因是酸洗工艺参数控制不严,如转移时间大于15 s、酸洗温度高于34 ℃、酸液中HF含量超过5%、酸洗液中的锆离子含量超过允许范围或者是洗好的产品没有贮存在冷去离子水中,而是暴露在酸性空气中,以上情况下都可出现酸染色。

2. 酸染色的处理方法

针对酸染色的产生原因,可采取相应的控制和处理措施:

(1) 严格遵守操作规程和控制工艺参数。

(2) 加强自检,发现问题立即停止生产分析原因采取措施,消除白色沉淀物才可投入生产。

(3) 根据环境等变化情况适时调整酸洗工艺参数。如酸洗温度高夏天>30 ℃,这时可缩短转移时间,适当降低酸液中HF的含量来减少酸染色的出现。

三、沾污痕迹

燃料棒经氧化釜氧化后表面有指纹等沾痕迹。

1. 沾污痕迹产生原因

主要是工作粗心,违反操作规程没戴手套徒手接触了元件表面,或是乳胶手套指头破裂没发现在操作时接触了元件表面。

2. 沾污痕迹处理方法

(1) 加强责任心,经常检查手套有无破损,及时更换,绝对不许不戴手套接触产品。

(2) 如果不小心不戴手套接触了燃料棒,可用绸布蘸上乙醇、丙酮等擦洗去除痕迹。

四、表面暗花或发暗不光亮

1. 表面暗花或发暗不光亮的产生原因

(1) 酸洗后元件棒表面有暗花，白一块黑一块主要是酸洗前除油不彻底造成的。

(2) 酸洗后元件表面发暗不光亮主要是酸洗液中的 HF 含量低或酸洗温度太低，酸洗速度慢所致。

2. 表面暗花或发暗不光亮处理方法

(1) 发现元件表面有暗花应先检查除油是否彻底，如果不是油污那就是别的不溶于酸的物质，应分析原因采取措施。

(2) 如果元件棒表面发暗不发亮，可向酸洗液中加入 HF 或提高酸洗液温度来克服。

总之，要求操作者有强烈的事业心和认真负责的态度，同时注意安全，严格遵守工艺、设备和安全操作规程，减少质量缺陷。

五、岛形麻点

岛形麻点是燃料棒生产中一种特有缺陷。岛形麻点是燃料棒经酸洗后产生的，其形貌特征是中心高，周围低，类似海中小岛。低处与管材表面的高度差一般不大于 20 μm，中心与低处的高度差一般不大于 30 μm。通过电子探针分析，岛形处与管材基成分无显著差异，金相观察表明是一个整体。有关专家用带电粒子核 $^{10}F(p,\alpha,r)^{16}O$ 测量出射粒子 r 计数的方法，测量出麻点处与无麻点处的表面含氟量无明显差别。这说明岛形麻点在堆内不会造成加速腐蚀的现象。经高压水蒸气腐蚀(400 ℃，10.5 MPa，72 h)结果表明，麻点处也是黑色致密的氧化膜。麻点处经打磨后酸洗，再做水蒸气腐蚀，此处不再出现岛形麻点。许多专家认为，岛形麻点是由于酸洗前的燃料棒清洗不干净，被油污或其他异物沾污所致。

经有关专家实验和观察，岛形麻点产生多与无损检测设备中的塑料套有关。在超声与涡流等无损检测中，为使探头相对管子有较高的同心度，往往使套管与管子配合较紧。在被测管子旋转和运动过程中，由于摩擦作用，管材表面的锆屑(基本呈粉末状)积存在导套管内壁上，积存量达到一定的程度，它又反压在锆管上，形成一个小凸点。积存的锆屑也会划伤管材，在每道划痕的终止点形成小凸点，由于压力较大，会使小凸点周围的锆管凹陷。经酸洗后，锆屑小凸点被洗掉，其下面的锆管表面并未洗掉，导致此部位酸洗去除量不均匀，形成了岛形麻点。

要避免岛形麻点的产生，在管材探伤时最好采用探头旋转管子前进，以减少高速摩擦，减少锆管的积存。同时，套管最好不要采用塑料导套，建议采用金属陶瓷导套，减小摩擦和锆屑的积存。

但后来通过对大量燃料棒表面岛形麻点的部位等进行分析，认为制造中各工序夹持部位均有可能产生岛形麻点，不仅仅限于超声工序；而且如果岛形麻点处积累了污物，经除油、酸洗等工序未除干净，经氧化后在岛伤底部会产生白色腐蚀产物。

第三节　氧化后表面质量缺陷

学习目标：能够判断燃料棒氧化后中常见的质量问题，能解决常见的氧化质量缺陷。

氧化是一种对产品表面预生膜的表面处理工艺，主要用于燃料棒的生产。燃料棒氧化后常见的质量缺陷有疖状腐蚀、灰白色腐蚀产物和酸斑。氧化后出现在燃料棒表面的质量缺陷的原因除与氧化本身工艺控制不当有关外，还与氧化前的各生产工序紧密相关。

一、疖状腐蚀

有资料表明，燃料元件在3年左右的正常运行寿期内，其均匀腐蚀不会达到很大值，因而不致产生临界情况。然而除均匀腐蚀外，还观察到一种局部的疖状腐蚀(Nodular Corrosion)。这种腐蚀表现为产生二氧化锆的薄饼式形状的圆形斑点，斑点直径可达0.5 mm或更大。这种斑点的厚度不等，小的有几微米，大的100～200 μm。白色斑点的分布各有不同，有时成串积聚在一起，常常在整个燃料棒表面上连成一片白色层。细看时，这层是由大量的大小不一的个别斑点组成的。

这种腐蚀类型不仅在锆-2制件上，而且在锆-1%铌合金燃料包壳上也发生。前苏联工作人员在库尔哈托夫原子能研究所内对燃料元件包壳上的疖状腐蚀进行了有意义的研究，从而得出，斑点的厚度达60 μm，它们顺着管子圆周方向上的尺寸大小不一，从几十分之一毫米到几毫米。

根据试验证明，产生疖状腐蚀的主要因素有氧化温度和氧化时间，与氧化压力无关。氧化温度越高，产生疖状腐蚀的时间越短；在温度一定时，随着氧化时间增长，出现疖状腐蚀概率越大。

在475～555 ℃蒸汽的氧化釜内试验时，出现了与沸水堆内300～350 ℃时相同的疖状腐蚀，而且随着温度的升高，出现疖状腐蚀所需的时间越短。

在核反应堆内，燃料元件在后半个燃料周期中，不怕包壳有效壁厚减薄0.1～0.15 mm，但却不希望出现疖状腐蚀，这是由于疖状腐蚀能造成局部的二氧化锆的剥落，冷却剂中富集了二氧化锆粉末时，可导致二氧化锆在一回路零件上的疏松沉积，引起回路零件的腐蚀损伤及其他问题。

二、燃料棒环焊缝出现白色腐蚀产物

经氧化处理后的燃料棒，其焊缝在正常情况下是乌黑发亮，但有时也会出现白斑，造成燃料棒抗腐蚀性能降低。造成这种情况大致有三方面原因：一个原因是焊接过程中杂质或污染物进入焊缝内部；另一个原因是焊接过程中合金元素的过度损耗；另一个原因是焊缝表面成形不好。

对于“聚焦＋散焦”的电子束焊接工艺，聚焦主要用于满足熔深和焊透等要求；散焦主要用于表面成形的要求。在工艺满足各项指标的情况下，散焦的参数选择就显得相当重要。对于真空电子束焊接，每一次熔化，都会造成合金元素的一次挥发，特别是Sn的挥发。聚焦主要用于满足熔深，形成焊缝第一次熔化区；散焦主要用于表面成形的要求，形成第二次

熔化区。若散焦条件选择不好，第二次熔化区过深，则大部分元素进行了两次挥发，造成了熔区中合金元素的贫乏，所以降低了燃料元件的抗腐蚀性能。若第二次熔化只用低能束将表面环缝展宽，则新熔入的管子和端塞基体相对于第二次已熔化的熔区比例增加，由于管子和端塞基体的合金元素含量高，可以使第二次熔化区中合金元素得到一定补偿，合金元素的损耗降低，从而使燃料元件的抗腐蚀性能提高。

Zr-4合金在电子束焊接过程中不是各元素均匀挥发，Sn、Cr、Fe的挥发远大于Zr的挥发，从而造成熔区中Sn、Cr、Fe的贫乏。在Zr-4合金中，合金元素的加入主要是为了抵消Zr中N、C、Al、Si等元素对抗腐蚀性能的不利影响。当Zr中Sn的含量在0.5%时，能较好地抵消有害杂质的不利影响，当熔区中的Sn含量低于一定值时，焊缝的抗腐蚀性能会变差。Cr、Fe作为合金元素加入锆中可以抵消锡对于抗蚀性的负作用。

对于出现白色腐蚀产物环焊缝是否合格，要依据其对应的外观标样进判定：燃料棒端塞环焊缝合格外观标样、燃料棒端塞环焊缝可接收与不合格外观标样。经过与外观标样的对比后，如果环焊缝白色腐蚀产物比标样严重，则应报废。

如果环焊缝白色腐蚀产物没有可接收标样的严重，则为合格；如果环焊缝白色腐蚀产物与可接收标样的很接近，则应取样进行加深氧化。加深氧化后，如果白色腐蚀产物加重，则应报废；如果未加重，可判为合格。

三、酸斑

燃料元件表面的氟沾污问题是元件生产工艺中的现实问题之一。氟的来源主要是酸洗工艺中含有氢氟酸。根据有关资料表明，认真遵循酸洗和清洗工艺，在包壳管表面上会残存的氟为0.4～0.5 $\mu g/cm^2$，这种含量不会加速腐蚀；而当氟的沾污量达到1～2 $\mu g/cm^2$时就有危害，这时会导致白色疏松气泡的形成。

燃料棒在酸洗过程中酸液未漂洗干净，表面存在酸斑，其氧化膜则不会发亮，反而会出现白色雾状腐蚀产物。

第四节 涂膜中常见质量缺陷和原因分析

学习目标：能够判断燃料组件涂膜中常见的质量缺陷，能解决涂膜中常见的质量缺陷。

在涂膜操作中，常见的质量缺陷有流挂、起泡、针孔、脱落等，针对不同的质量缺陷制定出相应的解决办法。

一、流挂

流挂是一种在涂膜垂直表面上常见的缺陷，也是浸涂时常见的缺陷。主要表现为漆液下流，使漆膜的厚薄不均匀，成流泪或挂幕下垂状态。

1. 流挂的产生原因

产生的原因有如下几方面：

(1) 环境温度过高。108型虫胶本身流动性大，而溶剂酒精的挥发又快，因而容易形成流挂。

(2) 产品的提升速度过快。由于提升速度过快,大量的虫胶黏附在燃料棒的表面上,酒精挥发又快,漆液的黏度增大,流动性能变差,最后沉积在燃料棒的表面上形成流挂。

(3) 涂料的浓度过高。涂料的浓度过高,即漆液的黏度过大,其流动性能变差,最后沉积在燃料棒的表面上形成流挂。

(4) 一次成膜太厚。由于一次成膜太厚,涂膜层的附着力就降低,在自身重力作用下,在燃料棒的表面上形成流挂。

2. 克服流挂的措施

针对流挂产生的原因,制定出克服流挂的措施。

(1) 控制环境温度,防止环境温度过高,减缓酒精的挥发。根据生产经验,环境温度一般以 20 ℃为好。

(2) 严格控制产品的提升速度,防止提升速度过快。通过涂膜试验,提升速度控制在 15～20 cm/min,膜层均匀无流挂分节现象。

(3) 在涂膜时严格控制涂料的浓度。通过燃料棒虫胶涂膜试验,一般涂料的浓度为 25%左右较为合适。在每次涂膜前必须用黏度计测量漆液的黏度,如因随着溶剂挥发,漆液黏度增大,就必须向漆液中添加适当的酒精,使漆液的黏度保持在最佳数值。

二、起泡

1. 起泡的产生原因

(1) 元件表面上不干,存有水分。在漆膜干燥时,内部的溶剂或水分受热挥发,而冲破表面的漆膜层。

(2) 刚涂好膜的燃料棒很快进入高温度的烘箱中,或升温速度太快或靠近火源,受日光的暴晒等,表面干结太快,而稀释剂继续向外挥发,将漆膜顶起形成气泡。

2. 克服起泡的措施

克服起泡的措施是严格控制水分和升温速度。

三、针孔

针孔现象是指要漆膜上出现圆形小圈,小的像针刺的孔,大的好像麻点。

1. 针孔的产生原因

(1) 在溶剂挥发到初期结膜阶段,由于溶剂的急剧回旋挥发,特别是受高温烘烤时,漆膜本身不及补充空档形成的一系列小穴。

(2) 由于溶剂选择不当,过量使用低沸点的溶剂,容易产生针孔,经烘烤后更为严重。

(3) 施工方法不当。如搅拌不均匀、漆液太浓(黏度不合理)、提升速度又太快、元件表面有油污等也容易形成针孔。

2. 克服针孔的措施

针对针孔的产生原因,可制定出克服针孔的不同措施。一般来说解决办法有:选择正确的溶剂、严格控制涂料的浓度和燃料棒的提升速度。

四、脱落

脱落是指由于漆膜的附着力差，而造成漆膜的脱落现象。

1. 脱落产生原因

（1）元件表面过分的光滑或表面存在水分、油污、氧化皮等。

（2）烘烤温度太高或时间太长，容易形成膜层脆裂剥落。

2. 克服脱落的措施

克服办法主要有：提供清洁光亮的表面、严格控制烘干温度和时间。

第三部分　核燃料元件生产工高级技能

第十一章　生产准备

学习目标：能够清楚岗位所需的安全防护用品，能制订安全防护计划，做好安全防护；能进行试样设计。

第一节　安全防护

学习目标：掌握安全防护用品及防护原理，能制订安全防护计划。

在表面处理工艺中，需要与酸、碱等有毒有害物质接触，而这些物质大都具挥发性，除了做好工作现场的通风外，个人也要穿戴好劳保防护用品，做好安全防护工作；同时，有些操作虽然不与有毒有害的物质接触，但需要在高温环境中操作，操作中牵扯到高温高压的介质，很容易造成人员中暑、烫伤等安全事故，在这些岗位除了要精心操作外，也要在现场配备好防暑降温、治疗烫伤的药物，做好安全防护。

一、除油清洗、酸洗、涂膜和脱膜操作中安全防护要点

在除油清洗、酸洗、涂/脱膜工艺过程中，需接触到二甲苯、丙酮、酒精、氢氟酸、硝酸及虫胶以及其他容易挥发的物质。

1. 安全操作注意事项

操作尽可能机械化、自动化。操作人员经过专门培训，严格遵守操作规程。提供安全淋浴和洗眼设备。建议操作人员佩戴自吸过滤防毒面具（全面罩）或空气呼吸器，穿橡胶耐酸碱服，戴橡胶耐酸碱手套。对于涂膜等岗位，建议穿防静电工作服，禁止带入手机。防止蒸汽泄漏到工作场所空气中。避免与碱类、活性金属粉末、玻璃制品接触。搬运时要轻装轻卸，防止包装及容器损坏。配备泄漏应急处理设备。稀释或制备溶液时，将酸加入到水中，避免沸腾和飞溅。倒空的容器可能残留有害物。

2. 储存注意事项

溶剂或酸液储存于阴凉和通风的库房。远离火种、热源。库温不超过 30 ℃，相对湿度不超过 85%。保持容器密封。应于碱类、活性金属粉末、玻璃制品分开存放，切忌混储。储

区应备有应急处理设备和合适的收容材料。

3. 工程控制

密闭操作，注意通风。尽可能机械化和自动化。提供安全淋浴和洗眼设备。

4. 呼吸系统防护

可能接触其烟雾时，佩戴自吸过滤防毒面具（全面罩）或空气呼吸器。紧急事态抢救或撤离时，建议佩戴氧气呼吸器。

5. 眼睛防护

呼吸系统中已作防护。在除油操作中，根据溶剂性能决定是否佩戴自吸过滤防毒面具（全面罩）或空气呼吸器。如果不需要佩戴自吸过滤防毒面具（全面罩）或空气呼吸器，就戴上化学防溅眼镜和面罩以保护眼睛；如果需要佩戴自吸过滤防毒面具（全面罩）或空气呼吸器，就不需要戴上化学防溅眼镜。

6. 身体防护

穿橡胶耐酸碱服。

7. 手防护

戴橡胶耐酸碱手套。

8.其他防护

工作现场禁止吸烟、进食和饮水。工作完毕，淋浴更衣。单独存放污染的衣服，洗后备用。保持良好的卫生习惯。

二、燃料棒氧化操作中安全防护要点

在氧化岗位，工作环境温度高，同时在升温或保温过程中，可能发生控制系统和安全阀失灵，导致釜内压力突破限值，高温蒸汽瞬间向外大量喷射；或在即将保温并进行放汽操作时，放汽阀突然失控，导致高温蒸汽瞬间向外大量喷射等情况。氧化操作是一种室内高温操作，而操作对象是高温高压的压力容器，所以掌握必要的安全操作技能和做好安全防护是很有必要的。

1. 合理安排工作时间

合理安排工作时间，不要长时间在室内高温环境下工作。因为人的体力、耐力都是有限的，不可能一直工作在室内高温环境下。应该在工作一段时间后换班，换班的情况应根据员工的个人情况进行调整。

2. 注意安全，穿戴好规定的劳保用品

高温环境下工作的安全隐患更多一些，经常接触高温的部件，工作的时候一定要小心。在工作的时候一定要做好安全措施，戴好安全帽等防护用品。劳保鞋以及一些专业的服装，即使室内再热也不要忘记，因为安全事故无小事，这直接关系到员工的人身安全。

3. 注意饮食

注意饮食，科学饮食，但是不要想当然地改变饮食。大量的蔬菜、适当的水果以及适量的动物蛋白质和脂肪能补充体能的消耗。这是一个必须要做到的，因为高温的环境下会对身体消耗直到及时的补充。为什么说不要想当然地改变饮食，有些人会认为高温工作应该吃哪些东西好就必须吃哪些东西,其实不然,只有科学的饮食才是正确的。

4. 保持足够的睡眠

保持睡眠,有充足的睡眠,对于高温环境下的工作者很是重要。如果睡眠不足,不仅会耽误工作,还会增加安全隐患发生的几概率。

5. 饮水供应

饮水供应,这是一个十分浅显的道理,高温就会出汗,就有可能造成身体脱水,这是十分危险的。最好的方式就是在条件允许的情况下,在工作室内放置饮用水供工作者饮用。

6. 岗位配备安全防护用品

在氧化岗位,需要配备以下的安全防护用品:

(1) 石棉手套

配备石棉手套防止被高温高压的水蒸气烫伤。

(2) 烫伤膏

配备烫伤膏以备人员烫伤时使用。

(3) 防暑降温药物

如具有清凉功效的薄荷霜、薄荷香舒、人丹、饮用水等,防止人员在高温环境下中暑。

在保证人身安全的前提下,也要考虑保证产品安全。这要求操作人员必须穿戴好规定的劳保用品,做好安全措施,以保障人身和产品安全。由于工作环境差异大,每个岗位要针对自身的特点制定安全防护措施和应急措施。

第二节 试样设计

学习目标:能够根据生产情况设计表面处理中常用试样。

在生产过程中,需定期或不定期切取试样进行相关检验。对有取样计划的,需按取样计划相关要求执行;无取样计划的或不定期做试验的,应明确切取试样的相关内容:试样名称、目的、取样量、试样制作时间、试样几何形状与尺寸、检验项目与要求、试样编号与标识等。

表面处理中所用的试样的制作比其他工艺要求的要简单,但根据检验项目不同,也有一些特殊要求。

一、材质要求

试样的材料与产品的材料应相同,在特殊技术条件下,可能要求为同一炉批号,经相同的工艺参数和条件制作的。

二、切取部位

在表面处理中,经常会在产品表面产生一些痕迹,这些痕迹有可能对产品造成伤害,严重的会造成燃料棒的破损和泄漏。为了分析这些痕迹的特性,往往将有痕迹的部分切取制成试样,进行相关的检验,如腐蚀检验,以验证它是否会对产品造成伤害。

三、试样刻号

试样刻号部位应远离需检验的部位，避免刻号对试验结果产生影响，进而影响到检验的评判。

四、试样几何尺寸与形状

试样几何尺寸与形状应根据需检验的部位和产品的形状来定。如燃料棒与酸洗料架的接触部位需切取腐蚀检验试样时，应将接触部位的痕迹尽量留在中间，尺寸应可能长，这样，在刻号时，就不会影响到试样表面的痕迹。

相关的试样和检验报告要存档，存档的期限应根据各自的要求来决定。

第十二章　设备修理和清洗

学习目标：掌握表面处理中常用设备操作、修理、故障排除和清洗方法。

第一节　表面处理设备操作

学习目标：能够对表面处理中的设备进行安装、调试和联动试车。

设备调试应依据设计图纸、技术条件及有关的技术规范。在设备调试前，必须编写出经审批的设备调试方案。此方案中应明确设备调试过程中必须满足的有关技术标准的数据指标及调试步骤。在调试过程中，按规定做好调试记录。调试后，应提出设备本身和安装中存在的缺陷和问题，及时解决，保证设备完好性。

根据设备的特性和结构，我们以燃料棒氧化装置为例讲述调试和联动试车过程。

一、准备工作

氧化釜属于高压容器，工作温度也不低，釜内的清洁度要求也很高。为了保证安全和氧化釜内的清洁度，在投入使用前，对氧化釜进行打压、调试、烘炉、清洗、测试均温区等工作是很有必要的。

1. 打压试验

氧化釜的工作压力达(10.3±0.70)MPa，属压力容器。按照要求，高压容器使用前，必须对它进行打压试验，以确保它各接口的密封性能和安全性能。试验压力是正常工作压力的1.5倍，时间要求保持30 min以上，通过压力的变化来判断各密封口有无泄漏。

2. 清洗

为了保证燃料棒的氧化效果，对氧化釜必须进行清洗，保持氧化釜内的清洁度。清洗主要采取碱洗和去离子水清洗方式。对于新安装的或半年以上未使用氧化釜，应用10% NaOH水溶液，在80～100 ℃下，煮洗2 h。之后，用去离子水反复冲洗和擦洗，直到釜内无残留物，釜壁擦洗干净。对于经常使用的氧化釜，在每次使用前，用去离子水擦洗干净即可。最后测釜内去离子水的水质满足电阻率大于5 000 Ω·m，pH＝7.0±0.5。

也可以采用稀硝酸进行清洗，此方法污染大，一般不用。

同时，对于各种型号的截止阀和密封圈，在安装之前都要用丙酮或酒精擦拭干净，并用干净的绸布擦拭，直到绸布不变色，证明已擦拭干净。

3. 烘炉

对于新的氧化炉设备或炉衬大修后的氧化炉，应进行烘炉处理，以除去炉内的水分，提高炉体绝缘性能。

烘炉工艺如见表12-1。

表 12-1　烘炉工艺

烘炉温度/℃	保温温度/℃	升温保温时间/h	备　注
室温～200	200	6	打开抽风孔排出水蒸气
200～400	400	6	打开抽风孔排出水蒸气
400～600	600	6	关闭抽风孔

二、调试

对于新安装的或者出现运行不稳定的氧化装置，必须对它进行调试，使被控参数能稳定在某一定值或回复到设定值，即使其运行稳定。氧化装置一般采用带有 P（比例）、I（积分）、D（微分）等控制功能调节仪器进行自动控制。这一系列调节仪器中，起控制作用的参数主要是 P（比例）、I（积分）、D（微分），通过它们进行计算和调节，控制输出电流和电压的大小，以达到稳定的状态。比例（P）调节的特点：速度快，运算迅速，但控制的结果不可避免地存在静差。为了消除静差，引入积分控制。积分（I）控制的特点：消除了静差，但控制作用缓慢，在时间上总是落后于偏差信号的变化，不能及时控制。微分（D）控制的作用是消除滞后。

目前，工业上常用的各种模拟调节器，其基本控制作用有：位式调节器、比例调节器、比例积分调节器和比例积分微分调节器等几种。位式调节器适用于控制质量要求不高的场所，以及对象的容量系数或时间常数较大，纯滞后小，负荷变化不大也不剧烈的场所，例如恒温箱、电阻炉等的温度控制。比例调节器适用于负荷变化较小、纯滞后不太大、时间常数较大、被控时允许有静差的系统，例如气体和蒸汽总管的压力控制等。比例积分调节器适用于控制纯滞后较小、负荷变化不大、时间常数不太大、被控量不允许静差的系统，如流量、压力以及要求严格的液位控制系统。比例积分微分（PID）调节器是调节器中功能最全的一种，它是将比例、积分和微分三种作用结合起来，不仅加强了控制系统的抗干扰能力，而且系统的稳定性也显著提高，可以得到较满意的控制效果。日本生产的 SR73 调节器便是一种 PID 调节器。

当控制系统组成后，对象各通道的静态和动态特性就决定了，控制质量就主要取决于调节器参数的整定。因此，调节器参数整定的任务，就是按照已定的控制回路，适当选择调节器的比例带 P、积分时间 I 和微分时间 D，以获得满意的过渡过程，满足生产工艺所提出的质量要求。调节器参数的整定方法分两类。一类是理论计算方法，即在确知对象特性的基础上，通过理论计算求取调节器整定参数。另一类是工程整定法，就是避开对象特性的数学描述，从工程的实际出发，直接在控制系统中进行整定。此法简便，容易掌握，可以解决一些实际问题，因此应用较广。这种工程整定方法有四种：经验凑式法、临界比例带法、衰减曲线法和反应曲线法。

1. 经验凑式法

经验凑式法是首先将调节器参数放在某些经验数值上，然后将系统闭环运行，在记录仪上观察过渡过程的曲线形状。若曲线不够理想，根据调节器参数（P、I、D）对过渡过程的不同影响，按规定的顺序，将参数反复凑试，直到获得满意的过渡过程为止。调试的步骤大致是：

(1) 在 $I=\infty, D=0, P$ 值按经验给定的条件下，将系统投入运行。

(2) 按纯比例系统凑试 P 值。如观察曲线振荡频繁，须增大 P；如曲线超调量大且趋于非周期，则须减小 P。然后将此时的 P 值增大约为原来的 1.2 倍。

(3) 加入积分(I)作用。将 I 值由大到小进行整定。如曲线波动较大，应增大 P、I 值；如曲线回复时间很长，则应减小 P、I 值。

(4) 加入微分(D)作用时，将 D 值按经验值或按 $D=(1/4\sim1/3)$ 计算值，由小到大加入。如曲线超调量大而衰减慢，应增大 D 值；如曲线振荡厉害，应减小 D；同时观察曲线的形状，适当调整 P 和 I 值，一直调整到过渡过程两周期基本稳定，指标达到工艺要求为止。

2. 临界比例带法

在外界扰动作用下，自动控制系统出现一种既不衰减又不发散的等幅振荡过程，叫临界状态或临界过程。在采用临界比例带法时，会出现发散振荡，能使被控量超出工艺要求的范围，造成不应有的损失，工业上不宜采用此法。

衰减曲线法和反应曲线法过程涉及复杂的计算方法，应用不广。

3. 自整定法

随着发展，调节器的技术水平也不断提高，许多调节器本身就带的了复杂的计算功能，能进行自动整定的过程，即自整定，找出适合于本系统的 P、I、D 值。SR73 调节仪就具备了这种功能，它使调节器的自整定过程大为简化。氧化装置系统的调试过程：在 SR73 调节仪设定釜温控制参数，设定其偏差。按经验给定 P、I、D 值。装釜升温。当釜温接近设定值时，开启 SR73 调节仪的自整定状态，此时调节仪面板上的“AT”自整定灯亮，表示系统正在进行自整定过程。在接下来的几个小时内，SR73 调节仪将自动进行运算，釜温先出现较大幅度的波动，随后将逐渐减小。运算结束后，调节仪找出合适的 P、I、D 值，“AT”灯灭，自整定过程也结束了，氧化釜将逐渐稳定运行。由于氧化装置加热电阻片功率大，热惯性也大，当釜温接近设定值时，先手动调节，使炉温降到 500～550 ℃。

重新装釜，按照正常过程升温保温，验证氧化釜是否稳定运行；如果不能稳定运行，继续调试，直到氧化釜能稳定运行为止。

三、氧化釜均温区的测试

氧化釜均温区是指产品在氧化釜中所处的位置，一般在氧化釜的底部，根据产品的长短而定均温区的大小。测试均温区内温度分布的原因：一是氧化釜的釜温控制点并不在燃料棒氧化所处的位置中，即不在均温区中；二是氧化釜釜体长达数米，热风在循环过程中，通过炉壳和釜盖等部位，热量大量散失，从而使温度沿氧化釜径向和轴向存在温度梯度。这就要求我们氧化釜投入使用前，必须对均温区的轴向温度分布进行测量，并通过不断地对控制点的温度进行调整，找出合适的且满足技术要求的均温区内温度分布，确定出控制点温度值，以确保产品在规定的温度范围内进行有效的氧化。目前，还没有方法直接对氧化釜的径向温度的分布进行测量。

1. 均温区测试步骤

(1) 连接好专用测试和控制仪器仪表，根据经验先设定一釜温控制值，按正常工艺升温和保温。

将氧化釜清洗干净，并加入去离子水，封盖，安装测量等温区专用的热电偶管，接好控制釜温的热电阻和测量釜温分布的专用细长热电阻，并使两根热电阻都处在釜温控制点。控制热电阻与釜温调节器(SR73)连接，测量热电阻与普通显示表连接。

(2) 进行测试。

使氧化釜在先设定的釜温控制值下保温，并控制压力为 10.3±0.7 MPa。从上往下移动测量等温区专用的细长热电阻，共测六点的温度；然后从下往上再测，共测六点的温度。这样反复测量几次，并计算出同一点的平均温度值。

(3) 确定釜温控制值。

如果均温区温度分布不能满足技术条件要求，再调整控制温度，保温后再次测量均温区内温度分布，直到均温区内的温度分布满足技术条件的要求为止。将此状态下的釜温控制值就定为其最终的控制值，不得随意改动，以免造成均温区内的温度超出技术要求的限值。

2. 注意事项

在移动热电阻的过程中，操作必须小心，一次移动的距离要尽可能小。因为测量热电阻不同部位的温度不同，移动过快，对控制热电阻产生影响，使釜温调节器得到不稳定的釜温信号，从而使氧化釜热平衡变得不稳定，测量出的等温区温度分布也不准确。在读取测量热电阻的温度时要注意，等到控制釜温调节器和显示表的温度都稳定才可以读取数据。如果二者未达到稳定，读出的数据并不是那一点的真实温度数据。

第二节　设备修理基本要求

学习目标：掌握设备的修理目的、要求、方法、分类。

一、设备修理目的

工程机械的修理和保养必须贯彻“养修并重、预防为主”的方针，严格遵守机械的保养规程和检修制度，做到定期保养、计划修理，使机械经常处于良好的技术状态。

二、设备修理的要求

1. 对机械保管单位和有关部门的要求

为了贯彻“养修并重、预防为主”的方针，要求机械保管单位和有关部门切实做好以下工作：

(1) 建立和健全机械管理制度，特别是以岗位责任制为中心的使用负责制和各项统计报表制度，如运转日志，交接班记录，事故报告，保养记录等，及时掌握机械的实际状态，以便制订保养、修理计划。

(2) 加强定期保养和做到对号入座是指保养周期、保养作业范围和机械本身对号，做到班包机组，定位分工，漏报不漏修，一包到底，三检一交等。

(3) 加强例行保养，认真对机械进行清洁、扭紧、调整、润滑、防腐等作业。

(4) 加强机械使用的计划性。经批准或按规定列入计划修理的机械，在未经技术鉴定和未确定机械正常技术状态的情况下,不得因为使用或调配不当而延期修理,带病运转。

2. 对承修单位的要求

为了提高修理质量,缩短停产维修时间,降低修理成本,要求承修单位加强全面管理,做好下列工作:

1) 加强工艺管理

承修单位应根据条件制定合理和先进的修理工艺,积极做好旧件修复工作。在保证质量的前提下,应努力设法降低修理成本。逐步实现专业修理,以加快修理进度,并保证修理质量。有条件的专业修理厂,应积极推行总成互换修理法以缩短停产维修时间。总成是指成套零件。

2) 加强质量检查

严格执行进厂、工序、出厂三级检验制度。特别是工序的检验,应实行专职人员和群众性自检、互检相结合。以自检为主,人人把关,做到不合格的材料和配件不使用,不合格的总成不装配,不合格的机械不出厂。

3) 降低成本

承修单位要贯彻执行经济核算制度,实行工时定额,材料和配件消耗限额;进厂修理的机械,根据解体检查施修项目,编制材料、配料预算,严格控制用料;大力开展和推广"焊、补、镀、喷、铆、镶、配、胀、缩、铰、粘、改"十二字诀修旧方法,修旧利废。

4) 加强技术资料管理

机械修理竣工后,承修单位应负责将修理情况、主要部件更换情况、修理尺寸、规格等详细记入履历簿内;有关图纸、试验报告、验收记录等技术资料均应附入,作为以后各次保养、修理的依据。

三、设备修理分类

按修理性质分维修、大修、特修三种形式。

1. 维修

维修指一般零星修理,通常无预订计划,根据机况临时确定单一部件的更换或修理,维修有时可与定期保养结合进行。

2. 大修

大修是全面恢复机况的修理。机械虽经定期保养,但由于运转中的正常磨损,材料的使用寿命限制等情况,在运转一定时期后,各主要总成均已逐步超限,靠定期保养及维修已无法保持机况时,则需进行大修。大修时应全部解体、清洗、检查、修理可修复的零件或更换损坏的零件,以达到恢复机况。

3. 特修

特修是指正常大修以外的事故维修或死机复活修理。修复的技术标准应符合大修技术标准,修理的具体内容根据送修时的实际情况确定。

第三节　设备故障排除

学习目标:掌握设备故障处理的程序,能排除常见设备机械故障。

设备不适当的操作使用、运行维护会引发设备故障、事故和人员伤害，为恢复设备的精度和功能，采取更换或修复失效的零件设备检修方式。设备检修方式包括预防修理方式(计划检修)和事后修理方式(故障修理)。本节对设备故障修理相关知识进行讲述。

一、设备故障修理的管理

1. 准备工作

(1) 所有的设备检修工作落实责任人，即主修人员，主修人员应具有维修人员上岗操作合格证和国家规定的相应专业作业证等相关资格证书。检修前，拟定修理方案，准备所需工具、零配件以及需配备的人员等。

(2) 停电、停气。

(3) 动火申请。由于行业的特殊性，如在防火区内作业须动火(如气焊、电焊等)，须采取防护措施并向相关安全单位提出申请，经审查批准后方可作业。

(4) 去污清洗。若在放射性、有毒有害物质的生产、储存、输送设备和管道上实施修理作业，须将这些物质排放干净，并进行去污清洗处理，达到有关标准后，才能组织修理。

(5) 有安全防护、防火、保卫监控等其他要求的，应遵照执行。

2. 检修过程

(1) 检修设备必须挂上“检修设备”标示牌。

(2) 断电。检修设备需拉下设备的动力电源，并在闸刀上挂上“设备检修，禁止合闸”的警示牌，并有切实可行的防止他人误操作合闸行为的有效措施。

(3) 断气(汽)。检修设备应关闭管道阀门，切断进入设备的气源(含氢气、压空、蒸汽、天然气等)。并在该阀门上挂上“设备检修，禁止开启阀门”的警示牌。并有切实可行的防止他人误操作开启阀门行为的有效措施。

(4) 进行“置换”或“中和”反应。若要在氢气等有毒有害、易燃易爆气体条件下及酸、碱容器内部进行修理施工作业，在排去上述物质，去污清洗后，还要进行“置换”或“中和”反应，经检验确认残留物质确实在相关标准范围内时，并经安防环保部专业人员检查认可后，才能开展修理施工作业。

(5) 检修过程中拆解的零、部件和元器件，修换件，修理材料，工器具，量检具等要按照“定置管理”要求将它们放置在专用器具中并整齐、有序摆放。要保持检修场地的清洁，做到文明检修。

(6) 检修过程中必须采取有效措施对检修人员的安全进行保护。

(7) 检修中使用的材料、更换的零部件应有合法的领用手续，以保证其质量的可追踪性，应急抢修使用的应随后补办手续。

(8) 检修作业不得对设备造成破坏，不应损害设备的功能和精度。如因修复困难而造成精度下降或部分功能改变的，应事先报告并记录。

(9) 检修完成后必须仔细检查检修过程中拆解的零、部件和元器件，修换件，修理材料，工器具，量检具等。不允许漏装、错装、遗留在设备内或现场。

(10) 检修工作应包括相应部位的定期维护保养内容，如：紧固松动部位、检查调整配合间隙、注油润滑、调整电器装置及检查电器接线及安全附件等。

(11) 检修完成后应将场地打扫干净。做到"活完、料净、场地清",撤除设备、电源开关、气源阀门等上的警示牌,恢复设备为可运行状态。检修产生的废弃物不得随意丢弃,应按相关安防环保的规定处理和存放。

3. 对特种设备的补充规定

计量仪器仪表、起重运输机械、压力容器等特种设备除执行本制度外,应按照国家有关部门的规定进行使用、预防性试验和管理,应按照各专业管理部门规定进行维护保养并按规定的校检期进行校验和检定。

二、设备故障分析

在故障管理工作中,不但要对每一项具体的设备故障进行分析,查明发生的原因和机理,采取预防措施,防止故障重复出现。同时,还必须对设备的故障基本状况、主要问题、发展趋势等有全面的了解,找出管理中的薄弱环节,采取针对性措施,预防或减少故障,改善设备技术状态。因此,对故障的统计分析是故障管理中必不可少的内容,是制定管理目标的主要依据。

1. 故障信息数据收集与统计

(1) 故障信息数据收集的主要内容

1) 故障对象的有关数据系统、设备的种类、编号、生产厂家、使用经历等。

2) 故障识别数据有故障类型、故障现场的形态表述、故障时间等。

3) 故障鉴定数据有故障现象、故障原因、测试数据等。

4) 有关故障设备的历史资料。

(2) 故障信息的来源

1) 故障现场调查资料。

2) 故障专题分析报告。

3) 故障修理单。

4) 设备使用情况报告(运行日志)。

5) 定期检查记录。

6) 状态监测和故障诊断记录。

7) 产品说明书,出厂检验、试验数据。

8) 设备安装、调试记录。

9) 修理检验记录。

(3) 收集故障数据资料的注意事项

1) 按规定的程序和方法收集数据。

2) 对故障要有具体的判断标准。

3) 各种时间要素的定义要准确,计算各种有关费用的方法和标准要统一。

4) 数据必须准确、真实、可靠、完整,要对记录人员进行教育、培训,健全责任制。

5) 收集信息要及时。

(4) 做好设备故障的原始记录

1) 跟班维修人员做好检修记录,要详细记录设备故障的全过程,如故障部位、停机时间、处理情况、产生的原因等，对一些不能立即处理的设备隐患也要详细记载。

2）操作工人要做好设备点检（日常的定期预防性检查）记录，每班按点检要求对设备做逐点检查、逐项记录，对点检中发现的设备隐患，除按规定要求进行处理外，对隐患处理情况也要按要求认真填写，以上检修记录和点检记录定期汇集整理后，上交企业设备管理部门。

3）填好设备故障修理单，当有关技术人员会同维修人员对设备故障进行分析处理后，要把详细情况填入故障修理单，故障修理单是故障管理中的主要信息源。

2. 故障分析内容

（1）故障原因分类

开展故障原因分析时，对故障原因种类的划分应有统一的原则。因此，首先应将本企业的故障原因种类规范化，明确每种故障所包含的内容。划分故障原因种类时，要结合本企业拥有的设备种类和故障管理的实际需要。其准则应是根据划分的故障原因种类，容易看出每种故障的主要原因或存在的问题。当设备发生故障后进行鉴定时，要按同一规定确定故障的原因（种类）。当每种故障所包含的内容已有明确规定时，便不难根据故障原因的统计资料发现本企业产生设备故障的主要原因或问题。表12-2为某厂故障原因的分类。

表12-2　故障原因分类

序号	原因类别	主要内容
1	设计问题	原设计结构、尺寸、配合、材料选择不合理等
2	制造问题	原制造的机加工、铸锻、热处理、装配、标准元器件等存在问题
3	安装问题	基础、垫铁、地脚螺栓、水平度、防振等问题
4	操作保养不良	不清洁，调整不当，未及时清洗换油，操作不当等
5	超负荷，使用不合理	加工件超重，设备超负荷等
6	润滑不良	不及时润滑，油质不合格，油量不足或超量，油的牌号种类错误。加油点堵塞，自动润滑系统工作不正常等
7	修理质量问题	修理、调整、装配不合格，备件、配件不合格，局部改进不合理等
8	自然磨损老化	正常磨损，老化等
9	自然灾害	由雷击、洪水、暴雨、塌方、地震等引起的故障
10	操作者马虎大意	由于操作者工作时精神不集中引起的故障
11	操作者技术不熟练	一般指刚开始操作一种新设备，或工人的技术等级偏低
12	违章操作	有意不按规章操作
13	原因不明	

（2）典型故障分析

在原因分类分析时，由于各种原因造成的故障后果不同，所以，通过这种分析方法来改善管理与提高经济性的效果并不明显。

典型故障分析则从故障造成的后果出发，抓住影响经济效果的主要因素进行分析，并采取针对性的措施，有重点地改进管理，以求取得较好的经济效果。这样不断循环，效果就更显著。

影响经济性的三个主要因素是：故障频率、故障停机时间和修理费用。故障频率是指某一系统或单台设备在统计期内(如一年)发生故障的次数;故障停机时间是指每次故障发生后系统或单机停止生产运行的时间(如小时)。以上两个因素都直接影响产品输出,降低经济效益。修理费用是指修复故障的直接费用损失,包括工时费和材料费。

典型故障分析就是将一个时期内企业所发生的故障情况,根据上述三个因素的记录数据进行排列,提出三组最高数据,每一组的数量可以根据企业的管理力量和发生故障的实际情况来定,如定 10 个数,则分别将三个因素中最高的 10 个数据的原始凭证提取出来,根据记录的情况进一步分析和提出改进措施。

(3) 故障分析法

故障树分析(Fault Tree Analysis,FTA)是一种演绎推理法,这种方法把系统可能发生的某种故障与导致故障发生的各种原因之间的逻辑关系用一种称为故障树的树形图表示,通过对故障树的定性与定量分析,找出故障发生的主要原因,为确定安全对策提供可靠依据,以达到预测与预防故障发生的目的。

1) 故障树分析特点

① 故障树分析是一种图形演绎方法,是故障事件在一定条件下的逻辑推理方法。它可以围绕某特定的故障作层层深入的分析,因而在清晰的故障树图形下,表达了系统内各事件间的内在联系,并指出单元故障与系统故障之间的逻辑关系,便于找出系统的薄弱环节。

② 故障树分析具有很大的灵活性。故障树分析法可以分析由单一构件故障所诱发的系统故障,还可以分析两个以上构件同时发生故障时所导致的系统故障。可以用于分析设备、系统中零部件故障的影响,也可以考虑维修、环境因素、人为操作或决策失误的影响,即不仅可反映系统内部单元与系统的故障关系,也能反映出系统外部因素所可能造成的后果。

③ 进行故障树分析的过程,是一个对系统更深入认识的过程。它要求分析人员把握系统内各要素间的内在联系,弄清各种潜在因素对故障发生影响的途径和程度,因而许多问题在分析的过程中就被发现和解决了,从而提高了系统的可靠性。

④ 利用故障树模型可以定量计算复杂系统发生故障的概率,为改善和评价系统安全性提供了定量依据。

故障树分析的不足之处主要是:FTA 需要花费大量的人力、物力和时间;FTA 的难度较大,建树过程复杂,需要经验丰富的技术人员参加,即使这样也难免发生遗漏和错误;FTA 只考虑(0,1)状态的事件,而大部分系统存在局部正常、局部故障的状态,因而建立数学模型时,会产生较大误差;FTA 虽然可以考虑人的因素,但人的失误很难量化。

2) 故障树分析过程

故障树分析是根据系统可能发生的故障或已经发生的故障所提供的信息,去寻找同故障发生有关的原因,从而采取有效的防范措施,防止故障发生。这种分析方法一般可按下述步骤进行。

① 准备阶段

Ⅰ. 确定所要分析的系统。在分析过程中,合理地处理好所要分析系统与外界环境及其边界条件,确定所要分析系统的范围,明确影响系统安全的主要因素。

Ⅱ. 熟悉系统。这是故障树分析的基础和依据。对于已经确定的系统进行深入的调查研究,收集系统的有关资料与数据,包括系统的结构、性能、工艺流程、运行条件、故障类型、维修情况、环境因素等。

Ⅲ．调查系统发生的故障。收集、调查所分析系统曾经发生过的故障和将来有可能发生的故障，同时还要收集、调查本单位与外单位、国内与国外同类系统曾发生的所有故障。

② 故障树的编制

Ⅰ．确定故障树的顶事件。确定顶事件是指确定所要分析的对象事件。根据故障调查报告分析其损失大小和故障频率，选择易于发生且后果严重的故障作为故障的顶事件。

Ⅱ．调查与顶事件有关的所有原因事件。从人、机、环境和信息等方面调查与故障树顶事件有关的所有故障原因，确定故障原因并进行影响分析。

Ⅲ．编制故障树。把故障树顶事件与引起顶事件的原因事件，采用一些规定的符号，按照一定的逻辑关系，绘制反映因果关系的树形图。

③ 故障树定性分析

故障树定性分析主要是按故障树结构，求取故障树的最小割集或最小径集，以及基本事件的结构重要度，根据定性分析的结果，确定预防故障的安全保障措施。

④ 故障树定量分析

故障树定量分析主要是根据引起故障发生的各基本事件的发生概率，计算故障树顶事件发生的概率；计算各基本事件的概率重要度和关键重要度。根据定量分析的结果以及故障发生以后可能造成的危害，对系统进行分析，以确定故障管理的重点。

3）故障树分析的结果总结与应用

必须及时对故障树分析的结果进行评价、总结，提出改进建议，整理、储存故障树定性和定量分析的全部资料与数据，并注重综合利用各种故障分析的资料，提出预防故障与消除故障的对策。

目前已经开发了多种功能的软件包进行FTA的定性与定量分析，如美国的SETS和德国的RISA，有些FTA软件已经通用和商品化。

正确建造故障树是故障树分析法的关键，因为故障树的完善与否将直接影响到故障树定性分析和定量计算结果的准确性。

第四节　设备清洗

学习目标：设备清洗的基本原则、各种清洗方法适用范围和过程。

一、设备清洗的基本原则

设备清洗是机械修理中的一个重要环节，清洗质量对机械的修理质量影响很大，不同的清洗方法还伴随着其他影响。然而，一切设备的清洗方法，都必须充分考虑下述几项基本要求。

1．保证满足对零件清洁程度的要求

在修理中，各种不同的机件，对清洁的要求程度是不相同的。在装配中，配合件的清洁要求高于非配合件，动配合件高于静配合件，精密配合件高于非精密配合件；对于喷、镀、黏接的工件表面，其清洁要求都是很高的。清洗时必须根据不同的要求、采取不同的清洗剂和清洗方法，保证所要求的清洗质量。

2. 防止零件的腐蚀

对精密零件不允许有任何程度的腐蚀。当零件清洗后需停放一段时间时,应考虑清洗液的防锈能力或考虑其他防锈措施。

3. 确保安全

在清洗操作过程中,要注意安全,防止引起火灾或毒害人体以及造成对环境的污染。

4. 讲求经济效益

在保证上述条件的情况下,应从提高工效、降低原材料成本、降低设备造价等多方面来全面考虑经济效果。但这种考虑要从工厂规模、生产任务和客观条件出发。

二、设备清洗方法

设备的清洗方法有碱洗、电化学清洗、三氯乙烯清洗、超声波清洗和合成金属洗涤剂清洗等,但不限于上述方法。

1. 碱液清洗法

碱溶液清洗主要用于一般零件的除油,由于碱对金属有一定的腐蚀作用,一般不用于高精密零件的清洗。

碱溶液对动植物油类有良好的皂化作用。当加入适当的乳化剂并进行加热后,对不能皂化的矿物油脂也有良好的去除作用,且因成本低廉,因此广泛用于修理企业中。碱洗中常用的乳化剂有肥皂、硅酸钠及合成洗乳化剂等。

对于较易腐蚀的有色金属,一般不用强碱而用较易水解的碱性盐类如碳酸钠、磷酸钠或者在溶液中加入少量重铬酸盐作为稀释剂。

2. 电化学清洗法

电化学清洗是在碱溶液电解槽中进行的,即将零件作为电极进行通电处理。由于通电时在电极表面(即工件表面)的电解反应和电场力的作用,能使一部分带电颗粒离开工件,同时电解析出的气体对油膜和锈层有撕裂和剥离作用,从而可以提高清洗速度和清洗效果。

根据零件所接电源的极性不同可以分为阳极清洗和阴极清洗。从产生气体的撕裂和剥离作用来看,当忽略溶质及油污等物质的反应时,阴极析出的气体量是阳极的两倍,因此阴极清洗的速度较快。但阴极析出的氢气容易进入工件表层而产生氢脆现象。阳极清洗时,工件表面析出的是氧气,无氢脆影响,且阳极清洗伴随有阳极的溶解,因而清洗质量高,但要防止金属被过度溶解,因而不适用于活泼金属。为了取其各自的所长,可先进行阴极清洗,最后进行很短时间的阳极处理,这样,既不致使工件腐蚀,又无氢脆影响,而且可以有良好的清洗质量。

电化学清洗可采用一般碱洗溶液,电流密度一般不超过 $10\ A/dm^2$。

3. 三氯乙烯清洗法

三氯乙烯清洗具有效率高、清洗效果好、操作简便、成本低、对金属无腐蚀等优点。

三氯乙烯多采用气相清洗方法。因三氯乙烯沸点低(86.9 ℃),故将其放在将加热设备的密闭容器底部。清洗时,将工件送到清洗容器的托架上,三氯乙烯被加热而上升的蒸气与温度较低的工件相遇便立即凝结而将工件表面上的油污不断溶解和冲洗。直到工件表面达到三氯乙烯的沸点温度时,蒸气停止在工件表面上凝结,清洗作用即行停止了,工件上仅残存一层干燥的浮尘，很容易用压缩空气或毛刷除去。用三氯乙烯清洗时，温度一般控制在87～92 ℃。

三氯乙烯对人体有毒害作用，要求有良好的三氯乙烯蒸气回收系统和通风装置，以防止损害清洗工作人员的身体和污染周围环境。

三氯乙烯清洗设备如图12-1。

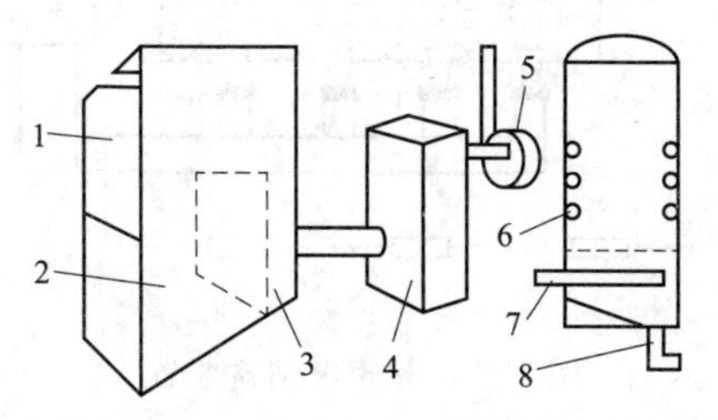

图 12-1　三氯乙烯清洗设备示意图

1—进出料口；2—清洗空间；3—抽气空间；4—过滤器；5—抽风机；6—冷却水管；7—电加热器；8—排污管

三氯乙烯在光、热、氧和水的作用下，易分解成光气和盐酸。光气有剧毒，盐酸会腐蚀设备，故需添加稳定剂。常用的稳定剂为有机物，但成本较高，采用中药赤芍也可收到较好的稳定效果。在使用和保管中防止与明火接近，并注意防潮。为防止清洗容器内壁被腐蚀，对普通碳钢的清洗其内壁可涂以无机膏锌漆。当发现已分解出盐酸时，可利用三氯乙烯不溶于水的特点用水洗法将其分离。

4. *超声波清洗法*

超声波清洗是在清洗液中引入超声振动，此振动在清洗液中传播，产生超声空化效应。当超声振动的频率和强度达到某一合适程度时，即不断形成足够数量的空腔，然后又不断闭合，反复进行。当在工件表面形成空腔时，对工件的油污有很大的剥离作用。当在工作表面的空腔闭合时，可形成强大的冲击力以冲刷油污，从而达到消洗效果。

超声被清洗适用于除去内孔和形状复杂工件的油污，频率为300 kHz的高频率的超声波能更有效地用于深孔、凹槽的清洗。但频率过高会出现空化腐蚀的不良后果，应予以注意。

超声波清洗多采用水性清洗液，在频率为20 kHz时，要求声强大于0.3 W/cm^2。声强增大，空化效率提高，但达到一定值则饱和。

超声波清洗装置如图12-2。基本组成部分是清洗槽、换能器和超声波发生器。

清洗槽除了要考虑到清洗工件的尺寸外，还须考虑槽内声场均匀、透声性好和耐空化性、耐腐蚀性。槽内声场均匀主要取决于匹配板的设计，要求换能器分布均匀、性能相同。要满足透声性和耐腐蚀性的要求，多选用不锈钢作清洗槽，并且要使槽壁尽可能薄；清洗中，小工件的小槽壁厚一般为1～2 mm，大槽为3～4 mm。槽底要光滑平整，槽壁进出管接头连接要紧固，避免产生再生噪音。

换能器已有系列产品。在检修或调换时应注意各换能器的固有频率一致，差值应在±0.1% 的范围内。外阻抗的大小亦应接近，使各换能器的负荷均匀。

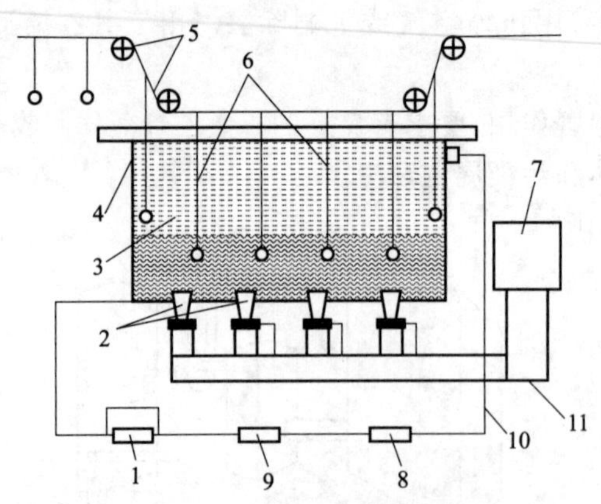

图 12-2　超声波清洗装置

1—加热器;2—换能器;3—空化清洗液;4—清洗槽;5—工件传送装置;6—吊具及工件;7—超声波发生器;8—泵;9—过滤器;10—管道;11—传导线路

5. 合成金属洗涤剂清洗法

合成金属洗涤剂由于所含表面活性剂能降低水与油界面的表面张力,产生湿润、渗透、乳化、分散等多种作用,从而达到去除油脂和水溶性污物的效果。

合成金属洗涤剂具有溶液配制简便、稳定耐用、无毒、无腐蚀、无公害、不燃烧、不爆炸、成本较低等优点,有些洗涤剂还具有一定的中间防锈能力,很适合在修理中应用。

三、设备中积碳的清除

积碳的存在使导热能力降低,引起设备过热和其他不良后果。因此在保养和大修中,必须彻底清除。

清除积碳可以用手工刮除,但这种方法效率低、易损坏零件表面。较好的方法是化学清除。化学除碳用的除碳剂可分有机和无机两大类。无机除碳剂基本上与碱洗溶液一致,事实上,碱洗的过程也是除碳的过程、不过专用于除碳的碱溶液在含量上不同,而时间比碱洗要长。有机除碳剂适用于精密件除碳,对钢铁和铝均无腐蚀作用,唯铜质零件要避免氨水。除碳方式多采用浸泡,一般在 80～95 ℃的温度下浸泡 2～3 h。还可用电化学方法除碳,将工件浸于碱液中并接阴极。也可以采用超声波除碳。后两者可以大大提高除碳速度。

四、设备中水垢的清除

设备冷却系统中的水垢主要是由难溶性的碳酸盐和硫酸盐组成的,由于它的导热能力很低,它的存在会使冷却系统散热不良,由此出现过热而使工作条件恶化。

消除水垢的方法以酸溶液清洗效果较好,但酸溶液只对碳酸盐起作用,当存在大量硫酸盐水垢时,可首先用碳酸钠对冷却系统进行一次处理,使硫酸盐水垢转变为碳酸盐水垢,然后用酸溶液除去。

使用浓度为 5%～10%的盐酸,温度在 60～80 ℃的范围内除垢,可以得到满意的效果,且对铸铁缸体和黄铜的散热器基本上无腐蚀作用。对于非铅质气缸盖,除垢时可直接将酸溶液注入冷却系中,然后低速运转 20～40 min,即可将水垢全部除去。

对铅质气缸盖推荐两种清除水垢的溶液：

(1) 每升水中加入硅酸钠 15 g、液态肥皂 2 g。

(2) 每升水中加入 75～100 g 石油磺酸。

配方一需运转 1 h，第二个配方则需运转 8～10 h。

第十三章　燃料棒制造工艺

学习目标:掌握 17×17 型燃料棒和 15×15 型燃料棒制造工艺。

按产品特性、复杂性,燃料组件生产线可分为芯块生产线、燃料棒生产线、组件总装生产线、零部件生产线等。对于生产线的操作人员,要尽可能的全面了解整个生产工艺流程,这样,才能针对生产中出现的质量问题,找出产生这些质量问题的根本原因,并及时、准确地找到解决办法。下面我们以 17×17 型和 15×15 型燃料棒生产线为例进行讲述。

第一节　17×17 型燃料棒制造工艺流程

学习目标:掌握 17×17 型燃料棒制造工艺。

本节主要围绕 AFA3G 17×17 燃料组件的燃料棒制造工艺(见表 13-1)进行讲述。

表 13-1　AFA3G 17×17 型燃料棒的制造工艺流程

<table>
<tr><th rowspan="2">序号</th><th rowspan="2" colspan="2">工序</th><th rowspan="2">抽检方案</th><th colspan="3">检验与试验单位</th></tr>
<tr><th>自检</th><th>专检</th><th>理化检验</th></tr>
<tr><td>1</td><td colspan="2">零部件炉批号跟踪和转移</td><td>100%</td><td>■</td><td></td><td></td></tr>
<tr><td>2</td><td colspan="2">零部件清洗</td><td>100%</td><td>■</td><td></td><td></td></tr>
<tr><td rowspan="2">3</td><td colspan="2">包壳管的清洗与标识(采用热缩条码跟踪时)</td><td>100%</td><td>■</td><td></td><td></td></tr>
<tr><td colspan="2">包壳管的清洗与识别(采用激光条码识读跟踪方式时)</td><td>100%</td><td>■</td><td></td><td></td></tr>
<tr><td>4</td><td colspan="2">压下端塞</td><td>每班检查压塞力</td><td>■</td><td></td><td></td></tr>
<tr><td rowspan="6">5</td><td rowspan="6">下端塞焊接</td><td>金相试样焊接</td><td rowspan="2">每焊室、每天各 1 支</td><td rowspan="2">■</td><td rowspan="2">■</td><td rowspan="2">■</td></tr>
<tr><td>腐蚀试样焊接</td></tr>
<tr><td>存档试样焊接</td><td>每焊室、每星期 1 支</td><td>■</td><td>■</td><td></td></tr>
<tr><td>TIG 焊接</td><td>每班检查焊接参数</td><td>■</td><td></td><td></td></tr>
<tr><td>电子束焊接</td><td>每炉检查焊接参数</td><td>■</td><td></td><td></td></tr>
<tr><td>6</td><td colspan="2">下端环焊缝的 X 光检查与评片</td><td>100%</td><td></td><td>■</td><td></td></tr>
<tr><td>7</td><td colspan="2">(如果需要)有缺陷的 TSBI 下端塞切头返修(转工序 20)</td><td>100%</td><td>■</td><td></td><td></td></tr>
<tr><td>8</td><td colspan="2">下端环焊缝外观、尺寸检查</td><td>100%</td><td></td><td>■</td><td></td></tr>
<tr><td>9</td><td colspan="2">(如果需要)有缺陷的 TSBI 下端塞切头返修(转工序 20)</td><td>100%</td><td>■</td><td></td><td></td></tr>
</table>

续表

序号	工序		抽检方案	检验与试验单位		
				自检	专检	理化检验
10	UO_2芯块烘干		100%	■		
	UO_2芯块总氢含量检查		质保要求			■
	TSBI 准备		100%	■		
	装填 UO_2芯块		100%	■		
	空腔长度的测量与调整		100%	■		
	清洗管口,装弹簧		100%	■		
11	压上端塞		每班检查压塞力	■		
12	上端塞焊接	金相试样焊接	每焊室、每天各 1 支	■	■	■
		腐蚀试样焊接				
		测长试样	每焊室、每天 1 支	■		
		晶粒边界分离试样	每焊室、每月 1 支	■	■	■
		存档试样焊接	每焊室、每星期 1 支	■	■	
		TIG 焊接	每班检查焊接参数	■		
		电子束焊接	每炉检查焊接参数	■		
13	充氦及密封点焊	金相试样焊接	每焊室、每天各 1 支	■	■	■
		腐蚀试样焊接				
		存档试样焊接	每焊室、每星期 1 支	■	■	
		焊接	每班检查焊接参数	■		
14	上端环焊缝和密封焊点的 X 光检查与评片		100%		■	
15	(如果需要)密封焊点、上环缝有缺陷棒的上端塞切头返修(转工序 100)		100%	■		
16	燃料棒芯块间隙和空腔长度检查		100%		■	
17	富集度检查		100%		■	
18	燃料棒直线度、长度、外观和焊缝外观、尺寸检查		100%		■	
19	(如果需要)有缺陷棒的返修切管	下端塞返修(转工序 20)	100%	■		
		上端塞返修(转工序 100)	100%	■		
20	燃料棒倒出芯块并重新装管,重新进行检验(转序号 100),必要时切除下端塞		100%	■	■	
21	燃料棒半组称重		100%	■		
22	氦检漏		100%		■	
23	燃料棒半组入库、贮存		100%	■		
24	燃料棒的搬运和贮存		100%	■		

续表

序号	工序	抽检方案	检验与试验单位		
			自检	专检	理化检验
	可选操作				
25	空腔和芯块柱长的X光检查与评判				
26	压氦				

第二节　15×15型燃料棒制造工艺流程

学习目标：掌握15×15型燃料棒制造工艺。

本节主要围绕300 MW燃料组件的15×15型燃料棒制造工艺进行讲述(见表13-2)。

表13-2　300 MW 15×15型燃料组件的燃料棒制造工艺流程

序号	工序名称		抽样频率	检验与试验单位		
				自检	专检	理化检验
1	下端塞打富集度代号		100%	■		
2	零部件清洗、烘干		100%或取样	■		
3	包壳管的清洗与标识		100%	■		
4	压下端塞		每班一次	■		
5	下端塞焊接	金相试样焊接 水腐蚀试样焊接	每焊接部位、每焊室、每天各1支	■	■	■
		存档试样焊接	每焊接部位、每焊室、每星期1支	■	■	
		TIG焊接	每班一次	■		
6	下端环焊缝外观、尺寸检查		100%	■	■	
7	下端环焊缝的X光检查与评片		100%		■	
8	(如果需要)有缺陷的TSBI下端塞切头返修(转工序40)		100%	■		
9	UO_2芯块烘干		100%	■		
	UO_2芯块取样分析		质保要求	■		■
	隔热块、弹簧烘干		100%	■		
	装填隔热块		100%	■		
	UO_2芯块装填、空腔长度的测量与调整		100%	■		
	选配隔热块、清洗管口，装弹簧		100%	■		
	压上端塞		每班一次	■		

续表

序号	工序名称		抽样频率	检验与试验单位		
				自检	专检	理化检验
10	上端塞焊接	金相试样焊接	每焊接部位、每焊室、每天各1支	■	■	■
		水腐蚀试样焊接				
		存档试样焊接	每焊接部位、每焊室、每星期1支	■	■	
		TIG焊接	每班一次	■		
11	充氦及密封点焊		100%	■		
12	上端环焊缝和密封焊点的X光检查与评片		100%		■	
13	(如果需要)密封焊点、上环缝有缺陷棒的上端塞切头返修(转工序90)		100%	■		
14	燃料棒芯块间隙和空腔长度检查		100%		■	
15	富集度检查		100%		■	
16	燃料棒直线度、外观和焊缝外观、尺寸检查		100%	■	■	
	燃料棒外径		10%		■	
	燃料棒长度		100%		■	
	上、下端部夹持区域圆度检查		连续生产开始至少25支		■	
17	(如果需要)有缺陷棒的返修切管	下端塞返修(转工序40)	100%	■		
		上端塞返修(转工序90)	100%	■		
18	燃料棒倒出芯块并重新装管,重新进行检验(转序号90),必要时切除下端塞		100%	■	■	
19	(如果需要)焊缝打磨		100%	■		
20	焊缝打磨后的燃料棒检查		100%	■	■	
21	燃料棒半组称重		100%	■		
22	氦检漏		100%		■	
23	燃料棒半组入库、贮存		100%	■		
24	燃料棒的搬运和贮存		100%	■		
可选操作						
25	空腔和芯块柱长的X光检查与评判				■	
26	压氦				■	

第四部分　核燃料元件生产工技师技能

第十四章　质量分析与控制方法

学习目标：掌握常用质量分析与控制方法。

第一节　质量控制

学习目标：理解质量控制理论要点。

质量控制是指为达到质量要求所采取的作业技术和活动。

一、理解要点

1. 质量控制是为了实现产品或服务所规定的质量要求

质量控制是为了实现产品或服务所规定的质量要求：定性或定量的规范、标准等，而进行的作业技术和活动。

2. 作业技术和活动与其他环节构成的管理过程

作业技术和活动是同特定的质量要求、具体的控制技术或方法、检测、记录结果、分析差异以及采取措施调整等环节所构成的管理过程。

3. 质量控制贯穿于质量环的所有环节

质量控制不局限于制造过程，而是贯穿于质量环的所有环节。实施中只有具体过程的质量控制，所以应加以限定。

4. 质量控制的基本目的是预防

通过控制因素达到控制结果的目的，以实现经济效益。如果说质量检验对产品质量的保证着眼于事后把关的话，那么质量控制立足于事前的预防。

二、质量控制理论特点

从 20 世纪二三十年代到现在，质量控制理论已发展得比较成熟，从理论到实施途径都比较完备和系统化。

1. 质量控制理论的基本出发点就是产品质量的统计观点

在大量生产的条件下，产品质量的波动或变异是客观存在的。合格的产品质量是指产品质量波动被限定在既定的标准或规格允许的范围内。造成产品质量波动的原因是因为构成工序的操作人员、设备、原材料、操作方法、环境、测量（简称人、机、料、法、环、测）等几方面质量因素存在波动的结果。可消除异常因素造成产品质量的异常波动，不可消除偶然因素造成的产品质量的正常波动。统计理论表明，产品质量的正常波动可以用统计分布来描述。

2. 对产品质量的控制是通过控制工序质量来实现的

工序质量孕育产品质量，产品质量是工序质量的反映。对工序质量的评价主要有以下两个方面：

(1) 工序是否稳定，所谓稳定就是工序中不存在异常因素。

(2) 工序能力是否充分，即工序所加工的产品质量波动是否被限定在规格或标准之内。

3. 工序质量控制的实施工具

工序质量控制的实施主要是借助于控制图以及工序标准化活动来实现的。

4. 质量控制理论是不断发展变化的

质量控制理论面临着新挑战，同时也存在着新的机遇。

第二节　工序控制与评价

学习目标：掌握常用工序控制与评价方法，能够计算工序能力指数，评价工序能力。

工序是指一个（或一组）工人在一个工作地上（如一台机床或一个装配位置等）对一个（或若干个）劳动对象连续完成和各项生产活动的总和；也可以说，工序是产品在生产过程中质量特性发生变化的加工单位，是质量因素人、机、料、法、环、测对产品质量综合起作用的过程。工序可分为非流水连续式的单工序和流水连续式的工序。

一、工序能力与工序能力指数

1. 工序能力

工序能力是指工序的加工质量满足技术标准的能力。它是衡量工序加工内在一致性的标准。工序能力决定于质量因素而与公差无关。注意，工序能力指加工质量方面的能力，而生产能力侧重于指加工数量方面的能力。

工序能力的度量单位是质量特性值分布的标准差，记以 σ，通常用 6 倍标准差，即 6σ 表示工序能力。当工序处于稳定状态时，产品的质量特性值有 99.73%落在 $\mu \pm 3\sigma$ 的范围内，换言之，至少有 99.73%的合格品落在上述的 6σ 范围内，这几乎包括了全部产品。

2. 工序能力指数

工序能力指数表示工序能力满足产品质量标准（产品规格、公差）的程度，一般记以 C_P。各情况的工序能力指数的计算方法如下：

(1) 双侧公差（质量特性值分布中心 μ 与公差中心 M 重合）无偏移情况。

$$C_P = \frac{T}{6\sigma} \approx \frac{T_U - T_L}{6s} \tag{14-1}$$

式中,T 为技术规格,T_U为规格上限,T_L为规格下限,σ 为质量特性值分布的标准差,s 为样本标准差,s 为σ 的估计值。根据 T 与 6σ 的相对大小可以得到图 14-1 的三种典型情况。C_P值越大表明加工精度越高,但这时对设备和操作人员的要求也越高,加工成本也越大,所以对 C_P值的选择应根据技术要求与经济性的综合考虑来决定。当 $C_P=6\sigma$ 时,$C_P=1$,从表面上看,似乎这是既满足技术要求又很经济的情况。但由于生产总是波动的,分布中心一有偏移,不合格品就要增加,因此,通常取 C_P大于 1。

例:某型号齿轮内孔尺寸公差为 $\varphi\ 100^{+0.04}_{0.00}$,从零件中随机抽取 50 件,求得内孔直径的均值 $\overline{X}=100.025$,标准差 $s=0.005$,求该工序的工序能力指数 C_P值。

[解]由题知,$T=100.04-100.00=0.04$,于是代入式(14-1)中,得:

$$C_P = \frac{T}{6\sigma} \approx \frac{T_U - T_L}{6s} = \frac{0.04}{6\times 0.005} = 1.33$$

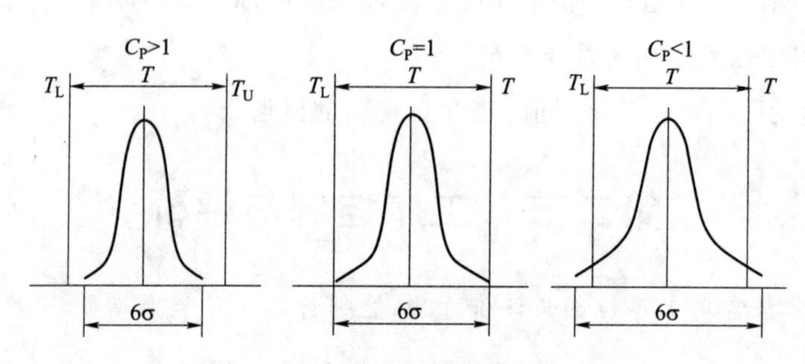

图 14-1 各种分布情况下的 C_P值

(2) 双侧公差,(质量特性值分布中心 μ 与公差中心 M 不重合)有偏移情况。

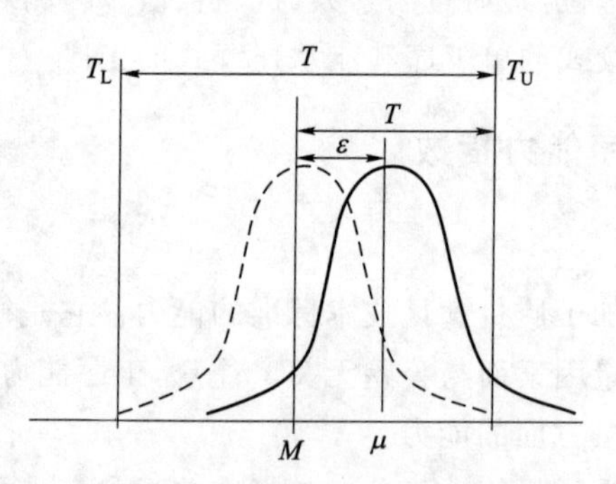

图 14-2 分布中心 μ 与公差中心 M 有偏移的情况

若产品质量特性值分布中心值 μ 与公差中心 M 不重合,有偏移,则不合格品将增加,这时计算工序的工序能力指数 C_P值的公式需加修改。定义分布中心 μ 与公差中心 M 的偏移 ε 为 $|M-\mu|$,即:

$$\varepsilon = |M-\mu| \tag{14-2}$$

参见图 14-2。分布中心 μ 与公差中心 M 的偏移度 K 为

$$K=\frac{\varepsilon}{\frac{T}{2}}=\frac{2\varepsilon}{T} \tag{14-3}$$

则考虑了分布中心偏移的工序能力指数 C_{PK} 为

$$C_{PK}=(1-K)\ \frac{T}{6\sigma} \tag{14-4}$$

这样，当 $\mu=M$，即质量特性值分布中心 μ 与公差中心 M 重合无偏移时，$K=0$，$C_{PK}=C_P$；而当 $\mu=T_U$ 或 $\mu=T_L$ 时，$K=1$，$C_{PK}=0$。这里，$C_{PK}=0$ 表工序能力由于偏移而严重不足，需要采取措施加以纠正。

例：某零件的孔径为 $\varphi\ 140^{+0.017}$，经随机抽取 50 件进行检验，计算得零件的平均孔径 $\overline{X}=140.009\ 52$，标准差 $s=0.003\ 54$，求该工序的工序能力指数 C_P 值。

[解]：首先计算零件孔径的偏移：

$$\varepsilon=\frac{(140.017+140.000)}{2}-140.009\ 52=0.001\ 02$$

然后计算偏移度：

$$K=0.001\ 02/[(140.017-140.000)/2]=0.12$$

将 $K=0.12$ 代入式(14-4)后，得：

$$C_{PK}=(1-0.12)\ \frac{(140.017-140.000)}{6\times 0.003\ 54}=0.70$$

(3) 单侧公差，只有上限要求。

有的产品，如机械产品的清洁度、形位公差，药品中杂质的含量等只给出上限要求，只希望越小越好。这时，工序能力指数计算如下：

$$C_P=\frac{T_U-\mu}{3\sigma}\approx\frac{T_U-\overline{X}}{3s} \tag{14-5}$$

参见图 14-3。当 $\overline{X}\geqslant T_U$ 时，令 $C_P=0$，表示工序能力严重不足。这时，工序的不合格率高达 50%以上。

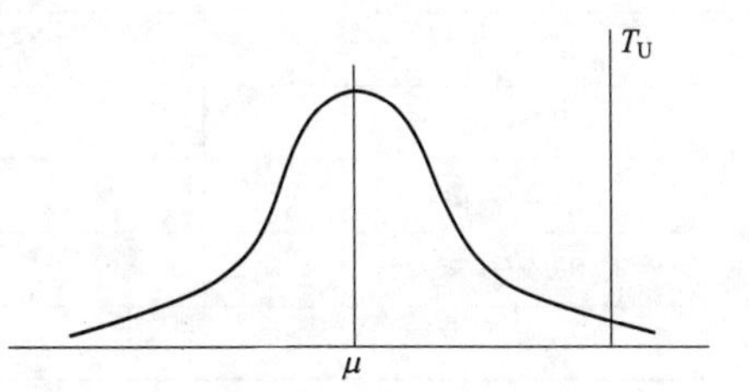

图 14-3　单侧公差，只有上限要求

例：某锅炉厂要求零件滚柱的不同轴度小于 1.0，现随机抽取 50 个，测得其不同轴度均值 $\overline{X}=0.782\ 3$，$s=0.123\ 5$，求该工序的工序能力指数 C_P 值。

[解]：将 $T_U=1.0$，$\overline{X}=0.782\ 3$，$s=0.123\ 5$ 代入式(14-5)后，得：

$$C_P=\frac{(1.0-0.782\ 3)}{3\times 0.063\ 5}=1.6$$

(4) 单侧公差，只有下限要求。

有的产品，如机电产品的机械强度、在耐电压强度、寿命、可靠性等要求不低于某个下限，而对上限没有要求，只希望越大越好。这时，工序能力指数计算如下：

$$C_P=\frac{\mu-T_L}{3\sigma}\approx\frac{\overline{X}-T_L}{3s} \tag{14-6}$$

参见图 14-4。当 $\overline{X}\leqslant T_U$ 时，令 $C_P=0$，表示工序能力严重不足。这时，工序的不合格率高达 50%以上。

例:某电器厂生产小型变压器,规定其初次级线圈间的击穿电压不得低于 1 000 V,随机抽样 60 个变压器,试验结果计算得平均击穿电压 $\overline{X}=1\ 460$,$s=93$,求该质量特性值的工序能力指数 C_P 值。

[解]:将 $T_L=1\ 000$,$\overline{X}=1\ 460$,$s=93$ 代入式(14-6)后,得:

$$C_P=\frac{(1\ 460-1\ 000)}{3\times 93}=1.65$$

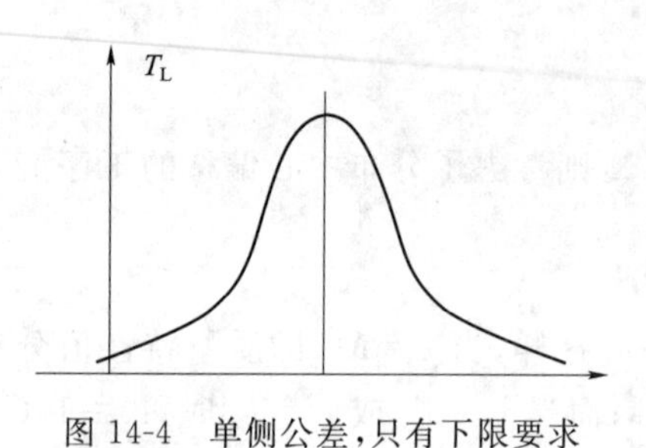

图 14-4　单侧公差,只有下限要求

二、工序能力指数的评价标准

工序能力指数越大,加工精度越高,但同时成本也越高,所以要同时兼顾加工精度与经济性的要求,同时还要考虑加工零件的价值,设备的特点,改变加工方法的难易等各种因素来决定。当发现 C_P 值过大或过小时,应采取一定的对策和措施,将 C_P 值调整到满足实际的要求。

表 14-1 是工序能力指数的一般评价标准。这里需要说明的是:现在已经进入高质量的时代,零件不合格率已达到百万分之一的水平,所对应的 C_P 值为 1.65 以上,所以,表中认为 $C_P\geqslant 1.67$ 是工序能力过高的说法应视具体情况而定,不能一概而论。

表 14-1　工序能力指数的评价标准

C_P值的范围	级别	工序能力指数的评价
$C_P\geqslant 1.67$	Ⅰ	工序能力过高
$1.67>C_P\geqslant 1.33$	Ⅱ	工序能力充分
$1.33>C_P\geqslant 1.00$	Ⅲ	工序能力尚可,但当 C_P 接近 1.0 时要注意。
$1.00>C_P\geqslant 0.67$	Ⅳ	工序能力不足,需采取措施。
$0.67>C_P$	Ⅴ	工序能力严重不足,必要时需停工整顿。

1. 当 C_P 值过大时所采取的措施

(1) 可缩小公差范围。

(2) 可放宽波动幅度,即增大 σ,如延长刀具更换周期,加大进给量,提高效率,降低成本。

(3) 改用精度较低的设备。

(4) 简化质量检验工作,如将全数检验改为抽样检验,或减小抽样频率等。

2. 当 C_P 值过小时所采取的措施

(1) 在不影响产品最终性能的前提下,放大公差范围。

(2) 分析加工精度低的原因,制定措施加以改进,如采用控制图对生产过程进行监控等。

(3) 采用精度更高的设备。

(4) 加强质量检验工作,如实行全数检验等。

(5) 当 C_P 值太低时,可考虑停工检查,找出原因,采取措施,改进工艺,提高 C_P 值。否则，必须实行全数检验，检出所有不合格品。

第三节　数据统计分析相关知识

学习目标：掌握常用数据统计分析相关知识，即平均值及标准偏差的计算。

在本节中，主要针对数据统计分析中平均值及标准偏差的计算进行讲解。

一、平均值的原理与计算

根据最小二乘法原理：在具有同一精确度的更多观测值中，最佳值乃是能使各观测值与该最佳值偏差平方和为最小的那个值。

设 $x_1,x_2,x_3,\cdots,x_n$ 为一组观测值，a 为最佳值，则相应的偏差为：$\Delta x_1=x_1-a$，$\Delta x_2=x_2-a$，$\Delta x_3=x_3-a$，…，$\Delta x_n=x_n-a$，那么偏差的平方和 Q 可写为：

$$Q=(x_1-a)^2+(x_2-a)^2+(x_3-a)^2+\cdots+(x_n-a)^2 \tag{14-7}$$

据最小二乘法可得：

$$a=\overline{x}=\frac{\sum_{i=1}^{n}x_i}{n} \tag{14-8}$$

因此一组观测值的算术平均值就是这组观测值的最佳值。当 n 足够大时，这个最佳值就是这个观测值的真值 μ。

二、标准偏差

1. 单次测量值的标准偏差

在等精度测量中，一组观测值的标准偏差为：

$$\sigma=\sqrt{\frac{d_1^2+d_2^2+\cdots+d_n^2}{n}}=\sqrt{\frac{\sum d_i^2}{n}} \tag{14-9}$$

式中：$d_i=x_i-x_a$

当 n 适当大时，公式(14-9)可表达为：

$$\sigma=\sqrt{\frac{\sum(\Delta x_i)^2}{n-1}} \tag{14-10}$$

此式称为白塞尔(Bessel)公式，是求单次观测值标准偏差的基本公式。

2. 算术平均值的标准偏差

设对一物理量进行过 m 组重复测量，每一组进行过 n 次。得到 m 个算术平均值 $\overline{x}_1$，$\overline{x}_2$，$\overline{x}_3$，…，$\overline{x}_m$。由于是等精度测量，它们的标准误差应该相等，即 σ。

在多次测量中的偶然误差是以每一组观测值的平均值为基础的：

$$d_{\overline{x}_1}=\overline{x}_i-x_a,i=1,2,\cdots,m$$

$$\sigma_{\overline{x}}=\sqrt{\frac{d_{\overline{x}_1}^2+d_{\overline{x}_2}^2+\cdots+d_{\overline{x}_m}^2}{m}} \tag{14-11}$$

经简化以后，算术平均值的标准偏差可写为：

$$\sigma_{\overline{x}} = \sqrt{\frac{\sum(\Delta x_i)^2}{n(n-1)}} \tag{14-12}$$

式中，$\Delta x_i = x_i - \overline{x}$，$i=1,2,\cdots,n$。

第四节　控制图理论

学习目标：掌握休哈特控制图原理，掌握常用几种判断稳态和判断异常的基本模式。

一、产品质量的统计观点

产品质量的统计观点是质量管理的一个基本观点，它包括了两方面的内容。

1. 认识到产品质量的变异性

在生产中，影响产品质量的因素按不同的来源可分成人员、原材料、机器设备、操作方法、环境(即 4M1E)等几个方面。这些质量因素不可能保持绝对不变，因此，产品质量在一系列客观存在的因素影响下就必然会不停地变化着。这就是产品质量的变异性。

2. 能够掌握产品质量变异的统计规律性

产品质量的变异是具有统计规律性的。在生产正常的情况下，对产品质量的变异经过大量的调查与分析，可以应用概率论与数理统计方法来精确找出产品质量变异的幅度及不同大小的变异幅度出现的可能性，即产品质量的分布。这就是产品质量变异的统计规律。

二、控制图理论

本节围绕两类错误和 3σ 理论讲述控制图理论。

为了经济，控制图是利用抽样检查对生产过程进行监控的。既然是抽查，就难免会犯错误。在控制图的应用过程中可能会犯的两类错误即第Ⅰ类错误和第Ⅱ类错误。第Ⅰ类错误是指虚发警报的错误，将第Ⅰ类错误发生的概率记为 α。第Ⅱ类错误是指漏发警报的错误，将第Ⅱ类错误发生的概率记为 β。这里以常用的休哈特控制图为例进行阐述。常规控制图即休哈特控制图，其设计思想是先定 α，再看 β，α 和 β 分别见图 14-5。

1. 第一种错误：虚发警报

生产正常而点子偶然超出界外，根据点出界就判断异常，于是就犯了第一种错误，即虚发警报。通常犯第一种错误的概率记为 α。参见图 14-5。虚发警报会引起白费工夫去寻找根本不存在的异因的损失。

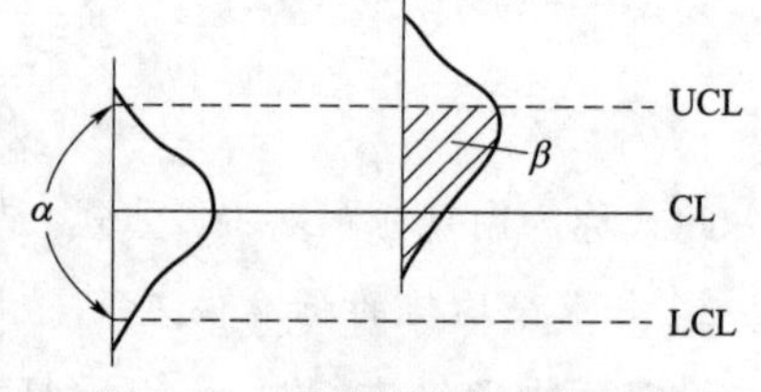

图 14-5　两类错误发生的概率

2. 第二种错误：漏发警报

过程已经异常，但仍会有部分产品，其质量特性值的数值大小偶然位于控制界限内，如果抽取到这样的产品，打点就会在界内，从而犯了第二种错误，即漏发警报。通常犯第二种错误的概率记为 β。漏发警报会引起未能及时纠正失控过程所造成的损失。

3. 减少两种错误造成损失的办法

控制图共有三根线，一般，正态分布的CL居中不动，而且UCL与LCL互相平行，故只能改动UCL与LCL二者之间的间隔距离。从图14-5可见，若拉大二者间的间距，则α减小，β增大；反之，若缩小二者间的间隔距离则α增大，β减小。因此，无论如何调整上下控制限的间隔，两种错误都是不可避免的。

解决办法：根据两种错误造成的总损失最小来确定最优间距，经验证明休哈特提出的3σ方式较好。现场经验证实，在不少场合，3σ方式都接近最优间距。

4. 休哈特控制图的设计思想

(1) 按照3σ方式确定UCL、CL、LCL就等于确定了$\alpha_0=0.27\%$，这里α_0表示休哈特控制图所选定的虚发警报的概率α。

(2) 通常的统计一般采用$\alpha=1\%, 5\%, 10\%$三级，但休哈特为了增加使用者的信心把休图的α取得特别小(若想把休哈特控制图的α取为零是不可能的，事实上，若α取为零，则UCL与LCL之间的间隔将为无穷大，从而β为1，必然漏报)，这样β就大。为了对付这一点，故增加第二类判断异常准则：界内点排列不随机判断异常。

(3) 休哈特控制图的设计并未从使两种错误造成的总损失最小这一点出发来设计。故从20世纪80年代起出现经济质量控制学派，这个学派的特点就是从两种错误造成的总损失最小这一点出发来设计控制图与抽样方案。

作为核燃料元件生产，其质量的控制显得尤为严格，因此，休哈特控制图的使用得到普遍认可。

三、控制图的判断

本节分别介绍判断稳态的准则和判断异常的准则。

1. 判断稳态的准则

(1) 判断稳态准则的思路

对于判断异常来说，由于虚发警报的概率为$\alpha_0=0.27\%$，故“点出界就判断异常”虽不百发百中，也是千发九百九十七中，很可靠。但在控制图上如打一个点子未出界，可否可以判断稳态，打一个点未出界有下面两种可能性：

1) 过程本来稳定。

2) 漏报(这里由于α小，所以β大)，故打一个点子未出界不能立即判断稳态。但若接连打m个点子都未出界，则情况大不相同，这时整个点子系列总的β，即$\beta_{总}=\beta_m$要比个别点子的β小得很多，可以忽略不计。于是只剩下一种可能，即过程稳定。如果接连在控制界内的点子更多，则即使有个别点子偶然出界，过程仍可看作是稳态的。上述就是判断稳态准则的思路。

(2) 判断稳态的准则

在点子随机排列的情况下，符合下列各点之一判断稳态：

1) 连续25个点都在控制界限内。

2) 连续35个点至多1个点落在控制界限外。

3) 连续100个点至多2个点落在控制界限外。

当然，即使在判断稳态时，对于界外点也应按照："查出异因，采取措施，加以消除，不再出现，纳入标准"的程序去处理。

2. 判断异常的准则

判断异常准则有以下两类：一是点出控制界限或恰好落在控制界限上就判断异常；二是控制界限内点排列不随机就判断异常。综合各种情况，有以下判断异常模式：(图中 A、B、C 区分别表示 2δ～3δ 区、δ～2δ 区、0～δ 区)

(1) 模式 1：点子屡屡接近控制界限，见图 14-6，这时属下列情况的判断点子排列非随机，存在异常因素。

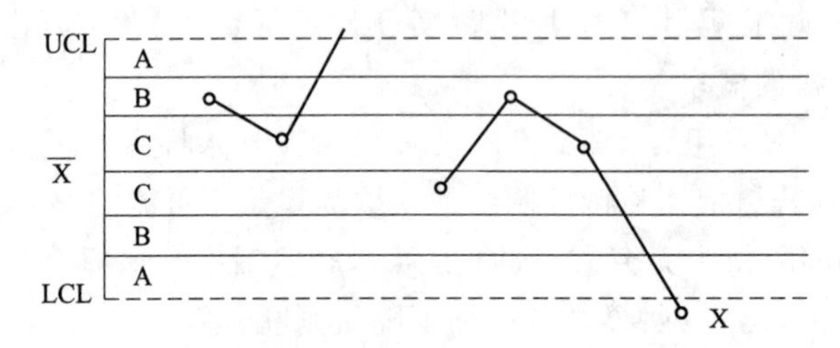

图 14-6　模式 1　点子屡屡接近控制界限

① 连续 3 点中至少有 2 点接近控制界限。

② 连续 7 点中至少有 3 点接近控制界限。

③ 连续 10 点中至少有 4 点接近控制界限。

(2) 模式 2：链。在控制图中心线一侧连续出现的点子的全体称为链，其点子数目称为链长，见图 14-7。

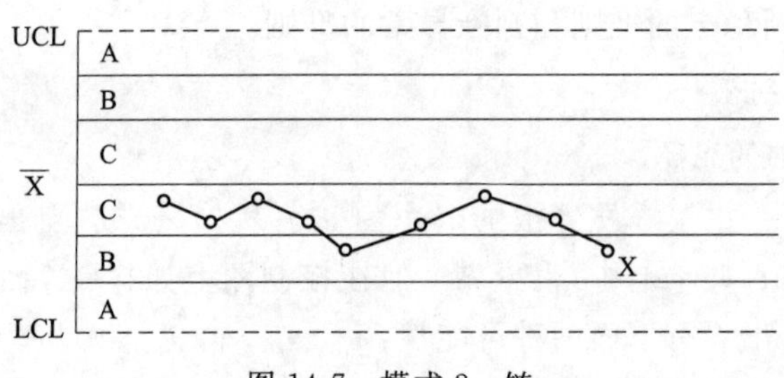

图 14-7　模式 2　链

链长不小于 7 时判断点子排列非随机，存在异常因素。这也可直观解释为，出现链表明过程均值向链这一侧偏移，因而存在异常因素。如果链较长，那么即使个别点子出现在中心线的另一侧形成间断链，仍可按照与链类似的方式处理。

(3) 模式 3：间断链。属下列情况的判断点子排列非随机，存在异常因素。

① 连续 11 点中至少有 10 点在中心线一侧。

② 连续 14 点中至少有 12 点在中心线一侧。

③ 连续 17 点中至少有 14 点在中心线一侧。

④ 连续 20 点中至少有 16 点在中心线一侧。

(4) 模式 4：倾向。点子逐渐上升或下降的状态称为倾向。当有连续不少于 7 点的上升或下降的倾向时判断点子排列非随机，存在异常因素。见图 14-8。

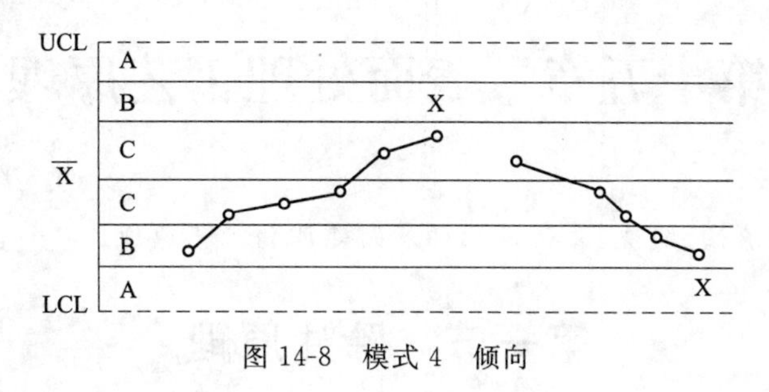

图 14-8 模式 4 倾向

(5) 模式 5：点子集中在中心线附近。所谓点子在中心线附近是指点子距中心线在 1σ 以内。见图 14-9。直观看来，出现模式 5 表明过程方差过小。通常，这可能由两个方面原因所致：数据不真实或数据分层不当。如果把方差大的数据和方差小的数据混在一起而未分层，而数据总的方差将更大，于是控制图控制界限的间距将较大。这时如将方差小的数据在控制图上描点就可能出现模式 5。对模式 5 应采用下列准则：若连续 11 点集中在中心线附近，则判断点子排列非随机，存在异常因素。

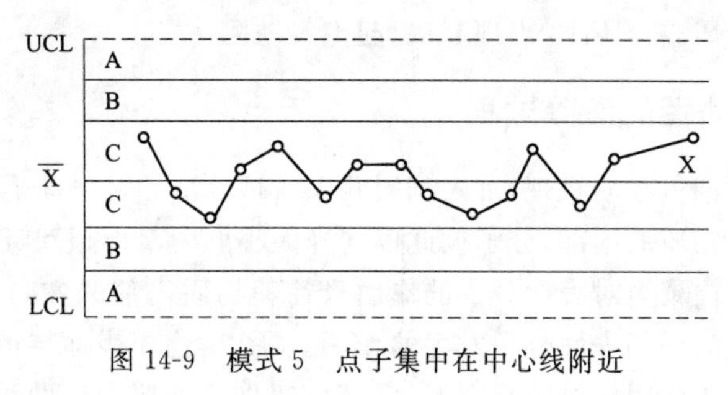

图 14-9 模式 5 点子集中在中心线附近

(6) 模式 6：点子呈周期性变化。见图 14-10。造成点子周期性变化可能原因复杂，具体情况具体分析。

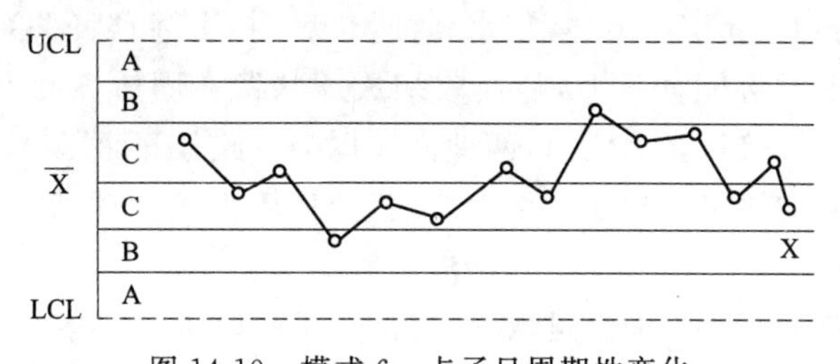

图 14-10 模式 6 点子呈周期性变化

注意，在判断异常时可以同时使用若干个准则。

第十五章　表面处理工艺原理

学习目标:掌握除油、酸洗、氧化等几种表面处理的工艺原理。

第一节　除油原理

学习目标:掌握除油工艺过程和除油皂化、乳化、弥散、溶解机理。

表面除油是表面处理工艺的一个重要组成部分,不管采用何种表面处理方法,如酸洗、氧化、涂膜、电镀、阳极氧化等,都离不开除油这道工序。因为零部件表面有油污,则在金属表面形成油膜,影响表面覆盖层与金属的结合力。如:油污使酸洗后的零件表面发暗,氧化后不能形成均匀致密、黑亮的氧化膜。对电镀等的表面处理工艺的影响更大,微量的油污也会造成镀层与基体金属结合不牢,出现起皮、起泡等缺陷。

一、金属表面油污的清除过程

为了易于了解除油过程的机理,首先阐明几个机理。两相接触面上进行的过程,是除油的重要过程。在每一物质的内部,分子彼此以同样大小的内聚力相互吸引,从而处于恒定的平衡状态,与此相反,内聚力对表面分子的作用只在朝物质内部的方向上,可是在相反方向上有与该物质接触的另一相表面分子发生的作用。所以,物质表面层的分子承受着一定的张力。这种张力在液体或固体物质与空气接触时,叫做表面张力。两种液体接触时产生的张力叫做接触张力。而固体与液体接触时产生的张力叫做附着张力。若两种物质接触时,张力很大,则张力表现在两种物质企图强烈要求减小相互接触平面,否则反之。

液体与固体或两种不相溶的液体(如水和油)接触时,上述这种关系表现得最明显。附着张力大,液体就不能润湿固体物质,从面收缩成球状留在固体表面上。仅当这张力减小时,润湿才有可能发生。接触张力大时,两种液体也会彼此分开而以最小的表面接触。若接触张力很小时,则相互的接触面积显著增大,一相便以不大的圆球状分布在另一相中,这时发生乳化作用。

除油时,固体污物从金属表面上进入除油溶液,呈弥散状。

金属表面的污物分为有机污物和无机污物两种。有机污物包括:各种矿物油、植物油、润滑油、抛光油、凡士林、油脂、蜡、固体碳氢化合物、脂肪酸混合物(硬脂)等等。无机污物包括:设备带来的无机残余物,如抛光膏、灰尘及其他固体污物。动植物油在碱性条件下,能产生“皂化反应”,所以叫“皂化油”。而矿物油、凡士林等无此作用,所以叫做“非皂化油”。常见油脂特点及分类见表 15-1。

表 15-1　常见除油分类及特点

分类名称		举例	特点
常见油脂	皂化性油	各种植物油，如：豆油、菜籽油等	1. 是不同脂肪酸的甘油酯，它们能与碱发生皂化反应，生成可溶于水的肥皂和甘油； 2. 不溶于水
	非皂化性油	各种矿物油，如：机油、柴油、凡士林、石蜡等	1. 是各种碳氢化合物，它们不能与碱起皂化反应，不溶于碱溶液； 2. 不溶于水

二、除油的机理

1. 皂化作用

皂化油脂（动植物油）在碱液中分解，生成溶于水的肥皂和甘油，从而达到去除油污的目的。

例如，硬脂与苛性钠的反应如下：

$$(C_{12}H_{35}COO)_3C_3H_5 + 3NaOH = 3C_{17}H_{35}COONa + C_3H_5(OH)_3$$

即：硬脂酸甘油＋苛性钠══硬脂酸钠（肥皂）＋甘油（丙三醇）

2. 乳化作用

若油不被皂化，则它的清除的机理分以下两个阶段：

(1) 减小油层的厚度。

(2) 清除金属表面滞留的薄油膜。

为减小油层厚度，须首先削弱其表面上的张力，这将引起这一表面增大的倾向。这种增大倾向表现在油表面不平处形成了油珠，其大小取决于接触张力减小的程度。然后这油珠自由地离开油层，因为它的比重较小，或在机械作用下而浮上溶液表面或留在溶液里呈乳浊状态，（视具体情况而定）。过程见图 15-1。

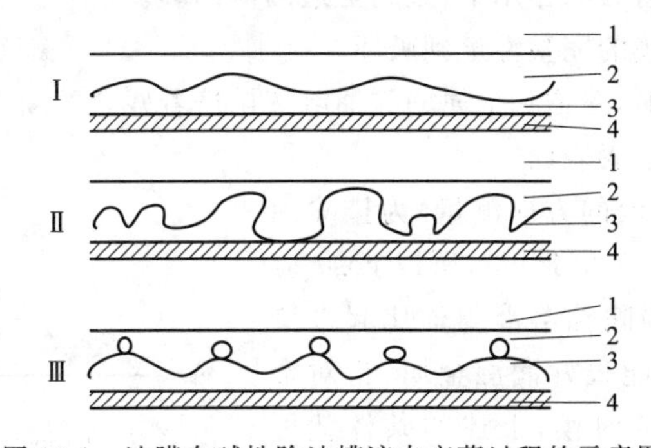

图 15-1　油膜在碱性除油槽液中变薄过程的示意图
（适合于溶液及油的接触张力小的除油过程）
1—空气；2—除油溶液；3—油；4—金属

油层越来越薄，直到金属表面上只剩有分子膜为止，这些分子受到金属与油界面上附着力的直接作用。

变薄过程的几个阶段：Ⅰ—初始状态(金属上的油膜连续)；Ⅱ、Ⅲ—与除油溶液接触时油表面增大；Ⅳ—油珠离开连续的油膜，从而使其变薄。

为了达到除油溶液从零件表面上除掉油污的目的，首先应破坏油膜，使溶液与金属能够直接接触。表面不平处在机械作用下，油膜有时会发生破坏，然而采用能使两相接触面积上张力大大减少的物质，可使油膜的破坏得到最可靠的保证。此种表面活化物质的活化离子能穿过油膜而浸透到金属，并促使金属与油发生直接接触。一旦油污裂开，在这个地方就有除油溶液浸透进来，过程见图 15-2。这是金属表面上溶液与油接触处的张力引起的，见图 15-3。在这种情况下，有三个力在作用：

$R_{uu.em}$—油与金属界面上的附着张力；

$R_{pu.em}$—溶液与金属界面上的附着张力；

R_p—溶液与油界面上的接触张力。

当 $R_{pu.em}+R_p\cos\alpha=R_{uu.em}$（式中：$\cos\alpha=\dfrac{R_{uu.em}-R_{pu.em}}{R_p}$）时，发生平衡。

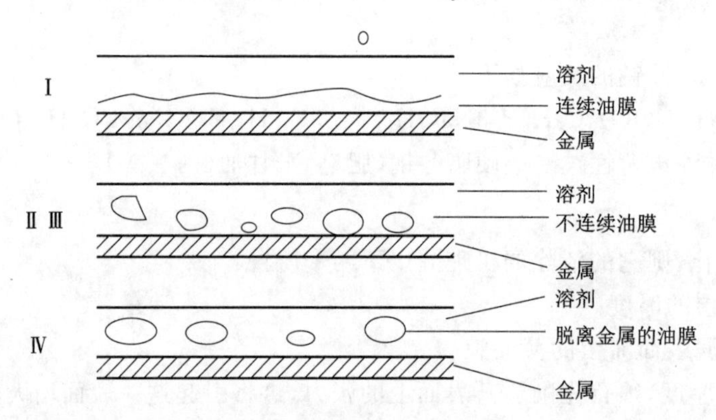

图 15-2　在碱性溶液作用下油在金属表面上被排挤的示意图

排挤过程的几个阶段：

Ⅰ—在金属表面附着力的作用下，金属上边的薄油膜。

Ⅱ—在几个地方油膜的完整性遭到破坏。

Ⅲ—当油膜不完整时，渗透到金属的除油溶液排挤着残余的油。

Ⅳ—残余的油离开金属表面。

因为接触角 α（沿溶液的方向测量）为排除油珠应尽可能接近 0°而不应大于 90°，所以 $\cos\alpha$ 应为正，且尽可能的大。当除油溶液与油比起来接触张力较小及除油溶液能很好润湿金属（指对金属的附着张力小而言）的时候，上述的条件就可实现。

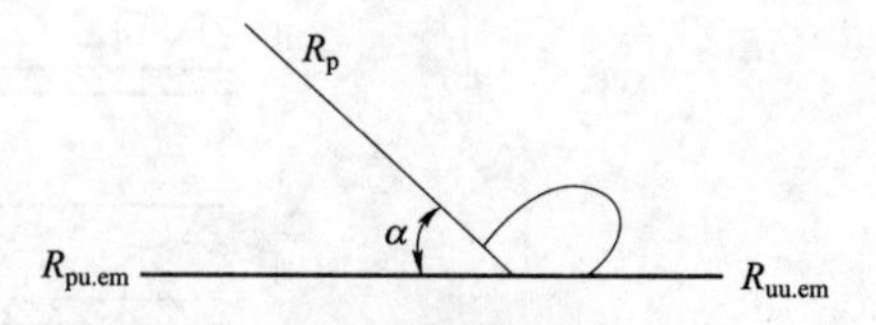

图 15-3　除油溶液，油及金属接触表面处油珠的受力情况示意图

3. 弥散作用

不能转变成乳浊液的固体物质，比较难以除掉。分布在油中少量的这种物质，在除掉油之后、易于离开金属表面。若这种物质与金属结合牢固，则在同一溶液里除掉它的机理稍有不同。这里表面活化物质是溶液的主要组元。这种表面活化物质渗透到油污的孔洞及裂缝

里，紧紧地黏附在油污质点上，依靠它的胶体性能，首先利用它的电荷破坏质点的相互联系。这时形成的小质点弥散在溶液里。硅酸盐类起类似的作用。与有机除油物质一样，硅酸盐类在一定的条件下能形成大量的絮状物即所谓 $SiO_3 \cdot xSiO_2 \cdot xyH_2O$ 型的胶态离子，它能吸引油污质点并使其进入溶液中。这个过程基本上与这些质点的大小有关，若这些质点的尺寸小于 0.1 μm，则清洁效力变得很弱，其关系见图 15-4 所示。

除油时机械作用在这里起较大的效果，而且机械作用不仅是搅拌，还促使除油溶液中的胶体质点作布朗运动。在机械作用的帮助下，那些尺寸大于 0.1 μm 的油污质点特别有效的脱离并弥散开来。

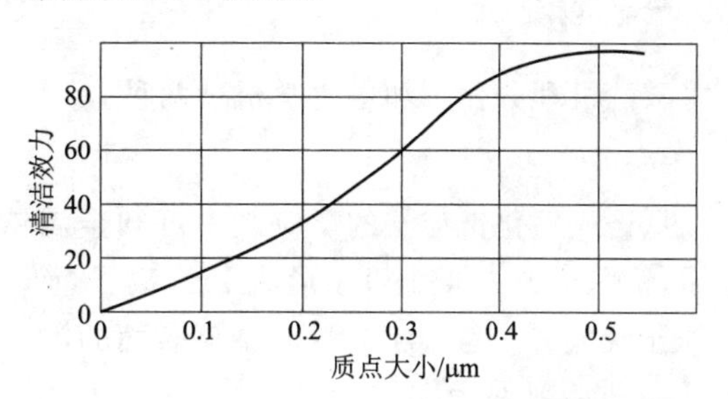

图 15-4 清理效力与油污质点大小的关系曲线图

4. 溶解作用

油脂一般都溶于有机溶剂。其作用原理主要是分子的扩散运动。零件表面的油分子要向有机溶剂的分子中扩散，溶剂的分子和溶剂中的油分子也要向零件表面上的油分子中扩散。开始一段时间，因零件表面的油分子浓度大于溶剂中的油分子浓度，因此，零件表面的油分子向溶剂中扩散的速度比溶剂中的油分子向零件表面的油分子中扩散速度大，因而零件表面的油分子浓度逐渐减小。零件表面的油污就慢慢溶解在有机溶剂中。当溶剂中的油分子达到一定浓度时，从零件表面进入溶剂中的油分子数量与溶剂中的油分子到达零件表面的数量相等，此时便出现动态平衡，零件表面的油分子不再随时间增加而减少。要破坏这种动态平衡，必须减小溶剂中油分子浓度，即向溶液中添加新的有机溶剂。零件上的油分子才能继续减少，隔一段时间，又出现新的动态平衡。所以有机除油是不可能彻底的。清洗越干净，消耗的有机溶剂就越多，成本也就越高。因此，我们的燃料棒表面用二甲苯除油后，必须用干净绸布擦拭法或其他方法不断地清洗干净燃料棒表面。实际上，从金属表面上除去油脂的机理要比这里讲的复杂得多，因为它还与许多因素有关，且随油的性能、表面活化物质的性能及其吸附速度、油层厚度及表面性质等而发生变化。

为了使除油后的制件从槽里拿出来是洁净的，必须使从制件上被除掉的污物在槽液里呈乳浊及弥散形式，也就是应当防止这类污物在清理过的制件上发生二次沉积，特别是从槽液中拿出来的时候。所以在溶液的液面上永远不应有油膜。根据经济上的理由，形成稳定的乳浊液反倒不好，因为溶液因其中含有大量油污会很快地失去作用。例如，在配制除油溶液时，对每一组元（尤其是表面活化物质）的成分选择要合理，即能使其形成的乳浊液不太稳定，而且在制件出槽之前又能阻碍污物在制件上反向沉积。在工作间歇的时候，油脂的绝大部分应能从乳浊液中解脱出来，并在下一班开始工作之前，可以将其从溶液表面上除掉。就是在除油槽工作的时候，乳浊液也受到部分破坏，所以必须用吹拂法或其他方法不断地清净槽液表面。溶液里积聚起来的污物也能引起同样的问题，但是为确保除油质量，一般在污物数量超过允许极限之前就将溶液换掉。

第二节 酸洗机理

学习目标:掌握酸洗工艺过程和酸洗化学、电化学机理。

一、酸洗机理

酸洗机理分化学和电化学机理两种。

1. 化学机理

从锆或氧化锆与酸的反应式中可知金属锆表面的锆原子与酸洗液中的 HF 分子相互作用,锆原子失去 4 个电子形成 Zr^{4+} 离子,而 HF 中的 H^+ 得到一个电子形成 H 原子,两个 H 原子合成一个氢分子。这时金属表面的锆原子和 HF 中的 H^+ 离子同时被氧化和还原。

2. 电化学机理

由于金属中含有杂质(合金元素)或介质的浓度梯度、温度梯度等因素就会引起电化学反应。即产生阳极过程和阴极过程。在阳极过程中,金属原子失去电子,直接进入溶液中,形成水合金属离子或溶剂化金属离子。阴极过程是留在金属内的过量电子被溶液中的 H^+ 接受,而发生还原反应。

二、Zr 合金的酸洗

1. 酸洗液的组成

通过对 Zr 合金的酸洗试验,要获得光亮的表面,Zr 合金的酸洗液的组成一般为 5%HF(浓度为 40%的市售 HF),45%的 HNO_3(浓度为 65%的试剂纯 HNO_3)50%的去离子水(电阻率>5 000 Ω·m)。

2. 酸洗液中各组元的作用

锆是一种很活泼的金属,在空气中就能迅速与氧作用,与其表面生成一种氧化膜:

$$Zr + O_2 = ZrO_2$$

由于 ZrO_2 是一层很致密的保护膜,它只有几个分子厚,但能阻止空气中的氧向金属锆中扩散,最终使反应终止。二氧化锆氧化膜是一种惰性很强的物质,大多数酸碱对它都不起作用,唯有氢氟酸对它是一种有效的酸洗剂。另外,锆合金内含有 Sn、Cr、Fe、Ni 等合金成分,要溶解这些金属就必须将它们氧化到离子状态,所以任何有效的酸洗液都必须具有氧化性。如果只用氢氟酸洗锆合金,洗出来的锆合金表面发黑,这是锆合金中的合金元素没有溶解的缘故。这也就是向酸液中加其他氧化剂如铬酸、过氧化氢的原因。硝酸是一种强氧化酸,它能使锆合金中的 Sn、Cr、Fe、Ni 等合金元素氧化成离子状态并溶解,所以锆合金包壳管经 HF、HNO_3 混合酸液酸洗后能生成清洁光亮的表面,并经高温水或水蒸气氧化后能在表面生成致密、均匀、黑色光亮的氧化膜。因此,锆合金包壳管采用 HF、HNO_3 混合酸液进行酸洗以获得所需要的光洁表面。

3. 锆合金与混合酸液中的反应

锆合金在混合酸液中发生如下反应:

$$3Zr + 18HF + 4HNO_3 \longrightarrow 3H_2ZrF_6 + 4NO\uparrow + 8H_2O$$

或

$$3Zr+12HF+4\ HNO_3 \longrightarrow 3H_2ZrOF_4+4NO\uparrow+5H_2O$$

实验中已估计出锆合金在酸液与氢氟酸混合液中溶解酸洗反应生成热 ΔH，$\Delta H=$ 2 600 cal/g · Zr-2。

实验证明：锆合金包壳管在 30 ℃ 左右的温度下 5%氢氟酸，45%的硝酸和 50%的去离子水组成的酸洗液进行酸洗一定时间，能得到清洁光亮的表面。

由实验发现少量的合金元素 Sn、Ni、Fe、Cr 污染酸洗液但对酸洗速度影响不太大，0.03%～0.30%重量范围的锡可改善锆-2 合金的表面状况。

第三节　氧化机理

学习目标：掌握氧化机理，清楚金属材料的氧化膜形成过程、金属氧化膜的成长规律、金属材料高温腐蚀的防护机理。

一、金属材料的氧化膜形成过程

核燃料元件氧化是在高温水或水蒸气中对燃料棒表面进行氧化处理，是一种高温化学腐蚀，遵循金属高温化学腐蚀理论。本节将通过金属材料的高温腐蚀介绍金属材料的高温氧化理论。

高温化学腐蚀是研究金属材料和与它接触的环境介质在高温条件下所发生的界面反应过程的科学。高温腐蚀与在水溶液介质中发生的常温金属腐蚀不同，它是以界面的化学反应为特征的，而常温下金属的腐蚀是一个电化学的过程。高温金属腐蚀可以用如下反应表示：

$$\text{Me(金属)}+\text{X(介质)}\longrightarrow \text{MeX(腐蚀产物)}$$

图 15-5 示意地表示金属材料的腐蚀过程。

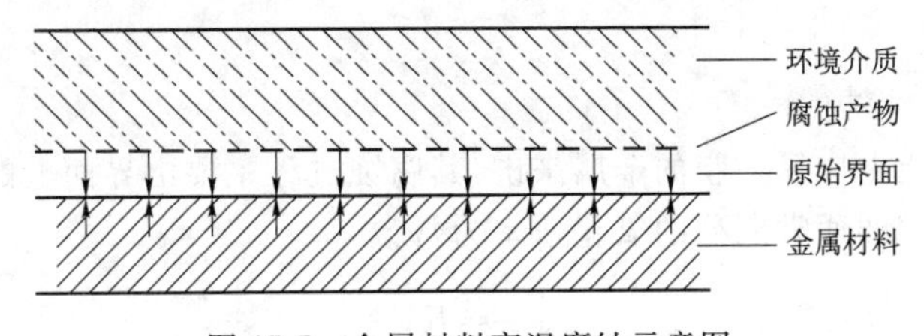

图 15-5　金属材料高温腐蚀示意图

金属离子和氧离子通过氧化物层的扩散，可有如下的 3 种方式：

1. 两个方向的扩散

金属离子和氧离子同时通过膜，向相对的方向扩散。这样，金属离子和氧离子就会在膜的内部某处相遇并发生反应，从而使膜在该处逐渐成长。如钴的氧化等。

2. 氧离子向内扩散

只是氧离子通过膜向内扩散。这种氧化反应是在金属/氧化膜界面处进行的，从而使膜在该界面处逐渐成长，如钛、锆等的氧化过程。

3. 金属离子向外扩散

即只是金属离子通过膜向外扩散。这种氧化反应是在氧化膜/氧界面上进行的,从而使膜在该界面处逐渐成长。如铜的氧化等。

金属与反应介质在金属表面上产生的一层可见的腐蚀产物,称为“锈皮”,高温氧化的“锈皮”就是氧化皮。高温腐蚀(氧化)锈皮是金属晶体与气态介质在高温条件下界面化学反应的产物,是一种离子化合物。金属的氧化晶体产物的形成过程包括晶核的形成和晶核的长大两个阶段。温度升高可提高锈皮的形核率,表面氧化皮随温度的升高其晶粒度不断变细,而在定温下所形成的氧化皮其外层为粗晶粒,内层为细晶组织。根据界面反应产物的晶体形成发展特点,可将锈皮分为三层:假晶层、过渡层与氧化皮自身结构层。高温氧化的最初瞬间,在金属晶体表面上形成一层厚度不超过100 Å的锈皮层,其晶体结构受到金属晶体结构的制约,称为假晶层。在其上面继续发展的锈皮,受着金属晶体结构的制约但又要按氧化产物自身结构排布,此层称为过渡层。当氧化皮的厚度超过过渡层的厚度后,它就完全按照自身结构发展,是为自身结构层。高温腐蚀过程中,在腐蚀锈皮与被腐蚀金属之间,在锈皮的不同层次之间,在复杂混合型锈皮不同相之间,由于结构上存在着差异,因而在界面上将产生结构内应力。另外,在高温腐蚀系统内,由于各相热胀系数的不同,也会在各相界面上产生热应力。当锈皮塑性变形能力低或锈皮与被腐蚀金属间粘着不牢固时,相界面上的内应力常会使锈皮破裂、粉末化或脱落。

二、金属氧化膜的成长规律

氧化物膜的成长速率,不仅可能被界面上的化学反应所控制,而且更可能被金属或介质通过膜的物理过程所控制。在固态的金属氧化物膜中,这种物理过程的主要形式是物质的扩散过程。扩散过程不仅与氧化物膜的厚度有关,而主要取决于氧化物膜的晶格缺陷。

不同金属氧化物膜的成长规律不同。不能保护金属的氧化物膜厚度的增长,与氧化时间基本上成直线关系;能够保护金属的氧化物膜厚度的增长,与氧化时间基本上成抛物线关系。

1. 膜成长的直线规律

对于氧化时不能生成保护膜的金属来讲,其腐蚀过程主要由界面上的化学反应所控制,氧化物膜的成长速率即通常所称的氧化速率为常数:

$$\frac{dy}{dt}=K_1 \tag{15-1}$$

式中,y为氧化膜的厚度;t为氧化时间;K_1为氧化速率常数。

将上式积分,得

$$y=K_1t+A \tag{15-2}$$

式中,A为积分常数。

由上式可见,膜的厚度(或化学腐蚀产物的量)和氧化时间成正比。氧化速率和氧化物膜的厚度无关。在给定情况下,积分常数A为$y-t$直线的截距,它表示$t=0$时,氧化物膜的厚度。如果氧化作用一开始是在纯净的金属表面上进行(表面没有氧化物膜),则直线通过原点,即

$$y=K_1t \tag{15-3}$$

在纯净金属表面上形成第一层膜的起始期间产生极薄而又完整的假晶态氧化物层，这一层膜好像是金属结晶体晶格的延续，此时在膜中还没有因氧化物晶格受到歪曲而产生的应力。当这一假晶态氧化物层达到某一临界厚度时，膜中已有的内应力释放了，假晶态氧化物就转变为具有固有晶格参数和密度的普通氧化物。因此，氧化物膜一般由两层组成，内层较薄，外层通常较厚。内层对于反应剂的扩散，也即对于膜的成长产生主要的阻滞作用。在温度及反应剂不变时，内层薄的无孔膜的厚度，几乎不随时间而改变。外层虽然较厚，但并不完整，尽管这一层的厚度在金属的氧化过程中是不断地增加的，但是这层膜并不能明显地阻碍氧的迁移(见图 15-6)。所以，金属的氧化速率不会随时间而改变。

由上式可知，只有在经过了一定的时间间隔后，当假晶态氧化物膜达到其临界厚度以后，方会建立起金属氧化物膜的厚度与氧化时间的直线关系。如图 15-7 所示，曲线 $y=f(t)$的起始部分上升较陡，显然不是直线地上升的。由这一曲线起点($t=0$ 时)引出的切线(直线 MN)的斜率($\mathrm{tg}\beta$)就是化学反应速率常数。直线 PQ 的斜率($\mathrm{tg}\alpha$)就是氧化速率常数。正是假晶态氧化物层在达到临界厚度前的成长过程(图 15-7 中曲线 MP 线段)，使得遵从直线规律氧化的某些金属的氧化曲线，在起始阶段偏离了直线。

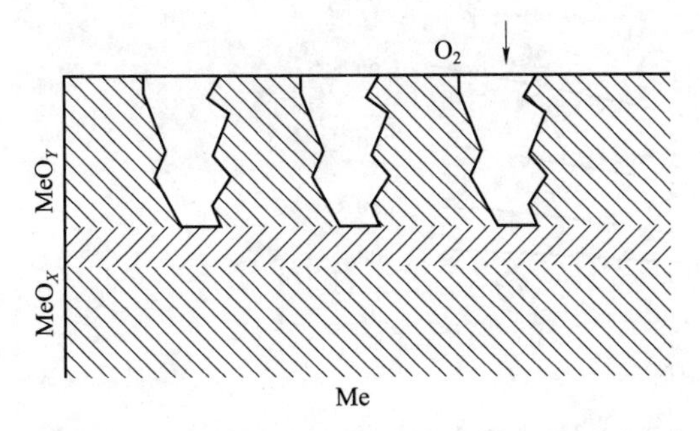

图 15-6　在 $V_{\mathrm{Meo}}/V_{\mathrm{Me}}<1$ 的金属上有孔氧化物膜

MeO_y—内层的假晶态氧化物层；MeO_x—外层的有孔氧化物层

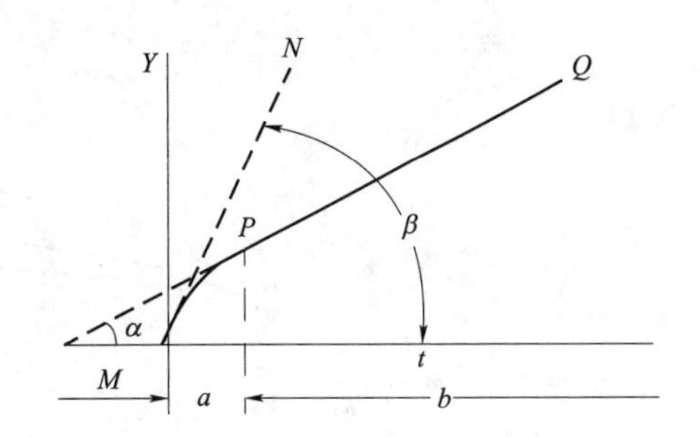

图 15-7　氧化曲线的起始阶段对直线规律偏离的结构示意图

除了生成不完整膜的金属外，氧化时生成挥发性的或容易升华的氧化物的金属，其氧化物膜的成长(或氧化速率)也能服从直线规律，如钼在 725 ℃以上、钨在 1 000 ℃以上、钒在 650 ℃以上的氧化情况。这主要是由于生成的氧化物 MoO_3、WO_3、V_2O_5挥发性很大，温度更高时还可能熔化(MoO_3的熔点为 795 ℃ 、WO_3的熔点为 1 473 ℃、V_2O_5的熔点为 675 ℃)，因此在金属和氧化物之间会出现液体，使氧化物膜严重剥落。这对高温下使用的耐热合金来说，是一个需要予以考虑的严重问题。

从工程角度看，氧化物膜按直线规律成长的氧化反应是最为危险的。因为氧化的速率太大，这是不允许的。

2. 膜成长的抛物线规律

对于因化学腐蚀而生成完整膜的金属来讲，其腐蚀过程将由反应剂穿过膜的扩散过程所控制。随着膜的加厚，膜的成长愈来愈慢，即膜的成长速率与膜的厚度成反比。用数学式表示为

$$\frac{\mathrm{d}y}{\mathrm{d}t}=K'\frac{1}{y} \tag{15-4}$$

积分上式,得

$$y^2 = 2K't + A \tag{15-5}$$

令 $K_2 = 2K'$,则有

$$y^2 = K_2 t + A \tag{15-6}$$

式中 K_2、A 为常数。式(15-6)是一个抛物线方程式。

由此可见,抛物线成长规律的特点是氧化速率和氧化物膜厚度成反比。亦即氧化物膜厚度和氧化时间呈抛物线关系。

抛物线成长规律在实际中最为常见并被研究得最充分。大多数金属在某一特定的温度范围内氧化时,其氧化物膜的成长都是符合抛物线规律的。例如,铝在 300～450 ℃、银在 200～350 ℃、铀在 150 ℃以下、铜在 200 ℃以上和铁在 250 ℃以上的氧气或空气中氧化时都符合抛物线成长规律。

图 15-8 所示为锆在不同温度、压力为 150 mmHg 的氧气中氧化的抛物线曲线。从扩散理论知道,抛物线规律肯定是由反应物通过氧化物膜的体扩散而决定的。因而氧化物膜要求较厚,例如在几百到一千埃以上。

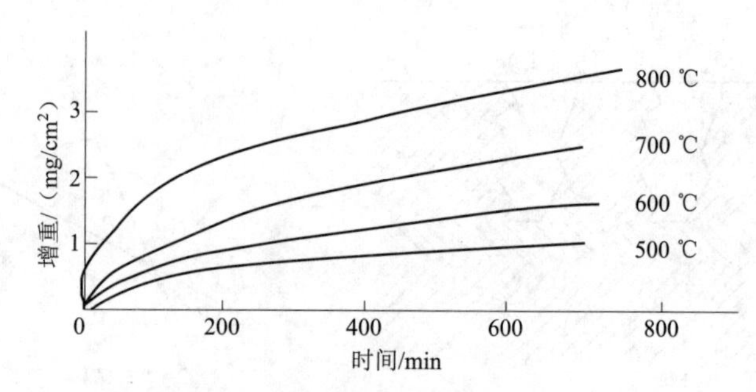

图 15-8 锆在压力为 150 mmHg 氧气中的氧化

膜成长的立方规律

$$\frac{dy}{dt} = K\frac{1}{y^2} \tag{15-7}$$

或

$$y^3 = K_3 t + A \tag{15-8}$$

这说明扩散阻力要比氧化物膜的成长符合正比关系时更为严重。这种规律在实际工作中较少遇见。它可出现在中温范围内和氧化膜较薄(在 50～200 Å 之间)的情况下。例如镍在 400 ℃左右,钛在 350～600 ℃氧化时都符合立方生长规律。

3. 膜成长的对数及逆对数规律

有些金属在某一条件下进行氧化时,氧化物膜的成长速率要比按抛物线规律成长的速率更加缓慢。即氧化物膜的增长符合对数或逆对数规律

$$y = K_4 \lg t + K_4 \tag{15-9}$$

$$1/y = K_5 \lg t + K_5' \tag{15-10}$$

这两个规律在氧化物膜很薄(50 Å 以下)的情况下均可能出现。例如,室温下的铜、铁、铝、银的氧化符合逆对数规律;铜、铁、锌、镍、铝、钛和钽等的初始氧化行为符合对数规律。但在实际工作中区别对数规律和逆对数规律通常是很困难的。因为在有限的时间 t 内,对

于薄膜所获得的数据，无论用哪个方程处理，往往都能符合得较好。

当时间、温度、气体的组成等条件发生变化时，金属的氧化类别也会改变。例如铜自300 ℃至1 000 ℃是按抛物线规律氧化的，在100 ℃以下则按对数规律氧化。铁从500 ℃至1 100 ℃按抛物线规律氧化，在400 ℃以下则按对数规律氧化。

上述金属氧化物膜随时间成长的不同规律归纳于图15-9。

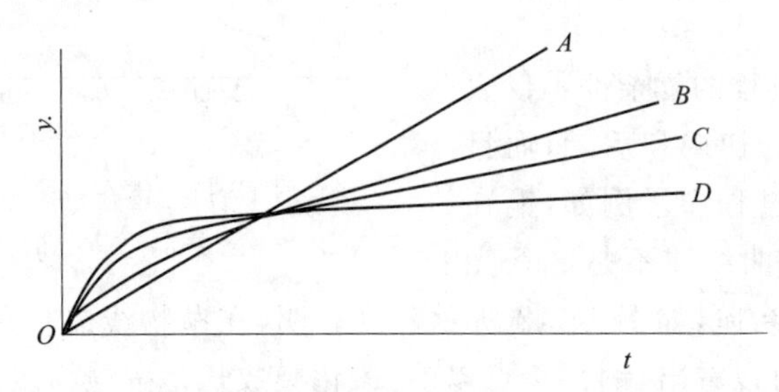

图15-9 金属氧化物膜成长规律的综合示意图

A—直线型；B—抛物线型；C—立方型；D—对数型

在实际应用中，通常采用 $y=f(t)$ 曲线来判断氧化物膜成长规律。若用 y^2-t 或 $y-\sqrt{t}$ 作图得一直线，见图5-10(a)，表示氧化服从简单抛物线规律。若用 $y-\lg t$ 作图得一直线，见图15-10(b)，表示服从对数规律。也可来用等式两边取对数的方法，例如对 $y^n=Kt$ 取对数，得 $\lg y=\lg K/n+\lg t/n$，然后作 $\lg y-\lg t$ 图，若为直线，见图5-10(c)，则表示服从抛物线规律。总之，要设法使图中曲线变为直线。直线的斜率和截距，就是相应的作图方程式中的常数项。

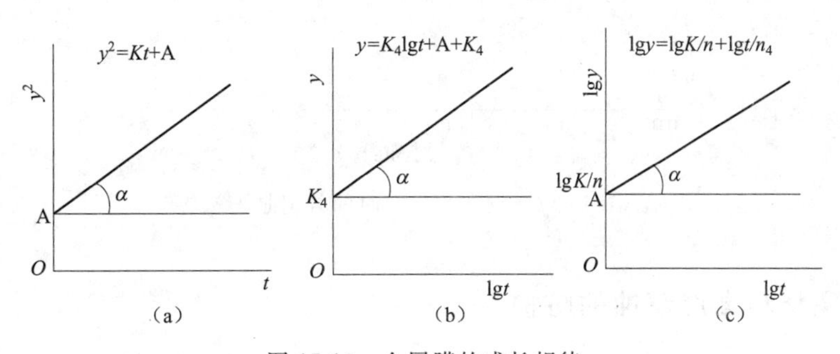

图15-10 金属膜的成长规律

(a) 简单抛物线规律；(b) 对数规律；(c) 抛物线规律

值得注意的是，金属的实际氧化规律往往是比较复杂的。抛物线规律即使在恒定的温度下，氧化规律也会随时间的变化而变化。例如，许多金属(包括呈现抛物线成长规律的重金属)在氧化的最初阶段，亦就是氧化物膜极薄、还没有形成连续性膜覆盖整个金属表面时，氧化物膜成长得很快，符合直线规律。经几分钟，甚至几秒钟后就转入抛物线成长阶段。又如锆等许多金属按抛物线规律氧化一定时间后，氧化速率会突然加大，变成按直线规律氧化。这一现象称为“转折”。出现转折的时间称为转折时间。图15-11画出了锆在360 ℃的高压水中腐蚀时样品增重—时间曲线。由图可见，在3 000 h以前，$\lg w$ 和 $\lg t$ 成直线关系，直线斜率约为0.5，因而符合抛物线规律。在3 000 h以后，直线斜率变为1，说明锆的氧化物膜(ZrO_2)按直线规律成长。这种“转折”现象在材料实际使用中是一个十分值得注意的现象。特别是那些腐蚀速率较大的材料，由于严重腐蚀，失重过多，所以在出现“转折”后，材料往往就不能再被继续使用。

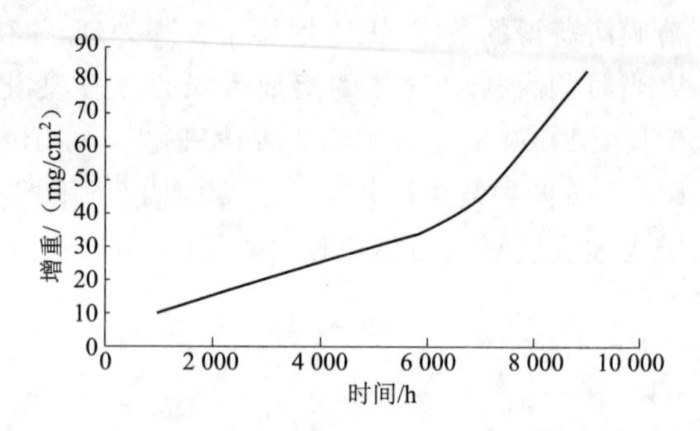

图 15-11　锆在 360 ℃水中腐蚀时样品增重—时间曲线

实际上金属氧化过程的复杂性不仅表现在抛物线氧化过程的初期和后期，而且也表现在抛物线成长过程中。例如，铜在 500 ℃氧化时，其氧化曲线并不是一条光滑曲线，而是出现若干台阶，如图 15-12 所示。这表明，在抛物线成长过程中出现了多次加速氧化过程。从图中可以看出，铜在 *a* 点以前，氧化膜成长是按抛物线规律进行的。但到 *a* 点后由于内应力增大，膜在许多地方突然破裂，腐蚀速率显著增加。但表面上形成的膜仍按抛物线规律成长，直到 *b* 点。在该处膜又一次遭受破裂。因此，整个腐蚀曲线是由几个抛物线段组成。图中的虚线是设想在没有破裂时的抛物线氧化曲线。

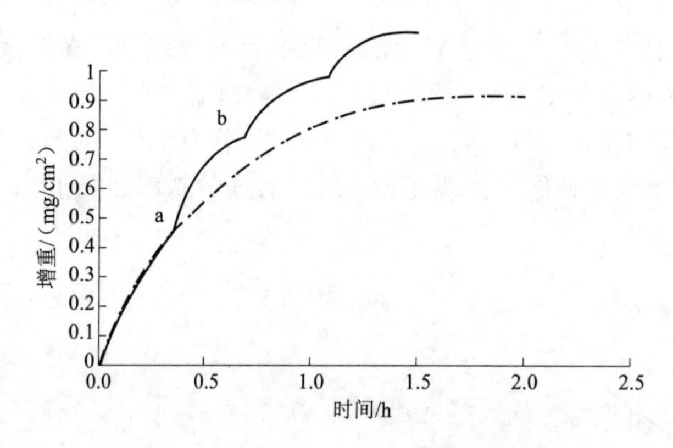

图 15-12　铜在 500 ℃时的氧化曲线

三、金属材料高温腐蚀的防护

金属材料在不同的温度下可生成宏观组织、微观结构、化学组成完全不同，抗高温腐蚀性能相差悬殊的氧化膜。在高温腐蚀环境下，当金属的氧化膜不能满足高温抗蚀性的要求时，往往采取合金化的手段，以改善金属及氧化膜的组成和组织，最后达到提高金属高温抗蚀性的目的。当前抗高温腐蚀合金化一般遵循下述三条原则：合金元素选择氧化后生成合金元素氧化膜；合金元素与基体金属组成尖晶结构氧化膜取代抗腐蚀性能低的金属的氧化膜；将微量合金元素固溶于基体金属氧化膜中，借助于微观结构缺陷的变化来提高金属的抗腐蚀性。

同时，也可以采取高温预氧化处理方法。因为金属材料在不同的温度条件下可生成宏观组织、微观结构、化学组成完全不同，抗高温腐蚀性能相差悬殊的氧化膜。

高温预氧化处理的目的：降低在波动的环境介质中出现高温腐蚀性能低劣氧化膜的可能性。高温预氧化处理是在金属投入使用之前将它放在可获得最佳抗腐蚀性氧化膜的可控环境中加热氧化。预氧化处理的工艺参数要很好地选择，这些参数主要包括预处理气氛的组成和分压、加热温度及金属的表面处理等方面。

为了使金属与合金在高温腐蚀环境中具有优良的抗蚀性，它与介质生成的氧化膜必须满足下列要求：

1. 氧化膜必须具备优良的化学稳定性和相稳定性

化学稳定性表现为在高温腐蚀环境下，氧化膜不会分解破坏。相稳定性意味着氧化膜在高温腐蚀条件下易于保持它的固体状态，即它有着较高的熔点和沸点，不易液化或升华。

2. 氧化膜结构应当是致密的

只有致密的氧化膜才能抑制金属和介质通过它的扩散，减轻界面化学反应。

3. 氧化膜必须连续而均匀地覆盖在金属表面上

不连续的氧化膜为界面化学反应提供了宏观通道，也会导致局部腐蚀。

4. 氧化膜必须牢固地黏结在金属表面上

氧化膜必须牢固地黏结在金属表面上，只有这样的氧化膜才能把金属完整地保护起来。当氧化膜从金属表面脱落或开裂时，金属表面就会重新暴露在腐蚀介质的作用下。

四、锆及锆合金在水或水蒸气中的氧化机理

锆及锆合金在高纯水或水蒸气中的氧化原理与其在水或水蒸气中的腐蚀机理一样，通过其腐蚀动力学来解释。锆或锆合金与 H_2O 发生反应，生成氧化膜，其反应如下：

$$Zr+2H_2O \longrightarrow ZrO_2+4H$$

由水、水蒸气或它们的混合物给予氧化膜表面的水分子被吸附并获得电子后，形成氧离子和氢离子。氧离子穿过氧化膜而扩散到锆内，但并不是全部进入锆内，有一部分留在水、水蒸气或它们的混合物中。锆及其合金的氧化动力学不服从某一个定律，确切地说，它不能用一个动力学方程式表示。氧化的初始阶段通常用近似立方规律的方程式来表示。

Zr-4 合金的在水蒸气中氧化过程也可分为两个性质不同的氧化阶段。第一个阶段为“转折前氧化阶段”，在这个阶段内，锆合金表面上形成干涉色或黑色光亮致密的氧化膜，氧化膜的厚度大约 1 μm。在转折点之前生成的氧化膜的结构是以单斜晶为主的单斜 ZrO_2 和立方 ZrO_2 的混合体，此氧化膜均匀、致密，与金属表面的结合十分良好，此时的氧化膜对锆合金基体有良好的保护作用。同时，氧化速率是随时间的延长而降低的。锆合金与高温水蒸气反应的动力学方程式可表达如下：

$$\Delta w=kt^n \qquad (15\text{-}11)$$

式中，Δw——单位面积的增重（mg/dm^2）

K,n——在给定温度下的常数

方程(15-11)用对数方程表达更为方便：

$$\log\Delta w=\log k+n\log t \qquad (15\text{-}12)$$

在这种情况下 $\Delta w-t$ 对数关系曲线为直线。根据国外有关文献，认为指数 n 在 0.25～0.6 之间，而国内的有关专家得出的指数 n 在 0.30～0.34 之间。

最后，当氧化膜厚达到 2～3 μm 的程度时，出现转折，也就是转变到线性定律的动力学，这种情况下的方程式为：

$$\Delta w = ct \tag{15-13}$$

此时氧化速度增加很快,与此同时氧化膜开始由黑亮转为黑色,黑灰色,甚至最终变成白色或深灰色疏松的氧化膜。这种氧化膜的结构为单一的单斜晶 ZrO_2,结晶学上称为柱状晶,且方向垂直于元件表面生长,有很多的裂纹(有相转变的体积膨胀)和孔洞,故它对基体失去保护作用。不管是转折前还是转折后生成的氧化膜都属于均匀腐蚀的范畴。

锆-2 及锆-4 合金在水蒸气中的氧化全过程可用图 15-13 中的曲线表示。

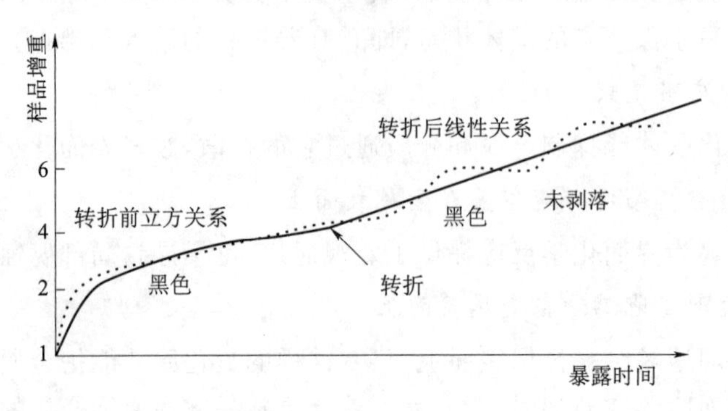

图 15-13　锆-2 及锆-4 及锆合金在 200～400 ℃水和水蒸气中的腐蚀动力学曲线示意图

从应力角度来讲,锆及锆合金形成氧化锆后,体积将增大,P. B 比为 1.56,所以表面形成氧化膜后,氧化膜将产生压应力,而与氧化膜连接处的金属将产生张应力。由于氧化是在氧化膜与金属界面上逐层发生,所以氧化膜中又存在应力梯度。随着表面氧化膜增厚,氧化膜内表面压力也增加,当应力达到一定值后,形成的氧化锆为非晶态。氧化锆由非晶态转变为晶态时,先形成亚稳的立方结构,而后再转变为稳定的单斜结构。此时形成的氧化膜变得疏松,产生白色腐蚀产物。

在转折点之前的氧化过程中,氧化膜的附着力好,呈黑色,有光泽且平滑。它具有很高的耐腐蚀性能。这种保护膜的成分未达到化学计量值。它的分子式为 ZrO_{2-X},这里 $X \leqslant 0.05$。转折后氧化膜变成灰色,然后当氧化膜厚度增至 50～60 μm 时就变成白色。这种形状的膜具有化学计量的分子式,即 ZrO_2,它是疏松的易剥落的。这种膜是锆制件因腐蚀事故而报废的标志。在西方文献中这阶段的腐蚀被称为“Breakaway”,即破裂(剥裂)。在有应力的情况下,破裂可以在较少的增重,亦即较薄的膜厚时发生。在锆管、棒、焊接件,还有成品燃料元件进行氧化釜氧化和腐蚀检验时凡出现白点、白条纹、白斑或其他发白的缺陷,该制件即报废。

第十六章　培训教学基础知识

学习目标：掌握培训教学的目的、基本方法。

培训是企业发展前进的重要手段，没有培训的企业，是不可能取得巨大进步的。随着科学技术的发展和企业的进步，对员工的培训具有越来越重要的作用。培训的方式多种多样，有在职培训和非在职培训之分，根据培训的地点也可以分为现场操作培训、师傅带徒弟的方法进行培训和理论培训等等。对于培训者，没有一成不变的规定。孔子说“三人行，必有我师”，有一技之长的员工可以对其他员工进行培训，经验丰富者可以对初学者进行培训，高级工可以对初级工进行培训，技师可以对高级工、中级工、初级工进行培训等等。

第一节　木桶原理

学习目标：掌握培训教学的木桶原理。

一、木桶原理

木桶原理指的是：一个木桶由许多块木板组成，如果组成木桶的这些木板长短不一，那么这个木桶的最大容量不取决于长的木板，而取决于最短的那块木板。这由许多块木板组成的“木桶”不仅可象征一个企业、一个部门、一个班组，也可象征某一个员工，而“木桶”的最大容量则分别象征着企业、部门、班组和员工个人最大的整体实力和竞争力。

员工培训实质上就是通过培训来增大这一个个“木桶”的容量。木桶原理可以在培训对象和培训内容方面给企业的员工培训工作提供一些非常好的启示。

二、培训的重点

培训的重点是不断找出并加长最短的“木板”。如果组成木桶的木板长短不一，那么，要增大木桶的容量，我们可采取两种办法：第一是同时加长每一块木板；第二是只加长最短的木板。相比之下我们很容易看出，要增大相同的容量，第二种方法比第一种要经济得多。

有不少企业的员工培训工作不考虑员工实际水平的参差不齐，其培训过程像学校上课一样要求统一的模式，采取统一的进度。根据木桶原理我们知道这样做实质上采取的就是上述的第一种方法，是很不经济的，它大大增加了培训投资但效果却不一定好，因为它缺乏针对性。现在很流行揭短管理，即在企业管理过程中，不断查找和发现自己的最短处并及时对症下药使之由短变长，从而增强企业整体竞争力。

要想加长最短的木板，首先就要找到它。要及时找出最短的木板，这对员工绩效考核工作提出了很高的要求。编号法被证明是一种行之有效的方法，例如在制造性企业里，产品经过每一道工序时，该工序工人的编号都要加到该产品上，最终成品的编号就包含有经手的每一个工人的编号。一旦某个产品出了质量问题，根据该产品的编号便可直接找到责任人，然后对该责任人进行有针对性的重点指导和培训,以加长这块最短的木板。

第二节 培训工作

学习目标:掌握培训教学的目的、内容、原则、基本方法。

一、培训工作的目标

1. 通过对员工的培训能够达成员工对公司文化、价值观、发展战略的了解和认同。

2. 达成对公司规章制度、岗位职责、工作要领的掌握。

3. 提高员工的知识水平,增强员工工作能力,改善工作绩效。

4. 端正工作态度,提高员工的工作热情和合作精神,建立良好的工作环境和工作气氛。

5. 配合员工个人和企业发展的需要,对具有潜在能力的员工,通过有计划的人力开发使员工个人的事业发展与企业的发展相结合。

二、培训内容

培训内容包括五个层次。

1. 知识培训

知识培训的主要任务是对参训者所拥有的知识进行更新。其主要目标是要解决"知"的问题。

现代培训,是不断地开拓人的发展期,使人不断适应新的工作,适应社会的变化,并开拓新的局面,达到新的水平。知识更新的任务就是不断地维持人类的继承与发展。这类培训任务既是最基本的、也是最大量的。

2. 技能培训

技能培训的主要任务是对参训者所具有的能力加以补充。其主要目标是要解决"会"的问题。

现代培训,就是要不断地加强对人的能力的补充,使现代人越来越具有会把知识及时转化为能力的本领。使现代社会的人才所拥有的能力越来越全面。

3. 思维培训

思维培训的主要任务是使参训者固有的思维定势得以创新。其主要目标是要解决"创"的问题。

现代培训,就是要勇敢地探索对人的思维模式的训练,使获得创新思维成为现代人的一种新的追求。从而使社会科学与自然科学的发展更加日新月异。

4. 观念培训

观念培训的主要任务是使参训者持有的与外界环境不相适应的观念得到改变。其主要目标是要解决"适"的问题。

现代培训,就是要认真地引导参训者实现观念的转变,以适应社会环境的急剧变化。特别是在改革开放的今天,人的观念对环境变化的适应度,直接关系到自身的生活质量。

5. 心理培训

心理培训的主要任务是开发参训者的潜能。其主要目的是通过心理的调整，引导他们利用自己的“显能”去开发自己的潜能。其主要目标是解决“悟”的问题。

三、培训工作应遵循的原则

企业培训的成功实施要遵守培训的基本原则。尽管培训的形式和内容各异，但各类培训坚持的原则基本一致，主要有以下几个原则：

1. 战略原则

员工培训是生产经营活动中的一个环节。我们在组织培训时，要从企业发展战略的角度去思考问题，避免发生“为培训而培训”的情况。

2. 长期性原则

员工培训需要企业投入大量的人力、物力，这对企业的当前工作可能会造成一定的影响。有的员工培训项目有立竿见影的效果，但有的培训要在一段时间以后才能反映到员工工作绩效或企业经济效益上，尤其是管理人员和员工观念的培训。因此，要正确认识智力投资和人才开发的长期性和持续性，要用“以人为本”的经营管理理念来搞好员工培训。企业要摈弃急功近利的态度，坚持培训的长期性和持续性。

3. 按需施教原则

公司从普通员工到最高决策者，所从事的工作不同，创造的绩效不同，能力和应当达到的工作标准也不相同。所以，员工培训工作应充分考虑他们各自的特点，做到因材施教。也就是说，要针对员工的不同文化水平、不同的职务、不同要求以及其他差异，区别对待。

4. 学以致用原则

在培训中，应千方百计创造实践的条件。培训的最终目的就是要把工作干得更好。因此，不仅仅依靠简单的课堂教学，更要为接受培训的员工提供实践或操作的机会，使他们通过实践，真正地掌握要领，在无压力的情况下达到操作的技能标准，较快地提高工作能力。

5. 投入产出原则

员工培训是企业的一种投资行为，和其他投资一样，我们也要从投入产出的角度来考虑问题。员工培训投资属于智力投资，它的投资收益应高于实物投资收益、但这种投资的投入产出衡量有其特殊性，培训投资成本不仅包括可以明确计算出来的会计成本，还应将机会成本纳入进去。培训产出不能纯粹以传统的经济核算方式来评价，它包括潜在的或发展的因素，另外还有社会的因素。

6. 培训的方式和方法多样性原则

公司从普通员工到最高决策者，所从事的工作不同，创造的业绩不同，能力和应达到的工作标准也不同。因此，不同的员工通过培训所要获取的知识也就有所不同。

7. 个人发展与企业发展相结合的原则

通过培训，促进员工个人职业的发展。员工在培训中所学习和掌握的知识、能力和技能应有利于个人职业的发展。作为一项培训的基本原则，它同时也是调动员工参加培训积极性的有效法宝。员工在接受培训的同时,将感受到组织对他们的重视,这样有利于提高自我价值的认识,也有利于增加职业发展的机会,同时也促进了企业的发展。

8. 全员培训与重点培训相结合的原则

企业培训的对象应包括企业所有的员工,这样才能全面提高企业的员工素质。与全员培训相反的是许多企业只培训部分员工,如有的企业只培训中高层管理人员,有的企业只对新员工进行一定形式的培训,还有很多企业只是在临时需要时才进行培训。

全员培训也不是说对所有员工平均分摊培训资金。在全员培训的基础之上,我们还要强调重点培训,主要是对企业技术、管理骨干,特别是中上层管理人员,培训力度应稍大,因为这些人员对企业的发展起着关键作用。

9. 反馈与强化培训效果的原则

在培训过程中,要注意对培训效果的反馈和结果的强化。反馈的作用在于巩固学习技能、及时纠正错误和偏差,反馈的信息越及时、准确,培训的效果就越好。强化是结合反馈对接受培训人员的奖励或惩罚。这种强化不仅应在培训结束后马上进行,如奖励接受培训效果好并取得优异成绩的人员;还应在培训之后的上岗工作中对培训的效果给予强化,如奖励那些由于培训带来的工作能力的提高并取得明显绩效的员工。一般来说,受人贬斥而发奋总不如受人赞扬更能自强自信,更能燃起奋发向上的热情。

四、培训者

培训者是指在培训与发展过程中具体承担培训任务,向受训者传授知识与技能的人。它在培训中处于关键地位,其素质高低、意愿能力及方法的选择都关系到培训效果的好坏与质量高低。一般说来,优秀的培训者应具备以下特征:

1. 设置有一定难度,而又能达到的目标。
2. 向学员指出培训内容的重要性。
3. 鼓励学员应用他们的才能完成任务。
4. 鼓励学员共同分享相关的知识与阅历。
5. 能够有效地使用各种培训与发展的辅助设备与设施。
6. 为有效地学习提供恰当的内容。
7. 通过测验等方法,发现学员的优缺点。
8. 有一定亲和力,能与学员融洽相处。
9. 能够充分调动学员的积极性。
10. 将培训与发展的内容与学员的工作有效地联系起来。
11. 鼓励课堂讨论,有效地组织课程。
12. 其他,诸如创新精神等。

五、在职培训方法

在职培训是指员工在日常的工作环境中一边工作一边接受的培训。这种培训可以是正式的,也可以是非正式的。如果是正式培训,培训者会遵循一些书面的程序和规则进行培训;如果是非正式培训,培训者通常没有书面的程序和规则材料,他们按照自己的方式辅导员工。有时候在职培训甚至没有培训者，员工一边干一边摸索相关的知识和技能。

以师傅带徒弟的培训方法就是一种在职培训。在目前情况下，在职培训是一种较为实用、效果较为明显的方法。一般情况下，培训者按照下列步骤开展在职培训，培训效果较明显。

1. 解释工作程序

在职培训一开始是向员工解释该项工作。这种解释要“宏观”，其中包括为什么需要这一特定的工作或工作程序；它是如何影响其他工作的；这一工作如果出现差错会造成什么后果。这一步的目的是让员工在掌握具体工作前对整个过程有一个了解。

2. 示范工作程序

给员工演示整个工作过程。如果培训者在示范一项有形任务，如燃料棒组装、骨架组装或拉棒操作，一定要慢慢做示范，让员工有机会记住每一步。要保证培训者的演示适合于员工的观察角度。例如，如果培训者是面对着员工演示，员工学到的操作就是反方向的。如果工作过程很复杂，应该每次只演示适合于员工的观察角度。如果工作过程很复杂，应该每次只演示一步。到底培训者的演示是从第一步开始还是从最后一步开始，取决于员工要掌握的技能是什么。

新员工还需要掌握一些无形的工作程序，这些工作程序也要通过演示进行培训。例如，培训者也许要演示一下如何进行格架定位或如何确定格架安装方位。

3. 让员工提问，并回答他们的问题

演示结束后，要鼓励员工提问。根据问题，培训者可以重新演示一遍，并鼓励员工在演示过程中进一步提问。

4. 让员工自己动手做

让员工试着自己动手做。请员工解释自己在干什么和为什么要这样做，这可以帮助培训者确认员工是否真的理解了工作过程。如果员工很吃力或有点灰心，可以帮他一把，若有必要，也可以再演示一遍。

5. 给员工反馈和必要的练习机会

继续观察员工的工作，并提出反馈意见，直到培训者们双方都对员工的操作过程感到满意为止。让员工清楚知道自己什么地方有进步，什么地方做得好，并给他足够的时间练习，直至他有信心独自完成工作而无需指导。教会员工在整个过程中检查自己的工作质量，让他们感到自己有责任提高工作质量。

当在职培训结束，员工对新技能实践了一段时间后，要回过头来再看看员工干得怎么样。他们是否有什么困难？是否找到了改进工作程序和工作质量的方法？是否需要进一步的培训或帮助？

尽管“逆向”教学——换句话说，就是先教最后一步，再慢慢追溯到第一步的教学方式——违反了人们的直观感受，但有时却容易教会复杂的技能。例如，教小孩系鞋带，培训者可以替他把其他工作都做了，只剩下最后一步（把两个环拉紧）。指导孩子学会这最后一步，等他学会了，再回头教倒数第二步（用绳系个环，然后把两个环拉紧），依此类推。在工作场所中，用这种办法传授复杂技能也会有效。

岗位培训是在职培训的一种形式,是企业管理人员通过日常工作活动或日常接触启发和指导下属工作方法和工作技能,激发下属工作热情,培训下属敬业、协作、团结的品质的过程。岗位培训是一项经常性的工作,它贯穿于企业生产、经营的全过程。

岗位培训的方式是:规范性演示、以会议或讨论形式传送意见和观念、言传身教、有计划安排各种能力训练、通过联谊会、谈心会、碰头会交流意见、指导下属、委任临时职务。

第十七章　生产管理

学习目标：掌握生产组织、管理方法。

作为车间或分厂，其主要任务是生产产品，所以生产管理的重点应以车间生产管理为中心。车间生产管理，即对车间生产活动的管理。车间生产管理的主要任务是按时完成企业经营计划规定的任务，具体地说就是要完成本车间承担的产品品种、质量、产量、成本和安全等指标。

第一节　生产组织

学习目标：掌握生产过程的划分、基本要求、空间组织和时间组织及车间流水线的组织。

一、生产过程的划分

工业企业的生产过程，按其所经过的各个阶段的地位和作用来分，可分为基本生产过程、辅助生产过程、生产技术准备过程、生产服务过程四个组成部分。

1. 基本生产过程

它是直接从事车间基本产品生产、实现车间基本生产过程的单位，如机械工业中的铸造、机加工、部件（总成）装配等生产过程。

2. 辅助生产过程

为基本生产提供辅助产品与劳务的部门，如维修和有关动能的输送等。

3. 生产技术准备过程

为基本生产和辅助生产提供产品设计、工艺设计、工艺准备设计及非标准设备设计等技术文件，负责新产品试制工作。

4. 生产服务过程

它是为基本生产过程和辅助生产过程服务的部门，通常包括原材料、成品、工具、夹具的供应和运输等工作。

二、生产组织的基本要求

1. 生产过程的连续性

所谓连续性，具有两层含义：一是工作（生产）场地的连续性和不断性，能提高工作场地的利用率；二是作业者在工作过程中的连续性，可缩短产品的生产周期。

2. 生产环节的协调性

生产环节的协调性，即要求车间生产过程的各个工艺阶段、工序（或工作地）之间在生产能力上保持适当的比例。

3. 生产能力的适应性

应考虑由于产品品种不断更新换代和技术的不断发展进步,应进一步挖掘潜力,开展技术革新,以适应形势变化的要求。

三、车间生产过程的空间组织

1. 生产专业化的原则和形式

生产专业化的原则决定着企业的分工协作关系和工艺流向、原材料、在制品等在车间内的运转路线和运输量。其主要原则和形式有三种:

1) 工艺专业化原则和工艺专业化车间

工艺专业化原则,就是按生产过程各工艺阶段的工艺特点来建立工艺专业化的生产单位。

2) 对象专业化原则和对象专业化车间

对象专业化原则是把加工对象的全部或大部分工艺过程集中在一个生产单位,组成以产品、部件(零件组)为对象的专业化生产车间。

3) 综合原则及相应的车间

综合原则就是综合运用工艺专业化和对象专业化原则建立相应的生产单位。

2. 车间内生产单位的组成

车间内的生产单位是指车间内的工段、班组。从生产过程的性质看,工段(班组)又分为生产工段(班组)和辅助工段(班组)。

生产工段完成生产产品的过程,通常按产品零件或工种来设置;辅助工段完成辅助生产过程,往往按辅助工种来设置。

四、车间生产过程的时间组织

车间生产过程中,必须合理分配劳动时间,以减少时间的消耗,提高生产过程的连续性,降低单位产品的时间消耗;同时要在原有生产条件、操作者和设备负荷允许范围内,尽量缩短生产周期。

五、车间流水生产线的组织

车间流水生产线的组织的特征是:

1. 工作场地专业化程度高,流水线上固定生产一种或几种产品。

2. 生产节奏明显,并按一定的速度进行。

3. 各工序的工作场地(设备)数量同各工序时间的比例相一致。

4. 工艺过程是封闭的,工作场地(设备)按工艺顺序排列成锁链形式,劳动对象在工序间作单向移动。

第二节 生产控制

学习目标:掌握车间在制品管理、生产作业管理、定置管理、精益生产管理等方法。

一、在制品管理

所谓在制品管理。是指包括在制品的实物管理和在制品的财卡管理在内的管理。它们通常是通过作业统计。分车间和仓库进行管理的。

1. 在制品的管理和统计

在制品是指车间内尚未完工的正在加工、检验、运输和停放的物品。通常采用轮班任务报告管理。

2. 库存半成品的管理与统计

在成批和单件小批生产情况下,需在车间内设置半成品库。它是车间在制品转运的枢纽,可及时向车间管理部门反映情况,提供信息。

二、生产作业的统计、考核和分析

1. 生产作业统计的方法

(1) 建立作业统计组织。车间(工段)、班组,应有作业统计人员。

(2) 做好资料的收集、整理和统计分析工作。

(3) 正确运用数字。数据要有可比性,统计数字时要做到准确、及时、全面。

2. 原始记录

原始记录也叫原始凭证,它是通过一定的形式和要求,用数字或文字对生产活动作出的最初和最直接的记录。

3. 专业统计的考核和分析

包括期量完成情况的考核和分析、品种完成情况的考核和分析、产品完成情况的考核和分析。

三、定置管理

定置管理的主要任务是研究组成生产条件的人、物、场地及三者的相互关系。它运用调整物的技法,处理好人与物、人与场地、物与场地的关系,使人、物、场地的结合状态得到改善,并使生产各要素更紧密地结合。从而实现生产现场管理的秩序化、规范化、文明化、科学化,提高企业管理素质。

四、精益生产管理

1. 精益生产管理的内涵

精益生产(Lean Production,LP)方式是日本的丰田英二和大野耐一首创的,是适用于现代制造企业的组织管理方法。这种生产方式是以整体优化的观点,科学、合理地组织与配置企业拥有的生产要素,清除生产过程和一切不产生附加价值的劳动和资源,以“人”为中心,以“简化”为手段,以“尽善尽美”为最终目标,使企业适应市场的应变能力增强。

2. 精益生产的基本特征和思维特点

精益生产具备以下的基本特征:

(1) 以市场需求为依据,最大限度地满足市场多元化的需要。

(2) 产品开发采用并行工程方法,确保质量、成本和用户要求,缩短产品开发周期。

(3) 按销售合同组织多品种小批量生产。

(4) 生产过程变上道工序推动下道工序生产为下道工序要求拉动上道工序生产。

(5) 以“人”为中心,充分调动人的积极性,普遍推行多机操作、多工序管理,提高劳动生产率。

(6) 追求无废品、零库存,降低生产成本。

(7) 消除一切影响工作的“松弛点”,以最佳工作环境、条件和最佳工作态度,从事最佳工作,从而全面追求“尽善尽美”。

精益生产的思维特点:精益生产方式是在丰田生产方式的基础上发展起来的,它把丰田生产方式的思维从制造领域扩展到产品开发、协作配套、销售服务、财务管理等各个领域,贯穿于企业生产经营活动的全过程,使其内涵更全面、丰富,对现代机械、汽车工业生产方式的变革有重要的指导意义。

3. 精益生产的主要做法——准时化生产方式(JIT)

准时生产方式起源于日本丰田汽车公司。它的基本思想是:只在需要的时刻,生产需要的数量和完美质量的产品和零部件,以杜绝超量生产,消除无效劳动和浪费。这也是 Just In Time(JIT)一词的含义。

(1) JIT 生产方式的目标及其基本方法

企业的经营目标是利润,而降低成本则是生产管理子系统的目标。福特时代采用的是单一品种的规模生产,以批量规模来降低成本。但是,在多品种、中小批量生产的情况下,这样的方法是不行的。因此 JIT 生产方式力图通过“彻底排除浪费”来达到这一目标。采取有措施:第一,适时、适量生产;第二,弹性配置作业人数;第三,质量保证。

JIT 的核心是适时适量生产,为此,JIT 采取了以下具体方法:

1) 生产同步化,即工序间不设仓库,前一工序加工结束后,立即转到下一工序去,各工序几乎平行生产。而后工序只在需要的时刻到前工序领取需要的数量,前工序只补充生产被领走的数量和品种。因此,生产同步化通过“后工序领取”这样的方法来实现。

2) 生产均衡化,即总装配线向前工序领取零部件时,应均衡地使用各种零部件,混合生产各种产品。

3) 采用“看板”这种极其重要的管理工具。

(2) 看板管理

看板管理就是在木板或卡片上标明零件名称、数量和前后工序等事项,用以指挥生产、控制加工件的数量和流向。看板管理是一种生产现场物流控制系统。现以丰田汽车公司典型的第一层次外协配套企业——日本小系制作所(以下简称小系)的看板管理方式为例介绍如下:

小系的用户主要是丰田汽车公司,所以小系的生产计划与丰田同步编制,每年 10 月份编制次年的年度生产计划，作业计划每月编制，生产指令更改每天进行，通过增加或减少“看板”来实现。月度作业计划提前 6 天确定，但有 20%的变动量。

在计划实施中，小系主要采用三条措施来保证生产的衔接：

1）将生产装配线全部改成 U 形，每条线 5～6 台设备，由 1～2 个工人操作，如遇产品变更只需在装配线内调换模具，更换也有“看板”指示，多数模具装配在可移动的工位器具上，由班长送到工位，1～2 min 便可完成换模。

2）加强与用户联系，派专人密切注视总装厂的市场、产品变化，与丰田同步做好生产技术准备工作。

3）保持少量的储备量，总装车间是 0.5 天，部件车间是 0.5～1 天，外协厂是 2～3 天，以保证丰田汽车总装厂库存为零。

第十八章　工艺方案设计与改进

学习目标:掌握工艺方案的类型、内容、拟定及工艺诊断与改进。

第一节　工艺方案的类型及内容

学习目标:掌握工艺方案的三种类型、主要内容。

一、工艺方案的类型

工艺方案是产品进行加工处理的方案,它规定了产品加工所采用的设备、工装、用量、工艺过程以及其他工艺因素。工艺方案是工艺准备工作的总纲,也是进行工艺设计、编制工艺文件的指导性文件。在开展工艺工作时,首先应拟订各种工艺方案,并协助企业技术部门选择出合理的工艺方案,以提高产品的质量,降低成本。

按企业生产类型可分为单件生产、大量生产和成批生产三种工艺方案。

1. 单件生产工艺方案

单件生产工艺方案是指产品品种很多,同一产品的产量很少,各个工作地的加工对象经常改变,而且很少重复生产。例如,核反应堆压力壳制造、重型机械制造、专用设备制造和新产品试制都属于单件生产。

2. 大量生产工艺方案

大量生产工艺方案是指产品的产量很大,大多数工作按照一定的生产节拍(即在流水生产中,相继完成两件制品之间的时间间隔)进行某种零件的某道工序的重复加工。例如,燃料棒、汽车、拖拉机、自行车、缝纫机和手表的制造属大量生产。

3. 成批生产工艺方案

成批生产工艺方案是指一年中分批轮流地制造几种不同的产品,每种产品均有一定的数量,工作地的加工对象周期性的重复。

每一次投入或产出的同一产品(或零件)的数量称为生产批量,简称批量。批量可根据零件的年产量及一年中的生产批数计算确定。一年的生产批数根据用户的需要、零件的特征、流动资金的周转、仓库容量等具体情况确定。

按批量的多少,成批生产工艺方案又可分为小批、中批和大批生产三种工艺方案。在工艺上,小批生产和单件生产工艺方案相似,常合称为单件小批生产工艺方案;大批生产和大量生产工艺方案相似,常合称为大批量生产工艺方案。

按产品的生产状况,工艺方案可分为两类:新产品试制与投产的工艺方案,包括试验性新产品和生产试验性新产品。老产品技术改造的工艺方案,包括改变产品设计和改变产品产量。

此外,还可以根据工艺方案的适用程度分为:通用工艺方案、典型工艺方案及专业工艺方案。

二、工艺方案的内容

工艺方案的主要内容包括：产品的工艺原则和工艺准备的特殊要求；产品应达到的质量标准（包括可靠性、维修性和有效性）；材料利用率、设备利用率、劳动量和制造成本等技术经济指标；关键件的工艺措施及必须具备的技术条件；工艺路线的确定；零件加工的划分原则；工艺方案的经济效果分析等。

1. 产品的工艺原则和工艺准备的特殊要求

产品的工艺原则和工艺准备的特殊要求包括：在具体编制工艺时应遵循的一些原则，如装配工艺原则、电气工艺原则、油漆工艺原则等；在组织试制和生产中应遵循的一些原则，如组织生产方式的原则，试制的过渡工艺原则、零件投料方式的原则、零件分类排产的原则以及工艺文件形式的规定等。

采用成组工艺及成组加工组织方式、柔性加工系统的产品工艺原则及工艺准备有其特定的要求。

2. 产品应达到的质量标准

根据产品性质和设计要求，必须从制造工艺上规定出相应的质量要求和质量指标。例如，为保证产品及主要零部件的质量而应达到的尺寸精度、外观要求、材质性能和耐用寿命等。对于关键零件的关键工序，还应规定合理的切削用量，并保证必要的工时。由于技术方面的原因，一时满足不了局部质量要求时，应在工艺方案中列出解决措施。

3. 材料的利用率

由于在工业产品的制造成本中，材料费用一般要占全部成本的40％～60％，有些产品甚至要达到70％～80％以上，因此，合理利用材料具有重大的经济意义。要本着节约的原则，对毛坯制造和零件加工提出具体要求，以求最大限度地提高材料利用率。在工艺方案中，对节约材料的途径，要有详细的考虑。

4. 劳动量

制造产品所耗用的劳动量的大小，主要取决于产品的复杂程度和结构特征、企业的生产类型和作业方式等因素。只有从企业的实际生产情况出发，认真分析和掌握产品的设计结构形式，采用先进技术，改进加工方法，改善劳动组织，提高设备和工艺装备的自动化程度，推广新技术和新工艺，才能不断地减少劳动耗用。在工艺方案中，应提出经济合理又切实可行的具体措施，以保证劳动耗用达到较先进的水平。

5. 工艺装备系数

产品制造所需专用工艺装备套数和产品专用零件种数之比称为工艺装备系数。它与方案中的质量、劳动量、材料利用率等指标都有直接关系。必须全面考虑，合理平衡，正确确定工艺装备系数。

6. 工艺路线

工艺路线又称工艺流程，是构成产品的各个零件在生产过程中所经过的路线，它是编制工艺规程和进行车间分工的重要依据。通过确定工艺路线，应当明确各类零件的分布状况以及零件加工车间的划分原则。一般来说，同类型的零件应分配到已积累有生产经验的车间。对于典型零件和典型工艺过程,如齿轮、标准件和工艺过程中的热处理等工序,一般应分配到专业化车间加工。但为了缩短制造周期和减少工序的周转手续。也可以在其他车间或流水线加工。

7. 经济效果分析

工艺方案的技术经济分析,是技术经济学中的一个重要内容。对于一些投资额大的工艺方案,应按照项目评价的原则和程序,采用"净现值""投资回收期""内部收益率"等指标进行详细评价;对于投资额不大的工艺方案,则可采取较为简便的方法,通过对工艺成本的计算,进行比较、选择。

第二节 工艺方案的拟订

学习目标:掌握工艺方案的拟订依据、步骤。

在拟订工艺方案时,必须考虑许多重大的工艺问题。比如关键件的加工方法、工艺路线的拟定、工艺装备系数的选择、工艺设计原则的确定、装配中的技术要求、工艺规程的形式和详尽程度等。以保证工艺方案技术先进、经济合理。

一、拟订工艺方案的依据

工艺方案是企业开发新产品的纲领性文件。拟订工艺方案前,必须收集大量的信息和数据,作为拟订工艺方案的依据。具体如下。

1. 产品设计的性质

编制工艺方案时,编制者(高级技师/工艺技术员)应明确该产品是创新的还是仿制的,是系列基型产品还是变型产品,是通用产品还是专用产品,是企业的主导产品还是一般产品。

2. 产品的生产类型

必须明确产品的生产方式是单件生产、大量生产还是成批生产,是单件小批生产、中批生产还是大批大量生产,是连续生产还是周期轮番生产。

3. 年产量及批量

应考虑产品的年生产量、生产批量、试制批量等。

4. 产品的资料

应借助产品图纸、技术条件及其他有关的文件资料来编写方案。

5. 相关的工艺资料

包括企业的加工设备、工艺装备、制造能力、工人的操作技术水平及工种情况等。

6. 工艺水平

企业现有工艺技术水平和国内外同类产品的新工艺、新技术的成就,企业的工艺水平是否先进等。

二、工艺方案拟订步骤

工艺方案通常是由工艺技术员拟订初稿，以供讨论。

在拟订过程中，拟订者应参加新产品技术任务书的讨论审查、技术条件的确定及设计图纸的会审会签工作。在拟订的过程中，拟订者应了解产品性能、精度和技术条件等，应预先摸清试制中的工艺关键，掌握拟订工艺方案的主要依据。同时要听取工装设计员、车间技术员、检验员、操作工人的意见，以使工艺方案具有操作性。工艺方案拟订的具体步骤为：

1. 确定拟订人员

新产品试制任务一经确定，技术经理就应确定拟订人员——高级技师或工艺技术员。并让其参加从调研、设计方案论证直至样机鉴定的设计全过程中的各项工作，以便全面熟悉产品的设计性能和技术条件，掌握制造产品的关键工艺所在。

2. 提出意见

企业领导/厂长应会同技术经理、生产副厂长等，根据各业务单位提供的资料，对批量生产计划要求、产品的设计性质、生产类型、产品生命周期等项目提出投产决策。工艺方案拟订人员应根据厂长的决策，把主要数据纳入工艺方案，并作为编制工艺方案的主要依据。

3. 确定拟订原则

技术经理对工艺方案编制的原则问题作出决策。

技术经理根据厂长的决策，会同工艺方案拟订人员等有关的主要技术人员对该产品投产的批量大小、工装系数、对设备和测试仪器的要求、工艺专业化和协作原则、生产组织方式、车间分工原则、设备和场地调整等问题作出原则性决定。工艺方案拟订人员应将这些决定精神具体化并纳入工艺方案，作为编制工艺方案的重要原则。

4. 拟订工艺方案

工艺方案拟订人员开展调查研究，编制工艺方案。所做的工作如下：

(1) 收集所需要的技术文件和企业生产条件等资料，并作出分析；听取产品试制岗位(车间)、有关处室和专业工艺员对该产品投产的意见和建议。

(2) 组织各专业人员，初步提出工装、非标准设备和测试仪器系数。

(3) 会同设备部门，协调机床设备的布置及调整要求，会同人事部门及有关车间安排员工培训计划，会同外协作归口部门协调外协作项目等。凡工艺方案内容中涉及非本岗位(生产线)承担的事项，均应采取各种形式把实施原则及方法确定下来。

(4) 编制工艺方案。

(5) 组织讨论。由技术经理组织对方案进行讨论，由工艺方案拟订人员修改后，经技术经理审核，报厂长审批。

(6) 工艺方案的批准。技术经理组织各有关职能部门、车间和技术人员对工艺方案进行全面审查。经充分讨论后，由技术经理作出决定，必要时由技术经理修改后，由厂长批准。

(7) 工艺方案的归档和修改。工艺方案审核批准后，应即归入技术档案室，并分发给各有关部门和工艺人员，作为生产技术准备和编制工艺文件的依据。在实施过程中若需要修改，应履行必要的手续，并经总工程师批准。

(8) 工艺方案的实施。生产计划部门在总工程师办公室配合下，按批准的工艺方案编制产品生产技术准备工作综合计划进度表,并经生产副厂长批准,纳入企业的全面计划管理的渠道,各有关部门均应按计划执行,以保证工艺方案的实施。

第三节 工艺诊断与改进

学习目标:掌握工艺诊断与改进的目的、对象、内容、方法。

工序工艺诊断是指依据产品质量文件、工艺技术文件、管理文件,实际审核各工序生产活动展开所需要的各种要素的准备状况、运作状况、运作结果是否符合要求的过程。

一、工序诊断的目的

1. 将异常生产要素、恶化生产要素消灭在萌芽阶段。在逐项核对生产要素的配置是否有效率的过程中,应运用自身丰富的经验、知识、技能发现其中潜在的问题,并就此提出改善对策,甚至共同参与问题的解决。

2. 完善和充实工艺文件的体系和内容。不论工艺文件的编制是多么的严密,也要在实践中加以检验。一般情况下,工艺文件中的错误只有在正式收到制造岗位的联络之后,才会进行修改。同时,工艺文件的签发部门会为了维护本部门利益而拒绝修改工艺文件,甚至故意刁难拖延。这样一来,工艺文件的检验次数实际上少之又少。有的工艺文件从技术部门发给制造现场之后,就被撂在一旁,谁也不把它当回事,其原因之一就是与真实作业相差太远了,只能作摆设用。

3. 提高文件编制者自身的综合判断能力。工序诊断就像医院里的专家会诊一样,文件编制者能听到不同专业人员和员工的意见,从中获益匪浅。

二、工序诊断的对象

1. 有异常的工序

不良连续发生或是多发的工序、管理图已经超出品质控制界限的工序。

2. 新运作不久的工序

刚刚工艺改造完不久的工序、新作业人员上岗不久的工序、新产品刚刚上马不久的工序。

3. 指定的工序

重要、关键、必须确保万无一失的工序、需要谋求更高运作效率的工序、可能有潜在异常的工序。

三、工序工艺诊断的内容

1. 实际作业与工艺文件的一致性

(1) 现行的标准作业内容必须与最新版的工艺文件要求保持一致,每一个作业内容均有据可依,工艺文件中未经许可的作业,则视为异常。实际诊断中,这一类的异常最为多见。当实际作业超前于工艺文件时,则修改工艺文件,使之与实际相统一。

（2）有些辅助性的作业没有写到工艺文件之中，诊断人员可在听取当事人或现场管理人员的解释之后再作判断。

2．工序布局的合理性

（1）从整体布局来考虑，该工序的设置是否有利于物流时间的短缩、作业效率的提高、品质的确保。

（2）从局部细节来考虑，材料、设备的摆放、流动的顺序，能否更进一步进行改善。

（3）确认潜在的不良因素是否出于工序不合理的编程引起的。

（4）从该工序实际承担的作业内容来考虑，如果经过“关、停、并、转”能否更进一步提高效率。

3．实际作业时与标准的一致性

（1）为了应付突发、紧急的作业，制造部门通常会预多一些作业工时，如顶位、选别、追加工等作业，大都不计入标准工时内，而实际上避免不了。

（2）间接部门的作业大都没有标准工时限制，在衡量间接部门的工作量是否饱满时，一般以担当的范围、项目进行粗略评价的居多。

4．质量控制的相关数据记录的完备性

（1）质量控制的要求必须在工艺文件中体现出来，不应该是某位管理人员、技术人员随便交代的每一句话。

（2）查核数据有无及时或定期更新，尤其是各种控制图异常时的处置记录。

5．设备、工装的良好性

（1）有精度管理的主要设备、工装，其《校正记录》《每日点检》是否确实加以实施。

（2）设备、工装是否得到及时良好的维护，其记录何在。

（3）维护人员是否拥有维护资格。

四、工序工艺诊断的方法

1．诊断的事先安排内容

（1）参加工序工艺诊断的人员主要有质量管理人员、工艺技术人员、技师、高级技师、生产管理人员。

（2）实施诊断前要协调各诊断人员的分工，同时向被诊断岗位发出通知。须提前通知，使相关岗位的人员有所准备。

2．诊断时注意事项

（1）诊断人员不要妨碍生产的正常进行，从旁观察，细心诊断。

（2）摆正心态、不可有找碴挑刺的想法，以产品质量大局为重。

3．作好诊断记录

（1）当诊断现状与工艺要求有差距时，不得对被诊断岗位横加指责或立即责令更改，要按组织程序下达，除非情况万分紧急才马上执行。

（2）要求被诊断方不要隐瞒真实情况，只需保持现状即可，被诊断方必须提供各种真实的情况。

(3) 诊断记录可以用文字、图片、声像等方法,必要时也可用实物。

4. 提交诊断报告

(1) 将诊断报告通知给被诊断部门。

(2) 如果诊断结果与参与诊断者有关,则要主动采取措施纠正诊断中发生的错误。

5. 消除诊断隐患

(1) 诊断结果发给有关部门以后,还要追踪确认是否有所改善,并督促改善的进行。

(2) 不断进行诊断→改善→再诊断→再改善的循环工作,彻底消除生产工艺执行过程中的隐患。

第四节 新材料、新技术、新工艺应用管理

学习目标:掌握新材料、新技术、新工艺应用管理。

新技术、新工艺和新材料的"新"只是相对的、有条件的、可变的。对新技术、新工艺和新材料使用进行技术经济分析,常常分为事前进行的技术经济分析和事后进行的技术经济分析,设计阶段进行的技术经济分析和施工阶段进行的技术经济分析。

一、定义

1. 新材料

新材料指在核燃料组件和相关组件制造活动中首次采用的,或原已使用但改由新的供方提供,或原供方在制造工艺上有重大变更的专用原材料。

2. 新技术、新工艺

指国内外公认的先进技术、工艺或者专利、专有技术以及专业领域首次开发的具有创新点的专用于燃料组件和相关组件产品生产的技术和工艺,其技术原理或工艺方法应不同于原先使用的技术或工艺。

二、选择新技术、新工艺和新材料方案时应遵循以下原则

一般来说,选择新技术、新工艺和新材料方案时应遵循以下原则:

(1) 技术上先进、可靠、适用、合理。

(2) 经济上合理。

通常情况下,这些原则是一致的。但有时也存在相互矛盾的情形,此时就要综合考虑几方面的得失。一般来说,在保证功能和质量、不违反劳动安全与环境保护的原则下,公司可以根据情况具体决定是以经济合理为主要方案,还是以技术上先进、可靠、适用、合理为主要方案。

三、新材料、新技术、新工艺应用管理

1. 新材料、新技术、新工艺包含的内容

(1) 组织对新技术、新工艺的技术报告的评审,组织审批新技术、新工艺应用申请表。

(2) 审批检验规程时，识别新技术、新工艺。

(3) 组织制订新材料采购技术条件和图纸。

(4) 组织新材料的厂内工艺试验工作。

(5) 识别并组织完成新材料、新技术、新工艺应用所必须的合格性鉴定。

(6) 审批工艺文件时，识别新技术、新工艺。

(7) 完成新材料、新技术、新工艺使用所必须的试验，并编制技术报告。

(8) 按规定用途使用新材料、新技术、新工艺。

(9) 实施了设备改造或引进了新设备以及在编制或修改相关文件时，识别新技术、新工艺。

2. 新材料的应用管理

(1) 物资部门应组织相关部门就新材料采购的可行性进行充分论证。如果该新材料涉及再次加工的，物资部门可与供方联系，获得供方试制的或小批量的新材料。

(2) 技术部门应组织有关车间进行工艺试验，试验完成后编制技术报告，技术部门组织对报告进行审查，审查后将结论提交物资部门或相关部门。

(3) 对于新材料涉及工艺改变的，且该工艺属于工艺合格性鉴定项目，则还需按工艺和产品合格性鉴定程序进行鉴定。

3. 新技术、新工艺的应用管理

(1) 对已验收合格的成果，由应用部门提出申请，并附成果证明及成果报告报技术部门。

(2) 其他新技术、新工艺，应用部门首先进行充分的试验，试验完成后编制技术报告，提交技术部门，由技术部门组织专家对报告进行审查，必要时召开专题审查会，审查后将结论返回应用部门。应用部门应对专家审查意见进行反馈和落实，技术部门应在专家审查意见表上对反馈和落实情况进行验证。对于通过了审查的项目，由应用部门提出申请，并附审查、论证材料报技术部。

(3) 填写应用申请表时，应用部门必须识别应用该新工艺、技术所涉及的所有更改(例如：工艺文件、质量文件的更改)，还必须识别是否对环境、安全与职业健康的影响，如果不确定，则由应用部门首先报安全环保部门审核。

(4) 技术部门组织应用申请表的审批，总工程师批准后由技术部门颁发申请表。

(5) 申请表颁发后，各部门完成职责范围内的所有更改。有要求时，按照有关标准进行工艺评审(鉴定)和(或)首件鉴定。

第十九章　编制操作规程和设计常用工装

学习目标:掌握编制操作规程的制定原则、基本内容;掌握常用工装的设计原则,并能设计常用工装。

第一节　编制操作规程

学习目标:掌握编制操作规程的制定原则、基本内容。

岗位操作规程包括了工艺操作规程、设备操作维护规程、安全操作规程。编制相应的规程时要注意与实际操作一致,保持其可操作性。在相关的章节中,对工艺操作、安全操作已进行了讲述,下面主要针对设备操作维护规程的编制进行讲述。

一、设备操作维护规程的制定原则

1. 一般应按设备操作顺序及班前、班中、班后的注意事项分列,力求内容精炼、简明、适用,属于“三好”“四会”的项目,不再列入。

2. 要按设备型号、类别将设备的结构特点、加工范围、注意事项、维护要求等分别列出,便于操作者掌握要点,贯彻执行。

3. 各类设备具有共性的,可以编制统一标准的通用规程,如吊车等。

4. 重点设备、高精度、大重型及稀有关键设备,还必须单独编制操作、维护保养规程,并用醒目的标志牌板张贴显示在设备附近,要求操作者特别注意,严格遵守。

二、编制设备操作、维护保养规程的基本内容

1. 班前清理工作场地,按设备日常检查卡规定项目检查各操作手柄,控制装置是否处于停机位置,安全防护装置是否完整牢靠,查看电源是否正常,并作好点检记录。

2. 查看润滑、液压装置的油质、油量,按润滑图表规定加油,保持油液清洁,油路畅通,润滑良好。

3. 确认各部正常无误后,方可空车启动设备。查看各部运转正常,润滑良好,方可进行工作。不得超负荷超规范使用设备。

4. 工件必须装卡牢固,禁止在设备上敲击夹紧工件。

5. 合理调整各部行程模块,定位正确紧固。

6. 操纵变速装置必须切实转换到固定位置,使其啮合正常,并要求停机变速;不得用反车制动变速。

7. 设备运转中要经常注意各部情况,如有异常,应立即停车处理。

8. 测量工件、更换工装、拆卸工件都必须停机进行。下班时必须切断电源。

9. 设备的基准面、导轨、滑动面要注意保护,保持清洁,防止损伤。

10. 经常保持润滑及液压系统清洁。盖好箱盖，不允许有水、尘、铁屑等污物进入油箱及电器装置。

11. 工作完毕和下班前应清扫设备，保持清洁，将操作手柄、按钮等置于非工作位置，切断电源，办好交接手续。

以上是制定设备操作、维护保养规程的基本要求的内容。各类设备在制定设备操作、维护保养规程时除上述基本内容外，还应针对每台设备自身的特点、操作方法、安全要求、特殊注意事项等列出具体要求，便于操作人员遵照执行。同时还应要求操作人员熟悉设备上标牌和操纵器上各种的指示符号，要求尽快掌握机床的性能和操作的要领等。

第二节　设计常用工装

学习目标：掌握常用工装的设计原则，并能设计常用工装。

一、工装夹具的设计原则

1. 用夹具固定产品及工具

以固定用台钳及夹持具等来固定产品及工具，以解放人手从而进行双手作业。

2. 使用专用工具

生产线中所用工装应采用最适合该产品及人工操作的专用工具以提高生产效率。

3. 合并两种工装为一种

减少工具的更换麻烦，以减少转换的工时消耗，提高工作效率。如生活中我们常见的红、蓝两用笔及带有橡皮的铅笔。

4. 提高工具设计便利性减少疲劳

通过以下设计方法可提高便利性减少疲劳：

(1) 工具手柄方便抓握。

(2) 作业工具与人体动作相协调。

(3) 工装夹具的操作应以 IE 的方法进行评估。

5. 机械操作动作相对安定并且操作流程化

(1) 操作位置应相近集中。

(2) 让机械尽量减少或脱离人的监控和辅助。

(3) 开关位置与下工序兼顾。

(4) 工件自动脱落。

(5) 能够自检的自动化。

(6) 安全第一。

(7) 小型化。

(8) 容易进行作业准备。

二、设计核燃料元件表面处理工装的特殊要求

核燃料生产中所用的工装设计要符合国家和有关部(委)的标准、技术规范及计量检测

等要求,并且要充分考虑工装加工的工艺性、使用的安全性以及对产品是否有危害。有的工装与产品是直接接触的,应用的工序不同,其作用也不同,设计时要根据其具体作用进行结构设计,但在设计时要求与产品接触部位光洁度高,对产品表面不会造成损坏。如在燃料棒酸洗过程中,不仅对酸洗料架的材料苛刻,要求耐氢氟酸和硝酸的混合酸液,也要求与锆合金不发生反应;同时,还要求与加工后,与产品接触部位的光洁度要高,这样在酸洗过程中,就不会刮伤燃料棒的表面,避免产品表面出现较深的伤痕。同样,在燃料棒氧化时,燃料棒需要插入氧化吊篮,而氧化是在高温的水蒸气中进行,要求氧化吊篮耐高温,且不容易与高温的水蒸气发生反应,这就对材质提出了要求,一般采用奥氏体不锈钢,如 1Gr18Ni9Ti 等;同时,还要求与燃料棒接触的部位打磨光滑,避免对产品表面产生较深的刮痕,而使产品报废。图 19-1 是酸洗料架的示意图。

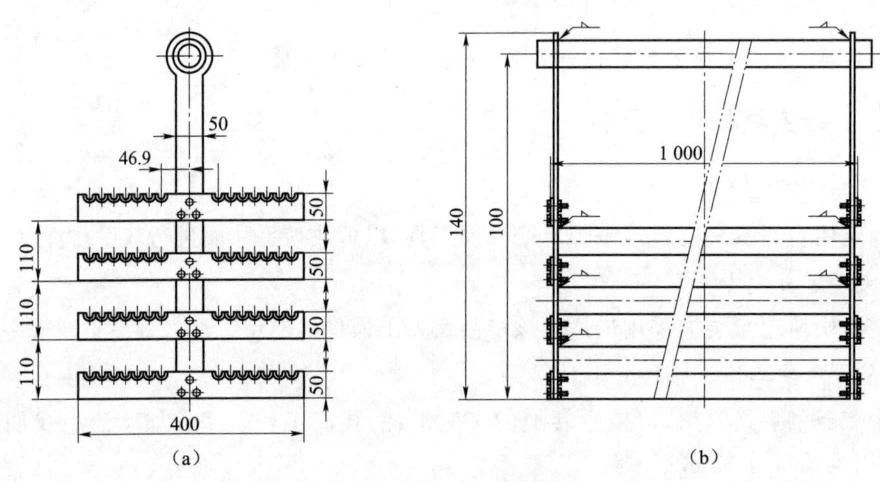

图 19-1　酸洗料架示意图

(a) 主视图;(b) 左视图

工装图纸的编号应按相关文件或标准执行。为避免编号的重复,确保编号的唯一性,在工装的编号后面再加上 NO1、NO2……工装的编号应刻在指定的刻字区内,刻字区应选定在显眼且不影响工装使用的区域。工装的评审应按规定由相关部门组织技术质保部门对工装设计图纸能否满足制造的工艺要求、质量检测要求进行评审。

第五部分　核燃料元件生产工高级技师技能

第二十章　电化学基础知识

学习目标：掌握原电池、电解池和电化学腐蚀等基础知识。

电化学是研究电和化学反应相互关系的科学。电和化学反应相互作用可通过电池来完成，也可利用高压静电放电来实现（如氧通过无声放电管转变为臭氧），二者统称电化学，后者为电化学的一个分支，称放电化学。由于放电化学有了专门的名称，因而，电化学往往专门指“电池的科学”。

电化学是研究两类导体形成的带电界面现象及其上所发生的变化的科学。如今已形成了合成电化学、量子电化学、半导体电化学、有机导体电化学、光谱电化学、生物电化学等多个分支。电化学在化工、冶金、机械、电子、航空、航天、轻工、仪表、医学、材料、能源、金属腐蚀与防护、环境科学等科技领域获得了广泛的应用。当前世界上十分关注的研究课题，如能源、材料、环境保护、生命科学等等都与电化学以各种各样的方式关联在一起。

第一节　原电池

学习目标：掌握原电池基础知识。

原电池是利用两个电极之间金属性的不同而产生电势差，从而使电子的流动，产生电流又称非蓄电池，是电化电池的一种，其电化反应不能逆转，即是只能将化学能转换为电能，简单说就即是不能重新储存电力，与蓄电池相对。

原电池是将化学能转变成电能的装置。所以，根据定义，普通的干电池、燃料电池都可以称为原电池。

一、组成原电池的基本条件

(1) 将两种活泼性不同的金属（即一种是活泼金属，一种是不活泼金属），或者一种金属与石墨（Pt 和石墨为惰性电极，即本身不会得失电子）等惰性电极插入电解质溶液中。

(2) 用导线连接后插入电解质溶液中，形成闭合回路。

(3) 到要发生自发的氧化还原反应。

二、原电池工作原理

原电池是将一个能自发进行的氧化还原反应的氧化反应和还原反应分别在原电池的负极和正极上发生,从而在外电路中产生电流。

原电池的电极的判断:

(1) 负极:电子流出的一极;发生氧化反应的一极;活泼性较强金属的一极。

(2) 正极:电子流入的一极;发生还原反应的一极;相对不活泼的金属或其他导体的一极。

在原电池中,外电路为电子导电,电解质溶液中为离子导电。

三、原电池的判定

(1) 先分析有无外接电路,有外接电源的为电解池,无外接电源的可能为原电池;然后依据原电池的形成条件分析判断,主要是"四看":

看电极——两极为导体且存在活泼性差异(燃料电池的电极一般为惰性电极);

看溶液——两极插入溶液中;

看回路——形成闭合回路或两极直接接触;

看本质——有无氧化还原反应。

(2) 多池相连,但无外接电源时,两极活泼性差异最大的一个为原电池,其他各池可看作电解池。

第二节　电解池

学习目标:掌握电解池基础知识。

电解池是将电能转化为化学能的装置。

电解是使电流通过电解质溶液(或熔融的电解质)而在阴、阳两极引起氧化还原反应的过程。与电源负极相连为阴极,与电源正极相连为阳极。

一、发生电解反应的条件

(1) 连接直流电源。

(2) 包括阴阳电极。

(3) 两极处于电解质溶液或熔融电解质中。

(4) 两电极形成闭合回路。

二、电解结果

(1) 在两极上有新物质生成。

(2) 阳极:活泼金属—电极失电子(Au、Pt 除外);惰性电极—溶液中阴离子失电子。

失电子能力:活泼金属(除 Pt、Au)$>S^{2-}>I^->Br^->Cl^->OH^->$含氧酸根($NO_3^->SO_4^{2-}$)$>F^-$

(3) 阴极:溶液中阳离子得电子。

得电子能力如下:

$Ag^{+}>Hg^{2+}>Fe^{3+}>Cu^{2+}>H^{+}$(酸)$>Pb^{2+}>Sn^{2+}>Fe^{2+}>Zn^{2+}>H_2O$(水)$>Al^{3+}>Mg^{2+}>Na^{+}>Ca^{2+}>K^{+}$(即活泼型金属顺序表的逆向)。

对应关系:阳极连电源正极,阴极连电源负极。

规律:铝前(含铝)离子不放电,氢(酸)后离子先放电,氢(酸)前铝后的离子看条件。

三、四类电解型的电解规律

(1) 电解水型(强碱,含氧酸,活泼金属的含氧酸盐),pH 由溶液的酸碱性决定,溶液呈碱性则 pH 增大,溶液呈酸性则 pH 减小,溶液呈中性则 pH 不变。加入适量水可复原电解质溶液。

(2) 电解质型(无氧酸,不活泼金属的无氧酸盐,),无氧酸 pH 变大,不活泼金属的无氧酸盐 pH 不变。加入适量电解质可复原电解质溶液。

(3) 放氢生碱型(活泼金属的无氧酸盐),pH 变大。加入与阴离子相同的酸可复原电解质溶液。

(4) 放氧生酸型(不活泼金属的含氧酸盐),pH 变小。加入与阳离子相同的碱或氧化物可复原电解质溶液。

第三节　电化学腐蚀

学习目标:掌握电化学腐蚀等基础知识。

电化学腐蚀就是金属和电解质组成两个电极,组成腐蚀原电池。例如铁和氧,因为铁的电极电位总比氧的电极电位低,所以铁是阳极,遭到腐蚀。特征是在发生氧腐蚀的表面会形成许多直径不等的小鼓包,次层是黑色粉末状溃疡腐蚀坑陷。

一、基本介绍

不纯的金属跟电解质溶液接触时,会发生原电池反应,比较活泼的金属失去电子而被氧化,这种腐蚀叫作电化学腐蚀。钢铁在潮湿的空气中所发生的腐蚀是电化学腐蚀最突出的例子。

我们知道,钢铁在干燥的空气里长时间不易腐蚀,但潮湿的空气中却很快就会腐蚀。原来,在潮湿的空气里,钢铁的表面吸附了一层薄薄的水膜,这层水膜里含有少量的氢离子与氢氧根离子,还溶解了氧气等气体,结果在钢铁表面形成了一层电解质溶液,它跟钢铁里的铁和少量的碳恰好形成无数微小的原电池。在这些原电池里,铁是负极,碳是正极。铁失去电子而被氧化,电化学腐蚀是造成钢铁腐蚀的主要原因。

金属材料与电解质溶液接触,通过电极反应产生的腐蚀。电化学腐蚀反应是一种氧化还原反应。在反应中,金属失去电子而被氧化,其反应过程称为阳极反应过程,反应产物是进入介质中的金属离子或覆盖在金属表面上的金属氧化物(或金属难溶盐);介质中的物质从金属表面获得电子而被还原,其反应过程称为阴极反应过程。在阴极反应过程中,获得电子而被还原的物质习惯上称为去极化剂。

在均匀腐蚀时,金属表面上各处进行阳极反应和阴极反应的概率没有显著差别,进行两种反应的表面位置不断地随机变动。如果金属表面有某些区域主要进行阳极反应,其余表面区域主要进行阴极反应,则称前者为阳极区,后者为阴极区,阳极区和阴极区组成了腐蚀电池。直接造成金属材料破坏的是阳极反应,故常采用外接电源或用导线将被保护金属与另一块电极电位较低的金属相联接,以使腐蚀发生在电位较低的金属上。

二、相关原理

金属的腐蚀原理有多种,其中电化学腐蚀是最为广泛的一种。当金属被放置在水溶液中或潮湿的大气中,金属表面会形成一种微电池,也称腐蚀电池(其电极习惯上称阴、阳极,不叫正、负极)。阳极上发生氧化反应,使阳极发生溶解,阴极上发生还原反应,一般只起传递电子的作用。腐蚀电池的形成原因主要是由于金属表面吸附了空气中的水分,形成一层水膜,因而使空气中 CO_2、SO_2、NO_2溶解在这层水膜中,形成电解质溶液,而浸泡在这层溶液中的金属又总是不纯的,如工业用的钢铁,实际上是合金,即除铁之外,还含有石墨、渗碳体(Fe_3C)以及其他金属和杂质,它们大多数没有铁活泼。这样形成的腐蚀电池的阳极为铁,而阴极为杂质,又由于铁与杂质紧密接触,使得腐蚀不断进行。

三、方程式

1. 析氢腐蚀

钢铁表面吸附水膜酸性较强时,发生电池反应:

$$Fe + 2H_2O = Fe(OH)_2 + H_2\uparrow$$

由于有氢气放出,所以称为析氢腐蚀。

2. 吸氧腐蚀

钢铁表面吸附水膜酸性较弱时,发生反应:

$$2Fe + O_2 + 2H_2O = 2Fe(OH)_2$$

由于吸收氧气,所以也叫吸氧腐蚀。

析氢腐蚀与吸氧腐蚀生成的 $Fe(OH)_2$被氧氧化,脱水生成铁锈,即:

$$4Fe(OH)_2 + O_2 + 2H_2O = 4Fe(OH)_3$$

钢铁制品在大气中的腐蚀主要是吸氧腐蚀。

析氢腐蚀主要发生在强酸性环境中,而吸氧腐蚀发生在弱酸性或中性环境中。

四、现象危害

由于金属表面与铁垢之间的电位差异,从而引起金属的局部腐蚀,而且这种腐蚀一般是坑蚀,主要发生在水冷壁管有沉积物的下面,热负荷较高的位置。如喷燃器附近,炉管的向火侧等处,所以非常容易造成金属穿孔或超温爆管。尽管铜铁的高价氧化物对钢铁会产生腐蚀,但腐蚀作用是有限的,但有氧补充时,该腐蚀将会继续进行并加重。

危害性是非常大的,一方面,它会在短期内使停用设备金属表面遭到大面积腐蚀。另一方面,由于停用腐蚀使金属表面产生沉积物及造成金属表面粗糙状态,使机组启动和运行时，给水铁含量增大。不但加剧了炉管内铁垢的形成，也加剧了热力设备运行时的腐蚀。

五、材料保护

根据电化学腐蚀原理，依靠外部电流的流入改变金属的电位，从而降低金属腐蚀速度的一种材料保护技术。按照金属电位变动的趋向，电化学保护分为阴极保护和阳极保护两类。

1. 阴极保护

通过降低金属电位而达到保护目的的，称为阴极保护。根据保护电流的来源，阴极保护有外加电流法和牺牲阳极法。外加电流法是由外部直流电源提供保护电流，电源的负极连接保护对象，正极连接辅助阳极，通过电解质环境构成电流回路。牺牲阳极法是依靠电位负于保护对象的金属（牺牲阳极）自身消耗来提供保护电流，保护对象直接与牺牲阳极连接，在电解质环境中构成保护电流回路。阴极保护主要用于防止土壤、海水等中性介质中的金属腐蚀。

2. 阳极保护

通过提高可钝化金属的电位使其进入钝态而达到保护目的的，称为阳极保护。阳极保护是利用阳极极化电流使金属处于稳定的钝态，其保护系统类似于外加电流阴极保护系统，只是极化电流的方向相反。只有具有活化-钝化转变的腐蚀体系才能采用阳极保护技术，例如浓硫酸贮罐、氨水贮槽等。

根据原电池正极不受腐蚀的原理，常在被保护的金属上连接比其更活泼的金属，活泼金属作为原电池的负极被腐蚀，被保护的金属作为正极受到了保护。例如在船舶底下吊一个锌块，可以保护船体的钢铁不受电化学腐蚀，而去腐蚀锌块。

六、除氧方法

1. 热力除氧

其原理是根据气体溶解定律（亨利定律），任何气体在水中的溶解度与在汽水界面上的气体分压力及水温有关，温度越高，水蒸气的分压越高，而其他气体的分压则越低，当水温升高至沸腾时，其他气体的分压为零，则溶解在水中的其他气体也就等于零。热力除氧曾是广泛使用的除氧方式，但逐渐受到化学除氧等的有力挑战，特别是热力除氧在 10～35 t/h 的锅炉和 2～6.5 t/h 的锅炉及其他要求低温除氧的场合，热力除氧有其明显的局限性。它的特点是除氧效果好，缺点是设备购置费用大、不好操作、能量消耗大、运行费用高。所谓不好操作，是因为使用条件苛刻，进水混合温度要求稳定在 70～80 ℃，工作温度稳定在 104～105 ℃，蒸汽压力稳定在 0.02～0.03 MPa，条件波动除氧效果不佳，特别是供热锅炉，随着天气冷暖的变化，锅炉负荷变化很大，这就给热力除氧带来很大困难，而化学除氧则不然，它只随给水量的变化调整加药量，操作非常方便。

2. 真空除氧

其除氧原理与热力除氧基本相同，除氧器在低于大气压力下进行工作，利用压力降低时水的沸点也降低的特性，水处于沸腾状态而使水中的溶解氧析出。在 20 t/h 以上的锅炉由于出水温度低于蒸汽锅炉的进水要求而很少采用真空除氧，在要求低温除氧时则比热力除氧有着明显的优势，但大部分热力除氧的缺点仍存在，并且对喷射泵、加压泵等关键设备的要求较高。

3. 铁屑除氧

其原理是当有一定温度的水通过铁屑时，水中的氧即与铁发生化学反应，在此过程中氧被消耗掉。该方法除氧装置简单，投资省，但存在着除氧效果波动大、装置失效快等明显缺点，因而使用该方法除氧的用户逐步减少，面临着淘汰的处境。

4. 解吸除氧

基本原理亦是利用亨利定律，氧在水中的溶解度与所接触的气体中的氧分压成正比，只要把准备除氧的水与已脱氧的气体强烈混合，则溶解在水中的氧将大量扩散到气体中，从而达到除去水中溶解氧的目的。该方法优点是可低温除氧，不需化学药品，只需木炭、焦炭等即可，缺点是除氧效果不稳定，而且只能除氧不能除其他气体，用木炭作反应剂时水中的CO_2含量会增加。

5. 树脂除氧

基本原理是在除氧器内氧化还原树脂与水中溶解氧反应生成除氧水，树脂失效后用水合肼(联氨)等再生，使用该方法除氧产生的蒸汽和热水，均不允许与饮用水和食物接触，且投资和占地均较大，不宜在工业锅炉上推广应用。

6. 化学药剂除氧

化学药剂除氧是把化学药剂直接加入锅炉本体、给水母管或者热水锅炉的热水管网中。化学药剂主要是传统的亚硫酸钠、联氨及新型的二甲基酮肟、乙醛肟、二乙基羟胺、异抗坏血酸钠等。化学药剂除氧具有装置和操作简单、投资省、除氧效果稳定且可满足深度除氧的要求，特别是新型高效除氧剂的开发和成功使用，克服了传统化学药剂的有毒有害、药剂费用高等缺点，被用户接受和推广应用。

第二十一章　涂层性能及检测

学习目标：掌握涂层的外观检验、厚度检验、耐蚀性检验的方法。

涂层性能检测是生产中检验与评定涂层性能及其质量的重要手段。涂层的性能反映了涂层的质量，它是由喷涂材料、喷涂工艺及涂层后处理等多种因素决定的，因此，涂层性能既不同于喷涂材料的性能，也不同于基体材料的性能，不能用常规的检测金属或非金属材料性能的方法来评定。在评定涂层质量时，必须根据各类产品的不同涂层，按其实际用途和使用要求来确定有关测试内容和相应的测试方法。涂层质量检验的测试内容和方法是很广泛的，评定涂层性能涉及多方面的技术指标，根据燃料元件表面涂层研究和生产的实际应用情况，通常要求测试的性能主要有：涂层的外观质量、厚度、耐蚀性、孔隙率、硬度、结合力等等。其内容如表 21-1 所示。由于涂层的性质不同或其使用环境不一，对于同一测试项目又有多种测试方法。评定涂层性能有很多目标是共同的，但不是所有涂层都要求同样的性能指标。而是取决于涂层特定的使用要求。不同的性能要求、在某些性能指标上有很大差别，甚至是相反的。

表 21-1　涂层性能检测

检测子项	检测分项	检测目的、内容	主要检测方法
外观	表面粗糙度	检查表面状态：有无裂纹、脱皮、粗大颗粒、工作变形等宏观缺陷	粗糙度测定仪工、目视或放大镜
	宏观缺陷检测		
厚度	最小厚度	评定是否符合设计要求	无损测厚仪、工具测量、金相显微镜法、金相法
	平均厚度		
	厚度均匀性		
耐蚀性	涂层电位	评定涂层腐蚀及防护性能	电位测定法； 中性盐雾试验； 浸泡试验； 暴露试验
	涂层在腐蚀介质中腐蚀速率		
	抗气体及浸渍腐蚀性		
密度及孔隙率	涂层密度测定	评定涂层的致密性	直接称重法、浮力法、浸透液体称重法、金相法
	涂层孔隙率测定		
硬度	宏观硬度	评定涂层质量和耐磨性能	硬度计测定
	微观硬度		

第一节　涂层的外观检验

学习目标：掌握涂层表面缺陷、表面粗糙度、表面光泽度的检验方法。

涂层的目的，除了防护以及达到某些功能指标外，几乎都要求一定的外观质量，特别是装饰性涂层或防护装饰性涂层，均要求有华丽而光亮的外观，不允许存在明显的缺陷。因此，涂层的外观检验是最基本、常用的检验内存，外观不合格就无需进行其他项目的测试。所以，外观质量检验是涂层质量检验首要而普遍的项目之一。

一、涂层外观质量

涂层外观质量包括：

1. 表面缺陷

涂层表面缺陷主要有诸如针孔、麻点、起瘤、气泡、毛刺、斑点、烧焦、暗影、阴阳面以及树枝状、海绵状沉积层等。

2. 粗糙度

产品涂层后其表面的光洁程度。外观检验时，其粗糙度应达到或低于规定粗糙度指标。

3. 光泽度

产品涂层后其表面的反光性。外观检验时，其光泽度应符合或高于规定的光泽度指标。

4. 覆盖性

指产品涂层后，在其规定应涂覆部位是否完全被涂层覆盖。

5. 色泽

除银白色涂层外，对于各种有色涂层，外观检验时应达到规定的色泽。

二、涂层外观检验的取样原则

涂层外观检验时的取样，应根据产品要求或检验标准规定进行。通常情况下有以下几种取样原则：

(1) 外观要求高的产品、贵重仪器零件，以及某些对外观有严格要求的涂件，应进行逐件检验。

(2) 批量大而要求外观质量分级的产品，应进行100％分级检验。

(3) 批量较大而外观要求不十分严格的产品，可以每批产品抽取5％～10％进行检验，若发现其中有不合格时，再取双倍数量零件复验，复验中仍有一定数量不合格者则可根据具体情况作部分或全部退修或返工处理。

涂层外观检验中，表面缺陷一般采用目视检测法进行。粗糙度可以专用仪器测试。光泽度虽有仪器进行检测，但由于受到涂件形状、涂层色泽的影响而尚未普遍应用，目前仍以目测法为主。涂层覆盖性检验采用化学法进行。

三、涂层表面缺陷的检验

1. 表面缺陷的类型及其特征

(1) 针孔。指涂层表面的一类与针尖凿过类似的细孔，其疏密及分布虽不相同，但在放大镜下观察时，一般其大小、形状相似。如电镀层之针孔通常是由电镀过程中氢气泡吸附而产生的缺陷。

(2) 麻点。指涂层表面的一类不规则的凹穴孔，其特征是形状、大小、深浅不一。麻点一般是由于基体缺陷或电镀过程中异物黏附造成的缺陷。

(3) 毛刺。指涂表面一类凸起而有刺手感觉的异物，通常其特点是在电镀向上面或高电流密度区较为显著。

(4) 鼓泡。指涂层表面一类隆起的小泡，其特征是大小、疏密不一、且与基体分离。鼓泡一般在锌合金、铝合金涂层上较为明显。

(5) 脱皮。指涂层与基体(或底涂层)剥落的开裂状或非开裂状缺陷。脱皮通常由于涂前处理不均匀引起。

(6) 斑点。指涂层表面的一类色斑、暗斑等缺陷。它是出于电镀过程中沉积不良、异物黏附或钝化液清洗不净造成。

(7) 雾状。指涂层表面存在程度不一的云雾状覆盖物，多数产生于光亮涂层表面。

(8) 阴阳面。指涂层表面局部亮度不一或色泽不均的缺陷，多数情况下在同类产品中表现出一定的规律性。

除上述表面缺陷外，涂层表面有时还有丝流、擦伤、水迹以及树枝状、海绵状涂层等弊病，均应进行严格的检查。

2. 测试条件

为了方便清楚地观察涂层表面缺陷、防止外来因素的干扰，目测涂层表面缺陷应在规定的外观检验工作台或外观检验箱进行。

外观检查工作采用自然照明时，试样应放置在无反射光的白色干台上利用顺方向自然散射光下检查。

外观检查工作台和外观检查箱采用人工照明时，应采用至少 1 000 Lux(100 fc)强度的光，近似自然光(相当于 40 W 日光灯 500 mm 处的照度)。

目测检查时，试样和肉眼的距离不小于 300 mm；对于重要的涂层和有特殊要求的涂件，允许采用 2～5 倍的放大镜检查。

3. 测试方法

进行涂层外观缺陷检验的涂件，在检查前应采用清洁的软布或棉纱擦去试样表面的油污，但应注意不要擦伤涂层。

检查时操作人员应集中注意力仔细观察涂层表面有无各种不允许的缺陷，并根据产品的质量技术标准作出正确的评定。缺陷程度应以文字说明，必要时进行外观标样对比。

一般情况下，产品表面的涂层，应达到细致、均匀、完整、平滑等要求。在产品规定涂覆的部位，不允许有下列表面缺陷：

(1) 明显的气孔、气泡、堆流和起皱等现象。

(2) 主要表面上存在麻点、灰渣、污浊以及涂膜明显的不均匀。

(3) 有严重的漏涂、脱落、磨损和发黏等缺陷。

(4) 对于有颜色和光泽要求的产品表面,存在色差及光泽不均匀等。

四、涂层表面粗糙度的检验

涂层表面粗糙度是指涂层表面具有较小间距和微观峰谷不平的微观几何特性。

涂层表面粗糙度的高低,不仅直接影响涂层的外观质量,同时也间接影响到涂层的耐腐蚀性、使用寿命,乃至受涂产品的强度、耐磨及工件精度、动力消耗和噪音等。所以,在涂层外观检验时,不仅对于装饰件涂层和防护装饰性涂层必须检验外,某些功能性涂层如耐磨涂层等更应进行表面粗糙度检验。

就涂层的外观质量来说,粗糙度和光亮度均能直接反映,即涂层的粗糙度愈低,光亮度愈高,涂层的外观质量一般就愈好。但是,无论从两者的本质或评定方法和标准,却不具有同一性,有些涂层的光亮度很好,但粗糙度并不低,而有些涂层的光亮度差,但它的粗糙度却很低(即光洁度很高)。所以,涂层的粗糙度和光亮两项指标,不能混同,应予以严格区分。

1. *涂层表面粗糙度概述*

涂层表面粗糙度是指涂件在机械加工,涂前研磨处理,以及涂液的整平性等因素影响下,反映涂层表面微观几何尺寸的一种性能。从本质上讲,它是涂件经加工后的实际表面几何形状对其理想真实表面几何形状的变动量(即表面几何形状误差)的一类。对于涂件表面的其他物理特性和表面缺陷是不包括在粗糙度范围之内的。

涂件表面几何形状误差的基本特征是凸凹不平,凸起处称为波峰,凹谷处称为波谷,两相邻波峰或波谷的间距称为波距(L),相邻波峰与波谷的水平位差称为波幅(H),如图 21-1 所示。

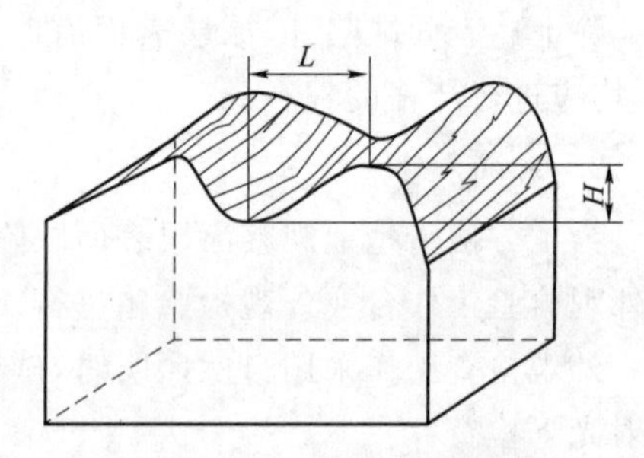

图 21-1 波幅与波距示意图

表面几何形状误差根据涂件表面波幅对波距的比值大小,可分为:形状误差、波纹度和粗糙度三类,即:$L/H>1\ 000$ 时,称为表面形状误差;$50<L/H<1\ 000$ 时,称为表面波纹度;$0<L/H<50$ 时,称为表面粗糙度。

2. *表面粗糙度的取样长度与评定长度*

在涂件的同一加工面上,由于加工精度不一,往往同时存在形状误差、波纹度和粗糙度三种不同的几何形状误差,它们可以互相重叠。即使采用相同的加工方法,表面上的微小波谷也不完全一致。所以,为了限制和减少其他几何形状误差,充分合理地反映表面粗糙度的特性,在检验粗糙度时,规定采用一定的取样长度和评定长度。

取样长度是用于判别具有表面粗糙度特征的一段基准线长度,取样长度用(L)表示。

评定长度是用于评定轮廓所必需的一段长度,它可以包括一个或几个取样长度。评定长度用(Ln)表示。

3. *表面粗糙度的测试方法*

表面粗糙度测量属于微观长度计量,目前采用的方法有比较法、光学法、针描法和印模法等多种。在涂层粗糙度检验中，比较普遍采用的有比较法（样板对照法）、针描法（接触量法）和光切法等几种。

为能正确地反映涂件表面的实际粗糙度情况，在检验中应注意下列事项：

（1）测量方向。表面粗糙度值，是垂直于被测表面的法向剖面（加工刀纹）上测量的，因此测量方向不同，表面微小波谷的高低、距离不同，其测出的粗糙度值也各不相同，如图 21-2 所示。

图 21-2 中，A 为垂直加工刀纹测量，能真实反映表面粗糙度。B 为平行加工刀纹测量，Ra 和 Rz 值最小，但不反映表面粗糙度。B、C 是介于 A、N 之间测量，其结果也不符合表面真实粗糙度情况。

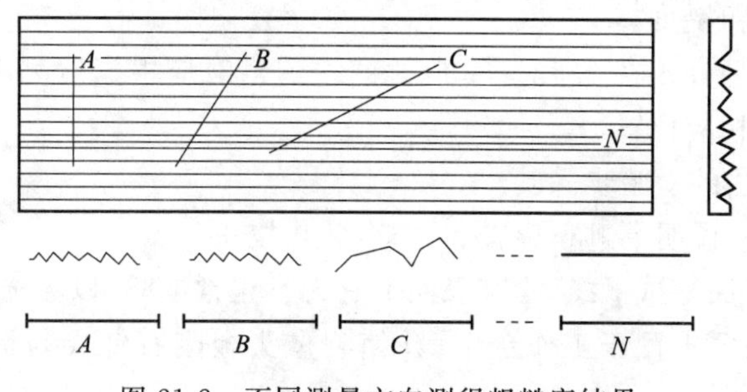

图 21-2　不同测量方向测得粗糙度结果

为此，检验涂层表面粗糙度时，应严格按技术文件规定的测量方向进行，若文件未规定时，则应在能得到 Ra 或 Rz 最大值的方向上进行测量。

（2）测量部位。由于涂层不同部位上其粗糙度值不完全相同，所以在测量表面粗糙度时，应选择涂件主要表面有代表性的一处或几处进行。随后根据各处的测量结果，综合评定涂层的粗糙度。

（3）表面缺陷。如针孔、麻点、毛刺等不计入粗糙度数值内，不能作为评定粗糙度是否合格的依据。

（4）基本长度和测量长度应按规定进行，以防止形状误差和波纹度对测量结果的影响。

4. *常用的涂层表面粗糙度检验方法*

常用的涂层表面粗糙度检验方法主要有样板对照法、轮廓仪测量法、非接触式检验涂层粗糙度和印模法检验粗糙度。

1）样板对照法

样板对照法属于比较法中的目测法。检验中采用标准粗糙度样板与被检涂层进行对比，反复观察两者的加工表面丝纹、反光强度和色彩，最后当受检涂层与某一标准样板相接近时。将该样板的粗糙度值作为受检涂层的粗糙度。

样板对照法不能测量涂层粗糙度的具体数值，而只能定性地评定涂层粗糙度属于哪一级。因其方法简便易行，所以在测量要求不十分严格时被普遍采用。

应当指出的是，标准粗糙度样板属于标准量具，必须以专业厂生产，并经严格测试标定后才能采用。

2）轮廓仪测量法

轮廓仪测量法属于针描法（也称接触测量法）。其类型有机械式、光电式和电动式等几种,由于电动式轮廓仪具有体积小、重量轻、倍率高、测量迅速和能以数字直接显示 *Ra* 值等优点,所以被广泛应用。

常用的电动式轮廓仪有泰勒雪夫-4 型(TALYSURF-4)(英国造)、“2201”“GCN-2”型(国产)等几种,下面介绍“GCN-2”型电动式轮廓仪的测量方法。

电动式轮廓仪主要由金刚石针尖和锆钛酸铅压电晶体组成的测量传感器、传动器、晶体管放大器及其附件等构成。它的工作原理是,当传动器使测量传感器的金刚石针尖在检测涂层表面平稳移动一段距离时,由金刚石针尖顺着被测涂层表面上波峰与波谷上下位移产生一定振动量,其振动量大小通过压电晶体转换为微弱电能,然后经晶体管放大器进行放大并整流后,在仪表上直接显示出被测涂层表面粗糙度相应的表征参数(*Ra*)值。该得到的 *Ra* 值,即被测涂层的粗糙度。

仪器的测量范围是:*Ra* 在 0.02～5.00 之间。测量时应根据被测工件表面粗糙度等级将“量程开关”调节到相应位置。

(1) 采用轮廓仪法的检验步骤。

① 仪器使用前,按说明书进行检查和调整,并作校正。

② 将被测涂层表面擦拭干净,检查表面上有无不正常缺陷,以免损伤金刚石针尖。

③ 将被测涂件按要求置于工作台上,并使测量头金刚石针尖与被测涂层表面平行地接触。

④ 按“测量”按钮,待指针固定在仪表某处置上后。读出表上的 *Ra* 数值,重复操作 2～3 次,当 *Ra* 值误差不大时,记录测得的 *Ra* 值。

⑤ 根据测得的 *Ra* 示值,得出该受测涂层的表面粗糙度。

(2) 采用轮廓仪法的检验操作时注意事项。

① 更换测量头时,必须重新按要求校正仪表的基准示值。

② 连续测量时,应每隔一段时间进行校正和核对。

③ 必要时,在受检涂层表面测定 2～3 个部位的表面粗糙度,然后计算几个粗糙度表征参数 *Ra* 的平均值。

3) 非接触式检验涂层粗糙度

非接触式测量涂层粗糙度,常用光切法将表面微观不平度的影像加以放大,或用干涉法将它以干涉带的弯曲程度表现出来,然后进行测量,因此其基本方法有光切法和干涉法两种。光切法是根据光切原理来测量表面粗糙度的。干涉法是利用光波干涉原理来测量表面粗糙度。

4) 印模法检验粗糙度

印模法是一种非接触式定量测定表面粗糙度的方法。对某些大而笨重零件和难以直接测量的内表面(如孔、槽等表面),使用仪器测量粗糙度很不方便,一般采用印模法测量。也有时采用测量仪器中另行设计的辅助装置或专用测量仪器来测量。

印模法的原理是利用某些块状的塑性材料作为印模,贴在被测零件表面上,待取下后贴合面上印制出被测表面的轮廓状况,然后对印模进行测量,得出粗糙度的参数值。由于印模材料的强度和硬度都不高,故不能用接触法测量。印模材料不能完全达到被测表面微小不平度的谷底,测得的印模粗糙度数值总比被测表面实际轮廓的实际数值来得小,为此,对印模所得出的表面粗糙度测量结果,还应进行修正。

五、涂层表面光泽度的检验

涂层的光泽度(也称光亮度)是装饰性要求较高的涂件必须测量的指标。涂层表面光泽度是指涂层表面在一定照度和一定角度入射光作用下的反射光比率或强度。其反射光的比率或强度越大、涂层光泽度越高。

涂层表面光泽度的检验，近年来虽有采用光泽度仪的应用，但由于涂件几何形状的不同对反光性的影响不一，加上涂层色泽的不同干扰，往往难以得到良好效果，所以一直未能广泛地采用。目前常用的检验方法有目测法和样板对照法两类，国外也曾采用光度计法。

1. 目测评定法

目测评定法属于一种经验评定方法。它是以检验人员在实践中积累的经验，通过目测检验来评定，往往受到检验环境照度、检验人员的视觉和经验等因素影响，容易产生干扰而造成评定结果的误差。

为了尽量避免各种影响，根据从长期实践中得到的经验，规定受检环境的光源为自然光或接近自然光的荧光光源，其照度为1 000 Lux，以防止光源色泽和照度不合适产生的影响。

目测光泽度经验评定法的分级参考标准为：

(1) Ⅰ级(镜面光亮)：涂层光亮如镜，能清晰地看出人的五官和眉毛。

(2) Ⅱ级(光亮)：涂层表面光亮，能看出人的五官和眉毛，但眉毛部分不够清晰。

(3) Ⅲ级(半光亮)：涂层表面光亮较差，但能看出人的五官轮廓眉毛部分模糊。

(4) Ⅳ级(无光亮)：涂层基本上无光泽，看不清人的面部五官轮廓。

经验法评定会因人为因素影响，有时会对评定结果产生争议，所以在必要时可采取样板对照作为评定的参考。

2. 样板对照法

样板对照法属于目测法中的比较测量法。它是用一定光泽度的参照样板，结合目测法进行的。由于用了参照样板作比较，能一定程度上减少检验人员因视觉或经验不足造成的影响。所以，此法是目测法检验涂层光泽度的一种改进。

(1) 标准光泽度样板制作

标准光泽度样板制作如下：

1) Ⅰ级光泽度样板：经加工标定粗糙度为$0.04\ \mu m < Ra < 0.08\ \mu m$的铜质(或铁质)试片，电镀光亮镍或铬后抛光而成。

2) Ⅱ级光泽度样板：经加工标定粗糙度为$0.08\ \mu m < Ra < 0.16\ \mu m$的铜质(或铁质)试片，电镀光亮镍或铬后抛光而成。

3) Ⅲ级光泽度样板：经加工标定粗糙度为$0.16\ \mu m < Ra < 0.32\ \mu m$的铜质(或铁质)试片，电镀半光亮镍或铬而成。

4) Ⅳ级光泽度样板：经加工标定粗糙度为$0.32\ \mu m < Ra < 0.63\ \mu m$的铜质(或铁质)试片，电镀暗光亮镍或铬而成。

(2) 样板对照检验的评定方法

将被检涂件在规定的测试条件下(与检验表面缺陷相同)，反复与标准光泽度样板比较，观察两者反光性能，最后以被检涂层的反光性与某一标准样板相似，又低于更高一级光泽度标准样板时,以该标准样板的光泽度级别,作为被检涂层的光泽度级别。

(3) 样板对照检验注意事项

1) 标准光泽度样板应妥善保存,防止保存不善而改变表面状态。

2) 使用前应将标准样饭用清洁软布进行小心擦拭,使其表面洁净,并呈现规定的反光性能。擦拭时要防止损坏标准样板的表面状态。

3) 标准光泽度样板使用期为一年。经常使用时应定期更新。

3. 光度计测量法

由于目测法评定涂层光泽度没有严格标准,观察因人而异,所以近年来采用光度计测定涂层的光泽度,用于平面状涂层收到较好的效果。

采用光度计还可测定某些涂层的"白度",如果以分光光度计平均波长为 430~490 μm 时,将二氧化钛反射率作为 100 表示"白区"测定各种涂锌层的"白度"。

目前,应用光度汁测定涂层的光泽度,尚有一定困难,也不能区分各种光亮涂层的色泽差别,所以这种方法尚有待进一步研究和完善。

第二节 涂层的厚度检验

学习目标:掌握金相显微镜法、涡流法、X 射线荧光法测量涂层厚度。

涂层的厚度是测量涂层质量的重要标志之一。涂层的厚度在很大程度上影响着受涂产品的可靠性和使用价值。通过对涂层厚度的检测,除了评定有公差指标或修复尺寸要求的涂件是否合理外,还能直接或间接地评估涂层的耐蚀性、耐磨性、孔隙率等性能。因此,它在涂层质量检验和工艺研究中被普遍采用。

一、测厚方法概述

涂层厚度的检验,一般分为涂层平均厚度和局部厚度两类检验方法。由于局部厚度比平均厚度在实际应用中更能反映产品的质量,所以在多数情况下采用测量涂层的局部厚度或局部平均厚度。测厚时至少应在有代表性或规定部位测量三个以上厚度,并计算其平均值作为测量厚度的结果。

涂层厚度检验方法有破坏检测法和非破坏检测法(无损检测法)两大类。属于破坏检测法的有点滴法、液流法、化学溶解法、电量法(库仑法)、金相显微镜法、轮廓法及干涉显微镜法等多种,属于非破坏检测法的有磁性法、涡流法、X 射线荧光测厚法、β 射线反向散射法、光切显微镜法以及能谱法等等。破坏性测厚法一般适用于非贵重涂件或大批涂件加工的产品。非破坏测厚法适用于某些贵重或精密的涂件产品。本书主要介绍金相显微镜法、涡流法等。

二、测厚方法

1. 金相显微镜法

金相显微镜法属于物理方法之一。用正常的金相学方法来制作被测涂层的断面试样,然后在带有测微目镜的金相显微镜上观察被测涂层横断面的放大图像，从而直接测量涂层的局部厚度的平均厚度。该法由于在放大一定倍率下直接测量涂层的剖面厚度，所以具有测量准确度高，依据充分，判断直观等优点，但此法在试样制作时操作比较复杂，一般用于厚度控制严格、或用其他测厚法对结果有争议等涂件进行校验和仲裁时使用。

(1) 方法原理

金相法测厚是采用具有一定倍率和带有测微目镜的专用金相显微镜来观察、测量被测涂层的横断面厚度的方法。为使涂层的剖面符合金相显微镜镜检的要求，在测厚时事先应将被测涂件进行切割、边缘保护、镶嵌、研磨、抛光和化学浸蚀，制成符合要求的试样后进行。

(2) 测试仪器

允许采用各种类型经校验、带有测微目镜的金相显微镜，金相显微镜的放大倍率应在200～500倍以上，涂层厚度在20 μm以上时用200倍，涂层厚度在20 μm以下时则用500倍以上。

(3) 取样与切割

各种受检涂件的取样方法和数量，按涂件的技术条件和规定，一般可自主要表面上之一处或几处，用专用切割机切取试样，除另有专门规定外，应在涂层有代表性厚度和易于出现疵病之处切割，试样切割时应注意不损坏涂层为宜，防止切割时产生涂层的爆裂、脱落而影响测厚的精确度。

(4) 试样制作

试样制作是金相法测厚的关键。制备有金属涂层的试样要比制备一般金属试样困难，由于涂层或化学保护层厚度一般不大，有孔隙、而且易脆裂等，因此，必须严格按以下步骤进行：

1) 边缘保护。为提高镜检时涂层表面的界面清晰度，并保护涂层在研磨时不受损坏，经切割的涂层在镶嵌时应加涂层度不小于10 μm的其他涂层，以保护试样的边缘。该加厚保护涂层的硬度应与检测涂层相近，但色泽亦应有所区别。例如，测量镀银层时用铜层进行保护，测量镀铜层时用镍层保护，镀锌层和镀镉层可互相保护，但不能用铜层保护，以免在浸渍时产生置换铜层，使被测涂层的界面分不清。

2) 镶嵌。要使经边缘保护后的试样涂层的横断面垂直于涂层表面，必须将试样制成镶嵌体。镶嵌时应使涂层断面尽可能与涂层垂直。

镶嵌材料根据涂层或保护层不同而异。

对于可受微热(＜150 ℃)和微压(＜200 kg/mm^2)的涂层，可用胶木粉、聚氯乙烯粉料等进行镶嵌；对于可受微压而不能受热的涂层，可采用机械夹持法进行；对于不能受微热和微压的涂层，可采用以下两种方法进行冷镶嵌：

① 环氧树脂(6101)　　100 g
　乙二胺　　8 g
② 环氧树脂(6101)　　100 g
　邻苯二甲酸二丁酯　　15～25 g
　二乙烯三胺　　6～7 g

制作镶嵌体时，铰嵌材料应与涂层接触密合，待测涂层至镶嵌体边缘应保持5 mm以上的距离。防止镶嵌体抛光时因倾斜而影响涂层剖面与涂层的垂直度，造成涂层测厚的误差。

3）研磨与抛光。用金相显微镜测量涂层厚度，涂层剖面必须达到镜面状态，才能符合金相检验要求，所以镶嵌后的涂层剖面，应进行充分的研磨和抛光。

为了提高试样涂层断面在镜检测厚时的清晰度，必须将涂层断面连同镶嵌体一起进行研磨和抛光。试样研磨和抛光可用手工或专用金相研磨及抛光机进行。不论用手工还是机械进行，必须注意以下方面：

① 研磨时选用磨料，应由粗到细依次进行，最后使用的砂纸应为280号以上。

② 研磨操作方向应与涂层表面成45°角，每更换一次砂纸，需抹去试样表面的前道砂粒而且研磨方向与前次方向呈90°。

③ 抛光时覆盖在抛盘上的材料一般可选用细帆布、呢绒、绸或人造纤维织物，抛光磨料是氧化铬或氧化铝细粉末。抛光前阶段可用浓一些的抛光液(抛光液放入水中，用时搅拌)；后阶段用稀一些的抛光液(不搅拌)，最后用清水。这样，抛光后的试样不需再清洗，可直接吹干。

④ 浸渍。浸渍的目的是为了使试样断面的涂层和基体金属的剖面清晰地裸露出各自的色泽和表面特征，进一步提高镜检的准确度。

对于不同基体和涂层，应采用不同的浸蚀液。浸蚀后，试样先用清水冲洗，后用无水酒精洗，最后用热风快速吹干。化学保护层经抛磨后可不必进行浸蚀。

(5) 测试方法和步骤

1）金相显微镜的检查与校正，按其说明书进行。

2）根据涂层厚度范围，选择合适的目镜和物镜倍率，并调整好显微镜焦距。

3）将试样放于金相显微镜载物台的适当位置上，进一步调好焦距，仔细用测微目镜测量涂层断面厚在同一位置上，测量至少三次以上，测量值取其平均值。

如需测定平均厚度，则在试样断面的全部长度上，测定五个点的涂层厚度，取其算术平均值即可。

2. 涡流法

涡流法工作原理是利用一个载有高频电流线圈的探头，在被测试样表面产生高频磁场，由此引起金属内部涡流，此涡流产生的磁场又反作用于探头内线圈，使其阻抗变化而工作。随着基体表面覆盖层厚度的变化，探头与基体金属表面的间距改变，反作用于探头线圈的阻抗亦发生相应改变，根据阻抗值变化的线性关系，可以测出基体表面各种覆盖层的厚度。

涡流法测厚法常用的仪器有JWH-1，JWH-3，7504型等几种。

3. X射线荧光法

X射线荧光法测厚是一种快速、高精度的非破坏性测厚方法。工作原理是利用X射线管或放射性同位素释放出X射线，激发涂层或基体金属材料的特性X射线，通过测量检测涂层衰减之后的X射线最终强度，来测量被测涂层的厚度。此法可测量任何金属或非金属基体上15 μm以下的各种金属涂层的厚度，它可以对面积极小的试样和极薄的涂层、形状极复杂的试样进行测厚。

该法也可用于同时测量基体表面多层覆涂的涂层厚度，还可以在测量二元合金(如Pb-Sn合金等涂层)厚度的同时，测出合金涂层的成分。

X射线荧光法测厚在下列情况下测量精度偏低：

（1）当基体中存在涂层金属成分或涂层中存在基体金属成分时（如测量钢铁基体上的镍铁合金、锌铁合金等涂层）。

（2）基体上覆涂层多于二层时。

（3）当被测涂层的化学成分与标定标准样品成分有很大差异等等。

因此，在存在上述情况时，必须对测得的厚度值进行校正。

X 射线荧光法测厚的操作方法，可按采用 X 射线测厚仪的操作说明进行，操作时也应注意 X 射线对人体的伤害，采取一定的防护措施。

第三节　涂层的耐蚀性检验

学习目标： 掌握盐雾试验方法原理、测试设备、测试溶液、试验条件、试样准备及进箱操作要求、测试步骤和注意事项和盐雾试验腐蚀结果的评定。

涂层的耐腐蚀性是反映涂层保护基体金属和抵抗环境侵蚀的能力好坏，是直接影响受涂制品使用寿命的重要指标。特别是对于防护性涂层及防护装饰性涂层，对涂层的耐腐蚀性指标有其明确的要求，必须进行严格的检验，所以采用适当的方法测定产品上涂层的耐腐蚀性是一项必不可少的工作。

电镀产品的使用环境各异，影响涂层的耐腐蚀性的因素极为复杂，如果将电镀产品在实际使用环境和工作条件下进行耐腐蚀性考察，虽能正确评估其实际的耐腐蚀性和使用寿命，但毕竟周期长，费时费力。因此，除了特定产品以外，一般希望采用一种周期短、简便而有效的方法来检验涂层的耐腐蚀性能。

一、耐蚀性测试方法的分类

目前检验涂层耐蚀性的测试方法，一般有以下三类：

1. 使用环境试验

将受涂产品在实际使用环境的工作过程中，观察和评定涂层的耐蚀性。

2. 大气暴露（即户内外暴晒）腐蚀试验

将受涂产品或试样放在大气暴露场（室内或室外）的试样架上，进行各种自然大气条件下的腐蚀试验，定期观察腐蚀过程的特征，测定腐蚀速度，从而评定涂层的耐蚀性。

3. 人工加速和模拟腐蚀试验

采用人为方法，模拟某些腐蚀外部环境，对电镀产品进行快速腐蚀试验，以快速有效的方法鉴定涂层的耐腐蚀性能，如盐雾试验。

本节主要介绍盐雾试验。

二、盐雾试验

盐雾试验（盐水喷雾试验）是检验涂层耐腐蚀性的人工加速腐蚀试验的主要方法之一。它模拟沿海环境大气条件对涂层进行快速腐蚀试验，主要是评定涂层质量，如孔隙率、厚度是否达到要求，涂层表面是否有缺陷，以及涂前处理或涂后处理的质量等。同时也用来比较不同涂层抗大气腐蚀的性能。根据试验所采用的溶液成分和条件的不同,盐雾试验又分为中性盐雾试验(NSS)、醋酸盐雾试验(ASS)和铜盐加速醋酸盐雾试验(CASS)三种方法。

中性盐雾试验是一种规范的国际通用标准试验,按ISO 3768标准规定的方法进行。该方法规定了一种标准化的试验程序,从试样制备,处理方法,试验过程一直到结果评定均按规定进行。将试样或试件按规定要求进行试验前处理,包括表面清洗,试样封样等,并对尺寸、外观等作好记录,然后按一定的排布方法放置于标准试验箱中,盖好箱盖,启动机器,此时箱中喷头会将中性盐水溶液雾化并按一定的角度及流量定时喷出,使箱中充满盐雾,试验过程是以一定的试验时间为周期,根据要求经过若干周期的试验,试验后对试样进行处理、评级。

1. *方法原理*

盐雾试验是模拟沿海大气环境中温暖的海面向寒冷的空气蒸发和海浪冲击下泼向空间的含氮微小液滴,形成细雾状介质对金属的腐蚀条件,采用一定浓度的氯化钠溶液,在加压下以细雾状喷射,由于雾粒均匀地落在试样表面,并不断维持液膜更新,因而对涂层的腐蚀符合大气腐蚀基本原理,实现测定涂层的加速腐蚀作用。

盐雾试验毕竟不能完全地模拟大气条件对金属的腐蚀,加之影响腐蚀的因素较多。造成测试条件不易控制等等,往往重现性较差,所以只能作为同一类型涂层在该条件下相对耐蚀性的比较。实践表明,它对阳极性涂层(如钢铁基体上的锌层)耐蚀性效果较好,而对阴极性涂层,则只能揭示涂层的孔隙和缺陷程度,间接地反映涂层的抗腐蚀能力。

2. *测试设备*

盐雾试验的测试设备有盐雾箱和盐雾室两类。

(1) 测试设备的基本要求

无论是盐雾箱或盐雾室,其设备必须符合下列基本要求。

1) 设备的内部结构均应用耐腐蚀和不影响盐雾试验的性能材料,包括箱体内衬、试样架以及接触试液的各种部件。箱体应有良好的保温措施。

2) 在空气供给系统中,应设有空气除油、除尘装置及湿润空气的饱和塔。饱和塔中水的温度应根据所采用的压力和喷嘴类型决定,一般应高于试验温度。饱和塔中的水位应保持一定高度。

3) 箱内应设有挡板等设施,防止盐雾直接喷到试样表面上,并可通过挡板角度调节盐雾均匀度。

4) 箱盖或雾室顶部的凝聚盐水溶液不得滴在试样上,从设备四壁落下的液滴不得重新使用。

5) 喷雾时的温度、压力、盐水补给等均应有良好的控制,保证试验条件稳定。

6) 在符合上述要求下,设备的尺寸和构造不受限制。

(2) 设备的结构原理

盐雾箱适用于小尺寸试样,盐雾室适用于大型工件或特殊的试样。目前普遍采用各类盐雾箱进行试验。

盐雾箱的内部结构,如图21-3所示。

整套设备由箱体、电气控制台、压缩机三部分组成,箱壳为夹层式,外壳内壁填以泡沫塑料以起到保温作用。

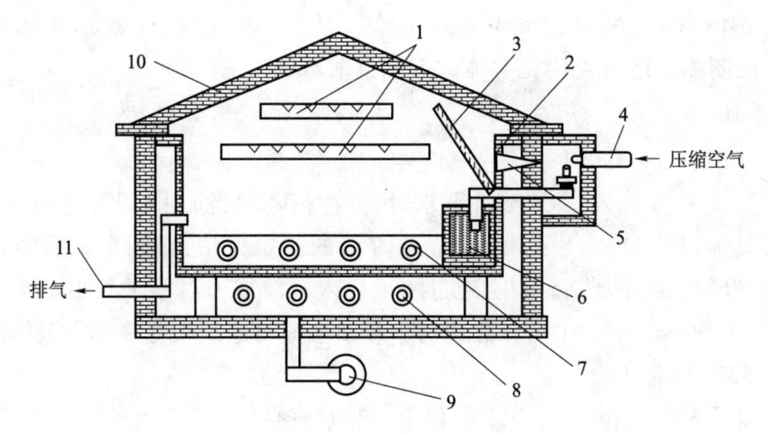

图 21-3　盐雾箱示意图

1—试样架；2—内套；3—挡板；4—压缩空气喷嘴；5—盐水喷嘴；6—盐水箱；
7—内套加热器；8—夹套加热器；9—夹套风机；10—排气管；11—箱盖

夹层和工作室之间为加热风道，下部装有加热器，使工作室升温。箱盖和箱体结合采用水封式保证气密性良好。由空气压缩机产生的压缩空气，经过油水分离器和调压阀后进行空气净化，净化后的压缩空气再经预热后通过喷气管进入喷嘴。

盐水箱内的盐水，经盐水自动补给器进入盐水预热器，经预热后的盐水通过吸水管进入喷嘴，在压缩空气的作用下成为喷雾喷入工作室。在喷雾过程中，废气由排气管排出，作用后的盐水经回收管进入回收箱排除，以保证箱内连续正常喷雾。

盐雾试验的温度、压力等控制，均由电器控制箱控制。

3．测试溶液

测试溶液有中性盐雾试验测试溶液、人造海水溶液、醋酸盐雾试验测试溶液和铜盐加冰醋酸盐雾溶液，其成分也不相同。

(1) 中性盐雾试验测试溶液成分

1) 3%的氯化钠(NaCl)溶液。

2) 5%的氯化钠(NaCl)溶液。

3) 20%的氯化钠(NaCl)溶液。

各种溶液均用化学纯试剂和蒸馏水配制，并用化学纯的盐酸或氢氧化钠调整溶液 pH 至 7.0±0.2。上述试液中，通常采用 5%氯化钠溶液者为多。

(2) 人造海水测试溶液成分

1) 氯化钠(NaCl)　27 g/L；

2) 氯化镁($MgCl_2$)　6 g/L；

3) 氯化钙($CaCl_2$)　1 g/L；

4) 氯化钾(KCl)　1 g/L。

(3) 醋酸盐雾试验测试溶液成分

5%NaCl 溶液，用冰醋酸调整 pH 为 3.2±0.1，配制测试溶液均用化学纯试剂及蒸馏水。

(4) 铜盐加冰醋酸盐雾测试溶液成分

5%NaCl 镕液,每升 Nacl 溶液中加入(0.26±0.02)g $CuCl_2 \cdot H_2O$,用冰醋酸调整 pH 为 3.2±0.1,配制测试溶液均用化学纯试剂及蒸馏水。

4. 试验条件

(1) 温度为(35±2) ℃。

(2) 相对湿度大于 95%,达不到此要求时,可在箱底适当加水,以补充箱内空间水分。

(3) 降雾量为(1~2)ml/h·80 cm^2。降雾量的测定方法:将四个集雾器(可用直径为 10 cm,截面积为 80 cm^2 的玻璃漏斗,通过塞子插入量筒或通过管子导出至箱外集雾器中)放置在箱内不同部位,其中一个需靠近喷嘴。开动盐雾箱连续喷雾 8 h,计算 80 cm^2 的集雾器每小时平均降雾的毫升数;

(4) 雾粒直径为 2~5 mm 的占 80%以上。雾粒直径的测定方法:取一块 20 cm×50 cm 的薄玻璃片,注意玻璃片表面上不得有气泡、污物;在玻璃片涂上一层均匀的凡士林或石蜡,用显微镜检查后,将玻璃片放在玻璃培养皿中加盖,放置于箱内测试位置上,待连续喷雾 5 min 后,取掉培养皿盖子,让盐雾在玻璃片上沉降 30 s,再加上盖子,并取出箱外。取出玻璃片,在显微镜下(放大 300~1 000 倍)测出玻璃片上固定位置内雾粒的直径,并统计出所占百分值。

(5) 喷嘴压力控制在(0.8~1.4)kg/cm^2 范围。

(6) 喷雾时间:每天连续喷 8 h,停喷 16 h,24 h 为一个周期。

5. 试样准备及进箱操作要求

(1) 试验箱应放置平稳,开箱后应用清水清洁工作室,并检查设备管路和电路是否符合要求。

(2) 试样的数量按测试具体情况规定,一般情况下每批取 3 件。

(3) 试样进箱前必须进行预处理,除去表面油污、脏物,净化处理时一般可用 1∶4 的二甲苯-酒精溶液擦拭试样表面,但不应损伤涂层或表面钝化膜。

(4) 试样进箱时可垂直悬挂在箱内,注意必须用塑料丝吊挂,或以 15°~30°放置于试样架上,试样表面应与盐雾在箱内流动主要方向平行。外形复杂的试样放置角度较难规定,但要求重复测试时放置一致。试样的间距一般不小于 100 mm,试样上下层必须交叉放置。

(5) 试样在试验结束后,应小心地用冷水洗净表面盐沉积物,经干燥后作外观检查和评级。

6. 测试步骤和注意事项

(1) 试验箱应放置平稳,开箱后应用清水洗净工作室,并检查设备管路和电路是否符合要求。

(2) 所有加水部位都应按要求加水。加水时注意。

① 空气饱和器内应加入蒸馏水,水位至玻璃管上端的红线。

② 盐水预热器内应加水至上端红线,使容器内电加热管全部浸入水中,使用时应保证水位不低于下端红线,防止电加热管烧毁。

③ 箱体密封水槽内应加入自来水,保证密封良好。

④ 工作室底部应保持 10 mm 左右高度水位,以保证箱内湿度。

(3) 检查工作室内喷雾嘴，调节好防雾量大小。

(4) 按要求将准备好的试样放入工作室内试样架上。

(5) 空压机压力控制在 2～6 kg 范围，检查控制系统是否正常。

(6) 通过调压阀控制空气饱和器压力在 2 kg 左右。

(7) 工作室温度控制在 35 ℃，盐水预热温度控制在 35 ℃，空气饱和器温度控制在 60 ℃ 左右，检查温度控制系统是否正常。

(8) 电源用三相四线橡皮线，按接线板 0、1、2、3 位置接线。

(9) 盖好箱盖，检查水封是否密闭。

(10) 开启“自动”按钮，指示灯亮表示电源接通，同时电压表有指示。白灯亮表示开始加温，到达控制湿度后白灯灭，红灯亮。

(11) 喷雾前开启加温时，必须先开启压缩机，并打开盐水箱阀门，盐水经预热至规定温度后即可开始喷雾。

(12) 试验中如需观察，可开启“照明”开关。观察后即关闭。

(13) 试验结束后，应将饱和器内存气放尽，防止饱和器内水倒流。

(14) 试验停止 5 天以上时，必须把溶液放尽，并将工作室和喷嘴等部件用水彻底清洗干净，保持内外清洁。

7. 盐雾试验腐蚀结果的评定

按我国电工产品 JB/Z88—66 评定标准，经盐雾试验后的腐蚀程度为 4 级：Ⅰ级为良好，Ⅱ级为合格，Ⅲ～Ⅳ级为不合格。在每一级中，只要满足一项，就按该级评定。具体如表 21-2 所示。

表 21-2　防护性涂层盐雾试验评定标准

级别	腐蚀程度
Ⅰ级	1. 色泽无变化或轻微变暗； 2. 涂层和基体金属均无腐蚀
Ⅱ级	1. 色泽明显变暗，涂层已出现连续的均匀或不均匀氧化膜； 2. 涂层腐蚀面积小于 30%； 3. 基体金属无腐蚀
Ⅲ级	1. 涂层腐蚀面积在 3%～15%； 2. 基体金属上腐蚀点不超过每平方米上 1 个点，且腐蚀点直径小于 1 mm，若试样表面积小于 1 dm^2，要求按 1 dm^2 计
Ⅳ级	1. 涂层和基体金属的腐蚀程度超过三级； 2. 涂层腐蚀面积虽小于 15%，但呈严重坑状腐蚀

第二十二章　设备选购、拆卸、装配和调试验收

学习目标:掌握设备的选择原则、拆卸与装配操作要点;掌握设备的调试方法;掌握设备验收的基本要求。

对现代企业进行设备更新和技术改造,是提高企业生产经济效益必要手段,是实现现代化的重要途径,是国家经济建设的重要方针之一。

第一节　设备的选购

学习目标:掌握设备的选购原则。

设备的合理选购,是每个企业经营中的一个重要问题。合理地选购设备,可以使企业以有限的设备投资获得最大的生产经济效益。这是设备管理的首要环节,为了讨论方便,我们结合更新问题,在本节来进行讨论。

选购设备的目的,是为生产选择最优的技术装备,也就是选择技术上先进,经济上合理的最优设备。

一般说来,技术先进和经济合理是统一的。这是因为,技术上先进总是有具体表现的,如表现为设备的生产效率高、能够保证产品质量等。但是由于各种原因,有时两者表现出一定矛盾。例如,某台设备效率比较高,但能源消耗量大。这样,从全面衡量经济效果不一定适宜。再如,某些自动化水平和效率都很高的先进设备,在生产的批量还不够大的情况下使用,往往会带来设备负荷不足的矛盾,选择机器设备时,必须全面考虑技术和经济效果。下面列举几个因素,供在选择设备时作参考。一般来说,设备在选购前应遵循以下原则:生产性、可靠性、维修性、节能性、耐蚀性、成套性和通用性。下面从这七方面分别进行讲述。

一、生产性

这里是指设备的生产效率。选择设备时,总是力求选择那些以最小的输入获得最大输出的设备。目前,在提高设备生产率方面的主要趋向有:设备的大型化、设备高速化和设备的自动化。

1. 设备的大型化

这是提高设备生产率的重要途径。设备大型化可以进行大批量生产,劳动生产率高,节省制造设备的钢材,节省投资,产品成本低,有利于采用新技术,有利于实现自动化。是不是设备越大越好呢?设备大型化受到一些技术经济因素的限制。大型化的设备,产量大,相应地原材料、产品和废料的吞吐量也大,同时要受到运输能力的影响,受到市场和销售的制约。而且,在现有的工艺条件下,有些设备的大型化,不能显著地提高技术经济指标;设备大型化

使生产高度集中，环境保护工作量比较大。

2. 设备高速化

设备高速化表现在生产、加工速度、化学反应、运算速度的加快等方面，它可以大大提高设备生产率。但是，也带来了一些技术经济上的新问题。主要有：随着运转速度的加快，驱动设备的能源消耗量相应增加，有时能源消耗量的增长速度，甚至超过转速的提高；由于速度快，对于设备的材质、附件、工具的质量要求也相应提高；速度快，零部件磨损、腐蚀快，消耗量大；由于速度快，不安全因素也增大，要求自动控制，而自动控制装置的投资较多等。因此，设备的高速化，有时并不一定带来更好的经济效果。

3. 设备的自动化

设备自动化的经济效果是很显著的。而且由于装置控制的自动化设备（如机械手、机器人），还可以打破人的生理限制，在高温、剧毒、深冷、高压、真空、放射性条件下进行生产和科研。因此，设备的自动化，是生产现代化的重要标志。但是，这类设备的价格昂贵，投资费用大；生产效率高，一般要求大批量生产；维修工作繁复，要求有较强的维修力量；能源消耗量大；要求较高的管理水平。这说明，采用自动化的设备需要具备一定的技术条件。

二、可靠性

可靠性是表示一个系统、一台设备在规定的时间内、在规定的使用条件下、无故障地发挥规定机能的程度。规定条件是指工艺条件、能源条件、介质条件及转速等。规定时间是指设备的寿命周期、运行间隔期、修理间隔期等。规定机能是指额定输出量，如压缩机的打气量、氨合成塔的氨合成量、热交换器的换热量等。人们总是希望设备能够无故障地连续工作，以达到生产更多的产品的目的，现代化学工业，随着设备大型化、单机化、高性能化、连续化与自动化的水平越来越高，同时设备的停产损失也越大，因此，产品的质量、产量及生产的总经济效益对设备的依赖性越来越大，所以对设备的可靠性要求也越来越高。一个系统或一台设备的可靠性愈高，则故障率愈低，经济效益愈高，这是衡量设备性能的一个重要方面。

同时，就设备的寿命周期而论，随着科学技术的发展，新工艺、新材料的出现以及摩擦学和防腐技术的发展，设备的使用寿命可以大大延长，这样，每年分摊的设备折旧费就愈少。当然，在决定设备折旧时，要同时考虑到设备的无形磨损。

三、维修性

维修性，也叫可修性或易修性，是指影响设备维护和修理的工作量和费用。维修性好的设备，一般来说设备结构简单，零部件组合合理；维修的零部件可迅速拆卸，易于检查，易于操作，实现了通用化和标维化，零件互换性强等。一般说来，设备越复杂和精密，则维护和修理的难度也越大，要求具有相适应的维护和修理的专门知识和技术，对设备的润滑油品、备品配件等器材的要求也高。因此在选择设备时，要考虑到设备生产厂提供有关资料、技术、器材的可能性和持续时间。

四、节能性

这里是指设备对能源利用的性能。节能性好的设备，表现为热效率高、能源利用率高、能源消耗量少。一般以机器设备单位开动时间的能源消耗量来表示,如小时耗电量、耗气(汽)量;也有以单位产品的能源消耗量来表示,如合成氨装置,是以每吨合成氨耗电量来表示,而汽车以公升/百公里的耗油量来表示。能源使用消耗过程中,被利用的次数越多,其利用率就越高。在选购设备时,切不可采购那些“煤老虎”“油老虎”“电老虎”设备。

已经使用的,要及时加以改造。

五、耐蚀性

各种化工生产,都离不开酸、碱、盐类的介质,其对生产设备基本上都有腐蚀性,但严重程度有所不同。因此,机械设备应具有一定的防腐蚀性能。当然,制造一种完全不腐蚀的设备是不可能,经济上也是不合理的,所以要在经济实用的前提下,尽量降低腐蚀速度,延长设备的使用寿命。这需要从设备选材、结构设计和表面处理等方面采取相应措施,以保证生产工艺的需要。

六、成套性

这是指各类设备之间及主附机之间要配套。如果设备数量很多,但是设备之间不配套、不平衡,不仅机器的功能不能充分发挥,而且经济上可能造成很大浪费。设备配套,就是要求各种设备在性能、能力方面互相配套。设备的配套包括单机配套、机组配套和项目配套。单机配套,是指一台机器中各种随机工具、附件、部件要配套,这对万能性设备更为重要。机组配套,是指一套机器的主机、辅机、控制设备之间,以及与其他设备配套,这对于连续化生产的设备,特别是化工生产装置显得更重要。项目配套,是指一个新建项目中的各种机器设备的配套,如工艺设备、动力设备和其他辅助生产设备的配套。

七、通用性

这里讲的通用性,主要指一种型号的机械设备的适用面要广,也就是要强调设备的标准化、系列化、通用化。就一个企业来说,同类型设备的机型越少,数量越多,对于设备的备用、检修、备件储备等管理都是十分有利的。目前有不少设备,虽然型号一样,或一个厂的不同年份的产品,出于某些零件尺寸略有差异,就给设备检修、备件储备带来很多困难和不必要的资金积压,并增大了检修费用。不少化工专用设备,目前还采用带图加工的办法,是很不合理的,一是不能批量生产,成本较高,质量不易保证;二是备品储备增加;三是工艺改变,不利于设备的充分利用。事实说明化工专用设备实行标准化、系列化是完全可能的。如化肥厂国内已基本形成系列,大部分设备已标准化、系列化。再如搪玻璃设备,全国已统一标准,形成了系列,便于组织生产,便于使用厂选用和订购。其他化工专用设备,如反应釜(也有称反应锅、反应罐等)、贮罐等,目前都有标准设计,各厂在新设备设计或老设备更新改造时,应尽量套用标准设计,而不要另起“炉灶”。一来可节省设计费用,减少不必要的重复劳动;二来对推动标准化、系列化、通用化有益,对改善企业管理有利。

以上是选择机器设备要考虑的主要因素。对于这些因素要统筹兼顾,全面地权衡利弊。

第二节 设备的拆卸与装配

学习目标：掌握设备的拆卸与装配的基本原则、螺纹连接的拆卸与装配、齿轮的装配方法。

一、拆卸的基本原则

机械拆卸时，为了防止零件损坏、提高工效和为下一段工作创造良好条件，应遵守下列原则。

1. 拆卸前必须搞清机械各部分的构造和作用原理

机械设备种类和型号繁多，新型结构不断出现。在未搞清其构造和作用原理以前不能盲目拆卸，否则可能造成零件损坏或其他事故。

2. 从实际出发，按需拆卸

拆卸是为了检查和修理，如果对机械的个别部分不经拆卸即可判断其状况确系良好而不需修理，则这一部分可不拆卸。这样，可以节约劳力，避免零件在拆装过程中损坏和降低装配精度。但不拆的部分，必须能确保一个修理间隔期；另一方面，对于需要拆卸的零件，则一定要拆，切不可因图省事而马虎了事，以致使机械的修理质量不能得到保证。

3. 应按正确的拆卸顺序进行

(1) 在拆卸之前要进行外部清洗。

(2) 先拆卸外部附件，然后按总成、部件、零件的顺序拆卸。

4. 要使用合适的工具、设备

拆卸时所用的工具一定要与被拆卸的零件相适应。如拆卸螺纹连接件要选用尺寸相当的扳手；拆卸静配合件要用专用的拆卸工具或压力机；内燃机许多零件，都需有相应的拆卸工具。切忌乱锤、刮铲，以致造成零件变形或损坏；更不得用量具、钳子、扳手代替手锤而造成工具损坏。

5. 拆卸时应为装配作好准备

拆卸时对于非互换性零件应作记号或成对放置，以便装配时装回原位，保证装配精度，如活塞与缸套、轴承与轴颈等，在拆卸时均应遵守这一原则。拆卸后的零件应分类存放，以便查找，防止损坏、丢失和弄错。在工程机械修理中，因机型种类繁多，一般按总成、部件分类存放为好。

二、装配的基本原则

装配工艺是决定修理质量的最重要环节，装配中必须遵循以下基本原则。

1. 被装配的零件本身必须达到规定的技术要求

为保证设备的修理质量，任何不合格的零件都不得装配，为此，零件在装配前必须经过严格检验。

2. 必须选择正确的配合方法以满足配合精度的要求

机械修理的大量工作就是恢复相互配合零件的配合精度。工程机械修理中有不少零件是采取选配、修配或调整的方法来满足这一要求的,必须正确运用这些方法。

配合间隙必须考虑热膨胀的影响,对于由不同膨胀系数的材料构成的配合件、当装配时的环境温度与工作时的温度相差较大时,由此引起的间隙改变应进行补偿。

3. 检查装配的尺寸链精度

分析并检查装配的尺寸链精度,通过选配或调整以满足精度要求。

4. 处理好机件的装配程序

装配程序一般是按先内后外、先难后易和先精密后一般的原则进行。

5. 选择合适的装配方法和装配设备

如静配合采用相应的压力机装配,或对包容件进行加热和对被包容件进行冷缩。为避免损坏零件和提高工效,应积极采用专用工具。

6. 注意零件的清洁和润滑

装配的零件必须经过彻底清洗。对动配合零件要在相对运动表面涂上清洁的相一致的润滑剂。

7. 注意装配中的密封,防止"三漏"

要采用规定的密封结构和密封材料,不得任意采用代用品。要注意密封表面的质量和清洁,注意密封件的装配方法和装配紧度,对静密封可采用适当的密封胶。

三、螺纹连接的拆卸、装配和防松

1. 螺纹连接的拆卸

(1) 拆卸时的一般要求

1) 正确使用扳手

① 扳手—螺母的尺寸要一致。扳手套到螺母上不得有较大的旷动量,以免损坏螺母。

② 尽可能选用套筒扳手或梅花扳手,应尽量少用活动扳手。

2) 不宜随便使用加力杆

扳手柄长度是根据螺纹所能承受扭矩和旋力的大小设计的,随意加长容易损伤扳手或将螺栓拧断。

(2) 锈死螺钉的拆卸

可以浸煤油或渗透性强的特殊润滑剂,现在已有某些防锈剂兼有此种作用,静置20~30 min后,适当的敲击、振动,使锈层松散,并先向拧紧方向少许施力,然后反向旋力即可拧出。

(3) 断头螺钉的拆除

断头螺钉没有可供扳手拆除的头部,必须采用其他措施,方法有:

1) 在断头螺钉上钻一个适当大小的孔,然后打入一个多棱的钢锥或攻成反向螺纹,拧入反螺纹螺钉,最后按一般拆除螺纹的方向拧出。

2) 在断头上焊一螺母,然后拧出。

3) 如果断头露出工件平面,可用锯子在露出部分锯一槽口,然后用螺丝刀拧出。

4) 可选用一个与螺纹内径相当或稍小的钻头,将螺杆部分全部钻掉。

5) 对直径较大的螺钉,可用扁凿沿其外缘反向剔出。

(4) 双头螺柱的拆卸

1) 用双螺母法拆卸。即将两个螺母同时拧在螺纹中部，并相对拧紧，然后用扳手卡住下螺母按拆卸一般螺钉的方法拧出。

2) 专用工具拆卸。在部分双头螺柱的拆卸中可采用专用工具，可以同时用于双头螺柱的拆卸和装配，使用时配合一般扳手使用。

(5) 成组螺纹连接的拆卸

由多个螺栓连接固定的零件，为了防止受力不均匀引起破坏和拆卸困难，均匀、拆卸螺栓时应对称地进行。首先将每个螺栓或螺母松动半至一转，并尽量对称进行；然后进行第二次松动，直至全部螺纹都解除了锁紧力以后，才可以逐个拆卸。

2. 螺纹连接的装配

螺纹连接件的装配，除了应遵守螺纹拆卸的一般要求外，还应做到下面四点。

(1) 被装配的螺纹件必须符合所规定的技术要求。选用的材料和加工幅度要符合规定要求；要求螺纹无重大损伤，螺杆无弯曲变形；螺纹部分的配合质量在自由状态下应能用手拧动而无松动；螺纹拧紧后，其头部(或螺母)的下平面应与被连接的工件接触良好。

(2) 要按规定的预紧力拧紧。承受动载荷的、较为重要的螺纹连接，一般都规定了预紧力，装配时应严格按规定的预紧力拧紧。对于无预紧力要求的螺纹连接，其预紧力应按照螺栓强度级别所规定的拧紧力矩拧紧。

(3) 成组螺纹连接的零件应均匀接触，贴合良好，受力均匀。为此拧紧时应分顺序进行，如图 22-1 示例。

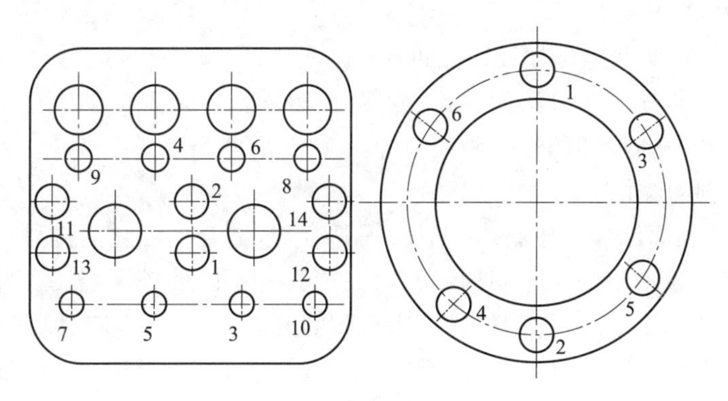

图 22-1　螺母拧紧顺序示例

(4) 螺纹连接要锁定。在振动条件下工作的螺纹连接必须采取锁定措施，以防止松脱，保证机械安全运转。

3. 螺纹连接的防松

螺纹连接在工作状态下可能会经受所有类别的变动载荷，包括极为激烈的振动和冲击载荷。在变动载荷的作用下，螺纹连接的失效通常是由其自身的松动和疲劳破坏所引起的。在一般情况下，螺纹连接抗振松的寿命比其材料和结构的疲劳寿命短得多，远在疲劳破坏之前，就已经出现了因松动而造成螺纹连接的松脱失效，或者出现了因松动而导致连接件和被连接件的过早疲劳破坏。螺纹连接的失效会影响产品和设备的正常运转，甚至会造成严重的后果。如何防止螺纹连接的松动是研制和设计螺纹紧固件的重要任务之一。

(1) 防松方法的分类

螺纹紧固件连接的防松方法分为三种基本类型：

1) 不可拆卸的防松。

这是一种采用焊牢、黏结或冲点铆接等方式将可拆卸螺纹连接改变为不可拆卸螺纹连接的防松方法，是一种很可靠的传统防松方法。其缺点是螺纹紧固件不能重复使用。且操作麻烦。常用于某些要求防松高可靠而又不需拆卸的重要场合。

2) 机械固定件的防松。

利用机械固定件使螺纹件与被连接件之间或螺纹件与螺纹件之间固定和销紧，以制止松动。这种方法的优点是防松可靠，其防松可靠性一般取决于机械固定件(或紧固件本身，如开槽螺母)的静强度或疲劳强度。它的缺点是增加紧固连接的重量，制造及安装麻烦，不能进行机动安装，所以成本较高。由于其防松可靠性高，在机械产品和航空航天产品中的某些重要部位仍广为采用。

3) 增大摩擦力的防松。

利用增加螺纹间或螺栓(螺钉)头及螺母端面的摩擦力或同时增加两者的摩擦力的方法来达到防松的目的。这种防松方法比上述 1)类或 2)类方法的可靠性要差些，但其最大的优点是不受使用空间的限制，可以进行多次的反复装拆，可以机动装配，而且其中某些紧固件(如尼龙圈锁紧螺母，全金属锁紧螺母)，其防松可靠性已达到很高的水平。因此，这种防松方法在机械制造部门和航空航天领域应用最广。

(2) 常用的防松方法

1) 不可拆卸的防松方法

① 螺栓(或螺钉)头和螺母端面冲点铆接。

在拧紧后，用冲点铆接的方法使螺栓(或螺钉)螺母产生局部变形，阻止其相互松转。防松可靠，可用于任何不需拆卸的连接防松。如图 22-2 示例。

② 锁紧黏合剂的黏结。

在相配的螺纹表面涂环氧树脂或厌氧胶等黏合剂，黏合剂固化后即可牢固地黏结相配的螺纹，达到锁紧防松的目的。不同的黏合剂往往具有不同的锁紧能力。涂环氧树脂的紧固件，其黏结强度很高，是不可拆卸的。涂厌氧胶的紧固件，虽可拆卸，但拆卸后螺纹表面残留的黏合剂难于清洗干净，且螺纹可能受到损伤，紧固件不宜再用。

黏合剂也可作为螺纹的密封材料，但它们无法承受高温。最好的黏合剂可在 230 ℃的温度下工作；最差的黏合剂，其工作温度只有 94 ℃。

防松可靠，可用于任何不需要拆卸的连接防松。锁紧粘合剂的黏结防松如图 22-3 示例。

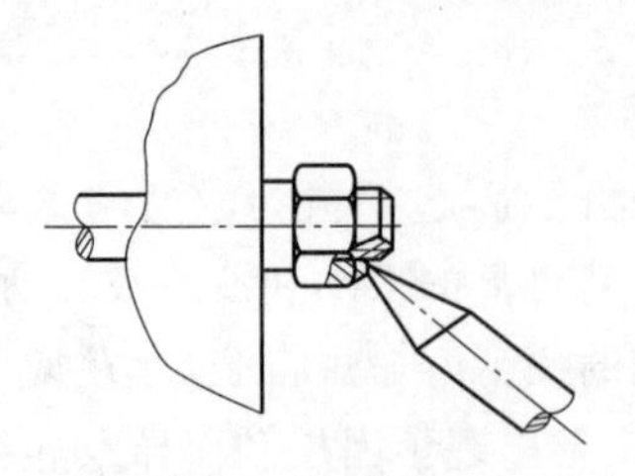

图 22-2 螺栓(或螺钉)头和螺母端面冲点铆接防松示意图

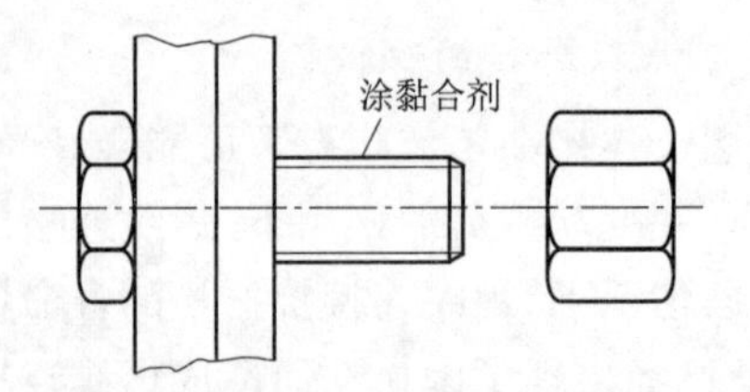

图 22-3 锁紧黏合剂的黏结防松示意图

2）机械固定件的防松方法

① 开槽螺母加开口销。

开口销穿过螺母的槽和螺栓末端的销孔，将螺母和螺栓直接锁紧。可在不拧紧(即不施加预紧力)的松连接状态下，用于重要的活动部位，如航空航天器和车辆座舱内操纵杆活动关节的连接。也可用在长时间严酷振动条件下要求防松高可靠的特别重要部位。在这种情况下，必须以适当的预紧力来拧紧螺母和螺栓，否则，在未拧紧的松连接中，开口销或螺母会产生疲劳破坏，造成紧固件的松脱失效。此类事故在承受严酷工作条件件的许多连接中常有发生。开槽螺母加开口销防松如图 22-4 示例。

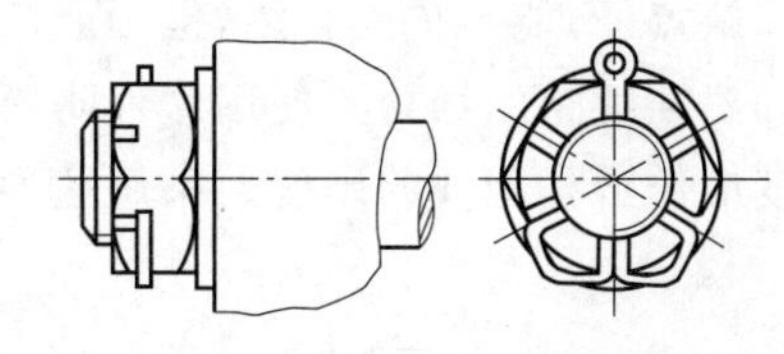

图 22-4　开槽螺母加开口销防松示意图

② 止动垫圈。

用单个或双连钢垫圈把螺母与被连接件固定在一起或两个螺母相互固定。防松可靠，可用于高温部位的防松连接。常用于发动机产品的重要部位。止动垫圈防松如图 22-5 示例。

③ 锁紧丝。

用钢丝穿入螺钉头或螺母的小孔内，使几个螺钉或螺母联结在一起而锁紧。尽管装配比较麻烦，因其防松可靠，故仍用于重要的场合，特别是航空航天产品的重要部位。可用于成组螺栓或螺钉的连接防松。如图 22-6 中 a 图和 b 图所示。

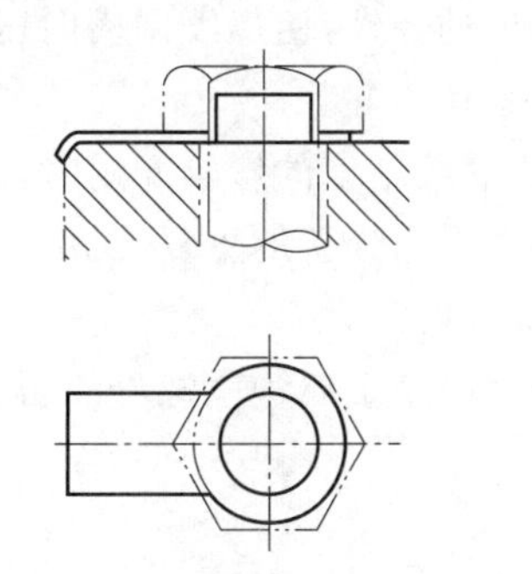

图 22-5　止动垫圈防松示意图

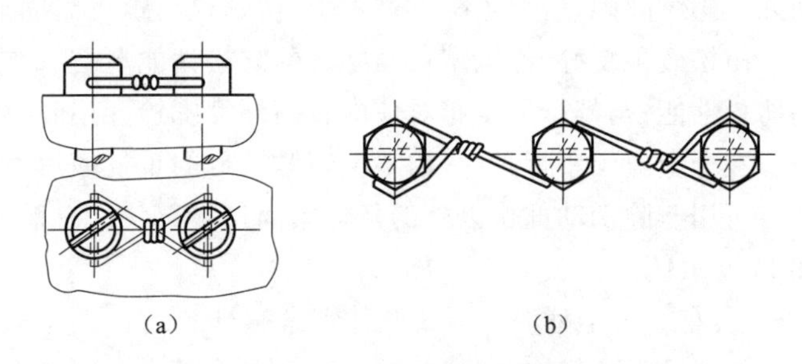

图 22-6　成组螺钉的钢丝连锁防松示意图

3）增大摩擦力的防松方法

① 双螺母。

双螺母的传统装配方法是先拧紧内螺母，接着拧紧外螺母，然后再反拧内螺母，使两个螺母高度之间的螺纹产生微小的弹性变形来获得附加摩擦力而防松。实践证明，这种装配方法的双螺母防松并不可靠。其缺点是反旋内螺母时，造成紧固系统卸载，夹紧力变小，防松能力下降。新的装配方法取消“反拧内螺母”这一程序，即先拧内螺母，再拧外螺母，对两个螺母施加相同的拧紧力矩，这样能使紧固系统的夹紧力保持在较高的水平上。国内外的试验证明，采用新装配方法的双螺母，其防松能力大为提高。在目前各种螺纹紧固件的防松方法中，它是抗振寿命较高的几种防松方法之一。

用两个螺母虽增大了重量，但结构简单，防松效果好，可用于高温，所以在某些重要场合仍有采用，如发动机的螺纹连接防松等。双螺母防松如图 22-7 示例。

② 自由旋转型的齿形端面锁紧螺母和锁紧螺钉。

在螺母和螺钉头下的支承面滚花或制成锯齿形。当螺母或螺钉被拧紧时,支承面与被连接件之间产生摩擦阻力,尤其是在“锯齿”嵌入被连接件表面时,锁紧非常牢固。支承面锯齿的齿形以及拧紧时的夹紧力对锁紧性能有显著的影响。稳定的扭—拉关系和足够高的夹紧力是这种紧固件保持锁紧能力的前提。试验证明,它们有良好的防松性能。

缺点:不能与垫圈合用,也不能用于无法承受高夹紧力的螺纹连接或者被连接表面对划伤和腐蚀敏感的场合。使用这种防松方法应注意硬度的合理匹配,一般来说,被夹紧零件的硬度应低于紧固件的硬度。采用此种防松如图 22-8 示例。

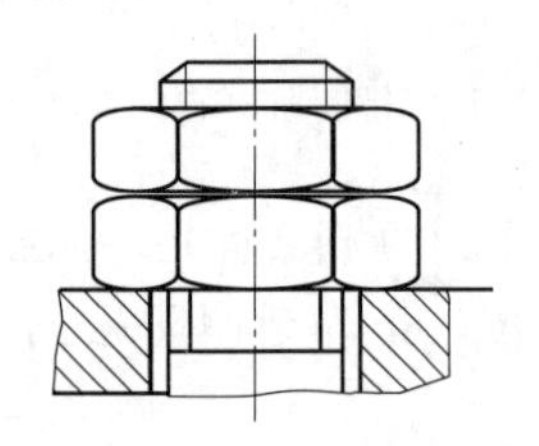

图 22-7 双螺母防松示意图

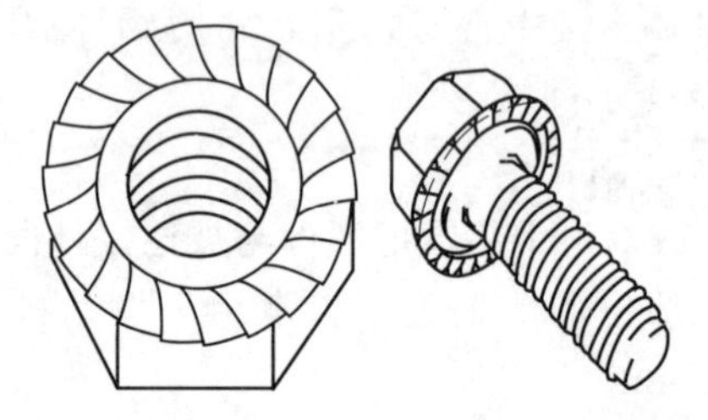

图 22-8 齿形端面锁紧螺母和锁紧螺钉防松示意图

③ 有效力矩型的全金属锁紧螺母。

在螺母体上端进行非圆收口或开槽后收口(后者又称槽梁型锁紧螺母),使螺纹局部变形。螺栓拧入螺母后,螺母的收口部位向外胀开,利用收口部位的弹性,使螺纹副横向压紧,消除了螺纹间隙,增大了螺纹摩擦力,使螺栓与螺母牢固地锁紧在一起。

防松效果良好,槽梁型锁紧螺母的防松性能更佳。与较高螺纹精度的螺栓配用时,可提高防松性能;与螺母硬度相对应的较高硬度螺栓配用时,可显著提高连接的重复装拆使用寿命。在全金属锁紧螺母中,槽梁型锁紧螺母的重复使用性是最好的。

可用于除活动部位以外的任何紧固连接部位。有效力矩型的全金属锁紧螺母的防松如图 22-9 示例。

④ 有效力矩型的非金属嵌件锁紧螺母。

在螺母上端嵌入一个尼龙圈,尼龙圈的内径比螺纹中径略小。拧入螺栓时,尼龙圈内被挤压出内螺纹,弹性极佳的尼龙材料与螺栓形成了很大又很稳定的摩擦阻力,达到了可靠的锁紧。

防松性能好,可多次重复装拆使用,适于经受严酷冲击、振动的使用场合。可与从低精度到高精度的任何螺栓配用;也可与从低强度到高强度的任何螺栓配用。

使用温度受尼龙圈材料的限制,一般为 −50～+100 ℃。有效力矩型的非金属嵌件锁紧螺母的防松如图 22-10 示例。

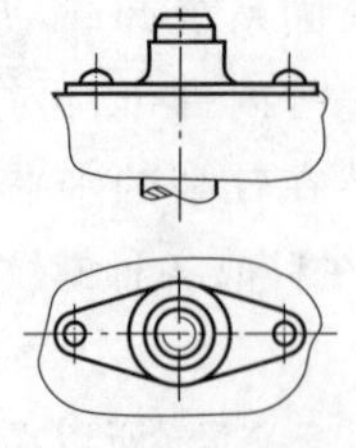

图 22-9 有效力矩型的全金属锁紧螺母防松示意图

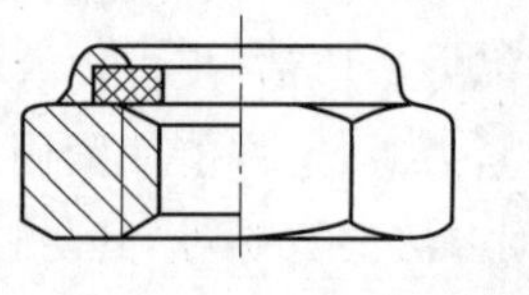

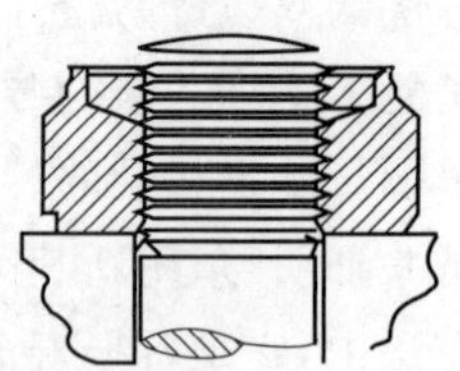

图 22-10 有效力矩型的非金属嵌件锁紧螺母防松示意图

⑤ 弹簧垫圈。

利用弹簧的张力为螺纹连接提供锁紧作用。其优点是结构简单，造价低廉，使用方便。广泛用于一般机电设备的不重要部位之防松。

弹簧垫圈的主要缺点：防松效果差，不适于承受较激烈冲击、振动的使用部位；电镀锌或镉的钢垫圈往往会产生滞后的氢脆断裂，造成很难发现的隐患以及随后的失效事故；垫圈开口处的尖棱易损伤被连接表面，使紧固系统受力偏斜，破坏螺栓作用力的中心性，致使螺栓承受附加的弯曲应力，导致螺纹连接的疲劳性能下降，在严酷的外载荷作用下，这种不良影响尤为显著；增加被连接件的柔性，即降低被连接件的刚度，可能会导致螺纹连接的疲劳性能下降。由于是开口的圆环结构，在夹紧力的作用下，可能会出现因内径胀大而失效的情况。因此，弹簧垫圈不用于重要的使用场合。采用弹簧垫圈的防松如图 22-11 示例。

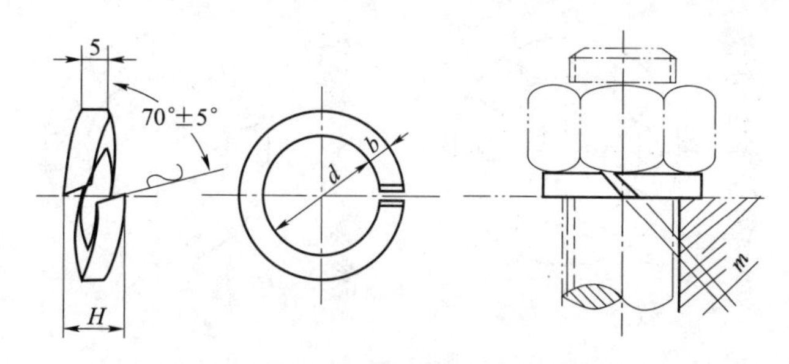

图 22-11 弹簧垫圈的防松示意图

⑥ 弹性垫圈。

利用弹簧的张力为螺纹连接提供锁紧作用。防松效果差，多用于机电设备的不重要连接部位。电镀锌或镉的钢垫圈会产生滞后氢脆断裂，造成难于发现的隐患及随后的失效事故。采用弹性垫圈的防松如图 22-12 示例。

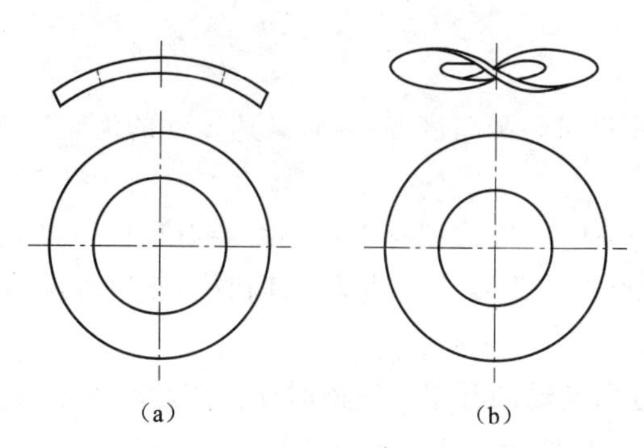

图 22-12 弹性垫圈的防松示意图

(a) 鞍形弹性垫圈；(b) 波形弹性垫圈

⑦ 齿形锁紧垫圈。

拧紧螺母或螺钉时，垫圈翘齿被压平，增大了螺纹和支承面的摩擦阻力，为螺纹连接提供锁紧作用。

由于翘齿嵌入螺钉头(或螺母)和被连接件的表面，其造成的损伤会增加腐蚀的敏感性，对于承受高应力的紧固件或被连接件，这些损伤又可能导致裂纹的产生。

在承受较大的夹紧力时,垫圈的翘齿可能会产生裂纹或断裂。内外锯齿锁紧垫圈比内外齿锁紧垫圈的承压能力要大一些。采用齿形锁紧垫圈的防松如图 22-13 示例。

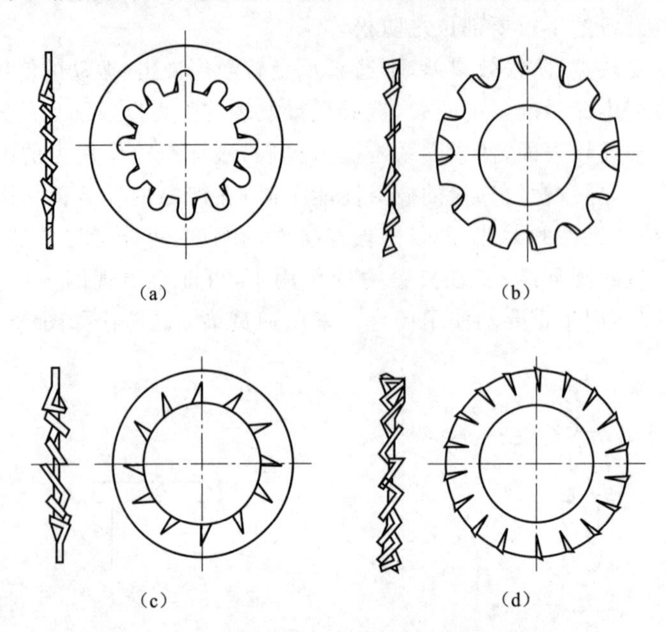

图 22-13　采用齿形锁紧垫圈的防松示意图

(a) 内齿锁紧垫圈;(b) 外齿锁紧垫圈;(c) 内锯齿锁紧垫圈;(d) 外锯齿锁紧垫圈

四、齿轮的装配

齿轮装配后,必须达到规定的运动精度,保证传动时工作平稳、震动小、噪声小。为此,必须保证它的装配精度。

1. 齿轮的定向装配

为了减小零件误差积累对装配精度的影响,高速传动的齿轮采取定向装配,可以使零件误差得到补偿。

(1) 齿轮径向跳动的补偿。齿轮相对于轴心线会有径向跳动,轴承内座圈相对于轴心线也有径向跳动,装配时可以分别测出跳动量及其相位,然后按跳动方向彼此相反的位置装配,使积累误差适当抵消。

(2) 圆锥齿轮齿面轴向摆动的补偿。装配时测出齿轮轴的定位端面与轴承内座圈的端面各自的跳动量,并按能适当抵消的位置进行装配。

(3) 齿距积累误差的补偿。一对相互啮合的齿轮,如速比成整数时,应考虑按径向跳动能互相抵消的相对位置装配。

2. 检查齿侧间隙

(1) 用压保险丝法检验。

在齿面沿齿长两端、并垂直于齿长方向各放置一直径不大于该齿轮规定侧隙 4 倍的保险丝,转动齿轮挤压后,测量保险丝最薄处厚度即为所测的侧隙,所用保险丝即一般电工用保险熔断丝。

（2）用百分表检验。

将百分表测头与一齿轮齿面垂直接触，并将另一齿轮固定，转动与百分表测头接触的齿轮，测出其游动量即可得到齿侧间隙。

3. 检查齿轮的接触情况

齿轮的接触情况主要用涂色法对接触印痕进行检查。一般在齿轮齿面涂一层薄的红铅油，将齿轮按工作方向转动，使小齿轮在相对滚动时也被着色，然后观察接触印痕。

圆柱齿轮的接触印痕要求在节圆附近和齿的纵方向的中部，如图 21-14(a)所示。图中其他三种情况均不符合要求，装配时应通过调整、修配、校正等方法予以排除，或者更换齿轮和其他零件。

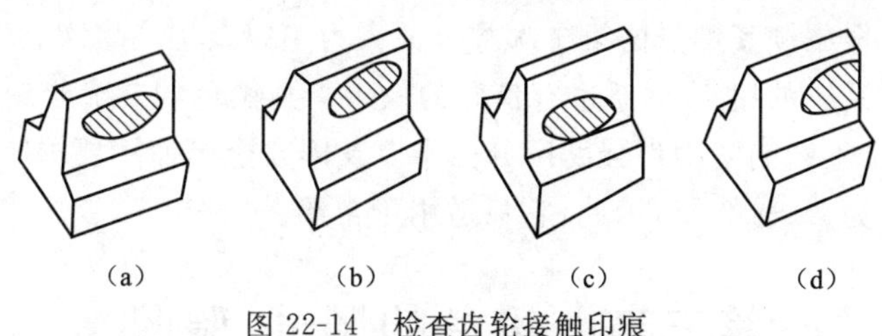

图 22-14　检查齿轮接触印痕

(a) 正确；(b) 中心距过大；(c) 中心距过小；(d) 轴线不平行

圆锥齿轮的装配较为复杂，它的接触印痕受负荷后从小端移向大端，其长度及高度均扩大，如图 22-15 所示。装配后无负荷检查时，其长度应略长于齿长的一半，位置在齿长的中部稍靠近小头，在小齿轮齿面上较高，在大齿轮齿面上较低。当检查不符合要求时，应进行调整。

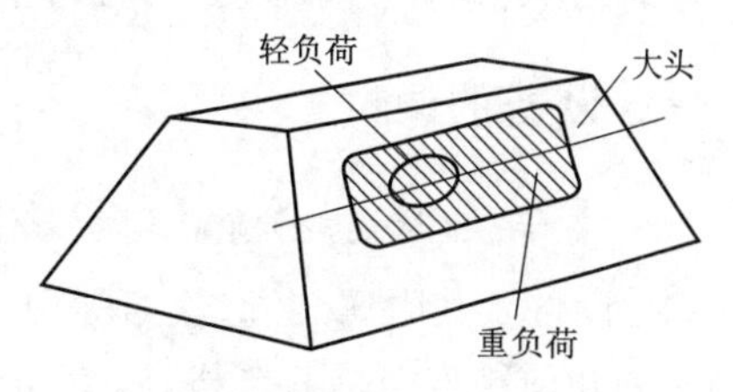

图 22-15　圆锥齿轮的接触印痕

五、螺纹的润滑

1. 润滑的作用

对于靠非圆收口而获得锁紧能力的全金属锁紧螺母，螺纹的润滑是很重要的，它能显著改善螺母的工作性能。润滑的主要作用有三：第一，防止螺纹旋合时出现擦伤和卡死；第二，稳定锁紧力矩，能使第 1 次拧入最大力矩趋小，第 5 次(或第 15 次)拧出最小力矩趋大，从而提高防松的可靠性；第三，使紧固系统具有良好的扭-拉关系。鉴于润滑的重要作用，在产品上安装没有润滑层的全金属锁紧螺母时，建议在螺纹上添加润滑剂，除非螺母的工作环境不允许添加润滑剂。

2. 常用的润滑剂

常用的润滑剂有中性润滑油及油膏、二硫化钼、石墨和极性蜡等。

（1）中性润滑油及油膏。

它是最普通的螺纹润滑剂，在润滑和防腐方面都有良好的使用效果。但它的使用温度不能超过 120 ℃，否则油和油膏会熔化和蒸发。它也不能用于真空环境。

（2）二硫化钼。

它是最常用的一种干膜润滑剂，以干的薄膜形态牢固地黏结在成品螺母上，安装螺母时不必再添加额外的润滑剂。二硫化钼干膜润滑剂是一种优良的螺纹润滑剂，可用于真空环境。但在温度接近399 ℃时，会转化成三硫化钼，三硫化钼是对螺纹连接有害的研磨剂。

(3) 石墨。

干石墨粉加油、油膏(如凡士林)或水，使其润湿后便成为良好的螺纹润滑剂。它的最高使用温度受油或水的沸点所限。干石墨是研磨剂，在液体蒸发后，干石墨会对螺纹造成损害。

(4) 极性蜡。

极性蜡是指十六醇、十八醇等蜡类润滑剂。因为它带有极性，因而能以干薄膜的形态黏附在成品螺母上。极性蜡的润滑功能极佳，它能使旋合螺纹的摩擦系数降低3倍，因此能显著地降低并稳定全金属锁紧螺母的第1次拧入最大力矩以及提高多次装拆后的拧出最小力矩。它对稳定紧固系统的扭-拉关系也有良好的效果。与黑色的二硫化钼不同，这类润滑剂的干膜层是透明的，不影响紧固件强度区分标志以及因安全等使用要求所必需的螺母着色。蜡类润滑剂的熔点为49～50 ℃，因此，它只适用于常温。

第三节　设备的调试、验收

学习目标：掌握设备的调试方法；掌握设备验收的主要内容。

一、设备的调试

1. 设备调试(试运转)前应具备条件

(1) 设备及其附属装置、管路等均应全部施工完毕，施工记录及资料应齐全，其中设备的精平和几何精度经检验合格，润滑、液压、冷却、水、气(汽)、电气(仪器)、控制等附属装置均应按系统检验完毕并应符合试运转的要求。

(2) 需要的能源介质、材料、工机具、检测仪器、安全防护设施及用具等均应符合试运转的要求。

(3) 对大型、复杂和精密设备应编制试运转方案或试运转操作规程。

(4) 参加试运转的人员应熟悉设备的构造性能、设备技术文件，并应掌握操作规程及试运转操作。

(5) 设备及周围环境应清扫干净，设备附近不得进行有粉尘的或噪音较大的作业。

2. 设备试运转应包括的内容和步骤

(1) 电气(仪器)操纵控制系统及仪表的调整试验。

(2) 润滑、液压、气(汽)动、冷却和加热系统的检查和调整试验。

(3) 机械和各系统联合调整试验。

(4) 空负荷试运转应在上述三项调整试验合格后进行。

3. 电气及其操作控制系统调整试验应符合的要求

(1) 按电气原理图和安装接线图进行设备内部接线和外部接线，应正确无误。

(2) 按电源的类型、等级和容量检查或调试其断流容量、熔断器容量、过压、欠压、过流保护等检查或调试内容均应符合其规定值。

（3）按设备使用说明书有关电气系统调整方法和调试要求，用模拟操作检查其工艺动作指示讯号和联锁装置，应正确灵敏和可靠。

（4）经上述三项检查或调整后方可进行机械与各系统的联合调整试验。

4. 润滑系统调试应符合的要求

（1）系统清洗后其清洁度经检查应符合规定。

（2）按润滑油（剂）性质及供给方式对需要润滑的部位加注润滑剂，油（剂）性能、规格和数量均应符合设备使用说明书的规定。

（3）干油集中润滑装置各部位的运动应均匀、平稳，无卡滞和不正常声响，给油量在5个工作循环中，每个给油孔每次最大给油量的平均值不得低于说明书规定的调定值。

（4）稀油集中润滑系统应按说明书检查和调整下列各项目：

① 油压过载保护。

② 油压与主机启动和停机的联锁。

③ 油压低压报警停机讯号。

④ 油过滤器的差压讯号。

⑤ 油冷却器工作和停止的油温整定值的调整。

⑥ 油温过高报警信号。

⑦ 系统在公称压力下应无渗漏现象。

5. 液压系统调试应符合的要求

（1）系统在充液前其清洁度应符合规定。

（2）所充液压油（液）的规格、品种及特性等均应符合使用说明书的规定，充液时应多次开启排气口把空气排除干净。

（3）系统应进行压力试验，系统的油（液）马达、伺服阀、比例阀、压力传感器、压力继电器和蓄能器等均不得参与试压，试压时应先缓慢升压到表22-1的规定值，保持压力10 min，然后降至公称压力，检查焊缝接口和密封处等均不得有渗漏现象。

表22-1　液压试验压力

系统公称压力 P/MPa	≤16	16～31.5	＞31.5
试验压力	1.5P	1.25P	1.15P

（4）启动液压泵，进油（液）压力应符合说明书的规定；泵进口油温不得大于60 ℃，且不得低于15 ℃；过滤器不得吸入空气，调整溢流阀（或调压阀）应使压力逐渐升高到工作压力为止，升压中应多次开启系统放气口将空气排除。

（5）应按说明书规定调整安全阀、保压阀、压力继电器、控制阀、蓄能器和溢流阀等液压元件，其工作性能应符合规定且动作正确、灵敏和可靠。

（6）液压系统的活塞（柱塞）、滑块、移动工作台等驱动件（装置）在规定的行程和速度范围内不应有振动、爬行和停滞现象，换向和卸压不得有不正常的冲击现象。

（7）系统的油（液）路应通畅，经上述调试后方可进行空负荷试运转。

6. 气动、冷却或加热系统调试应符合的要求

（1）各系统的通路应畅通并无差错。

(2) 系统应进行放气和排污。

(3) 系统的阀件和机构等的动作应进行数次试验,达到正确、灵敏和可靠。

(4) 各系统的工作介质供给不得间断和泄漏,并应保持规定的数量、压力和温度。

7. 机械和各系统联合调试应符合下列要求

(1) 设备及其润滑、液压、气(汽)动、冷却、加热和电气及控制等系统均应单独调试检查,并符合要求。

(2) 联合调试应按要求进行,不宜用模拟方法代替。

(3) 联合调试应由部件开始至组件、至单机、直至整机(成套设备),按说明书和生产操作程序进行,并应符合下列要求:

① 各转动和移动部分用手(或其他方式)盘动,应灵活、无卡滞现象。

② 安全装置(安全联锁)、紧急停机和制动(大型关键设备无法进行此项试验者,可用模拟试验代替)、报警讯号等经试验均应正确、灵敏、可靠。

③ 各种手柄操作位置、按钮控制显示和讯号等应与实际动作及其运动方向相符,压力温度流量等仪表、仪器指示均应正确、灵敏、可靠。

④ 应按有关规定调整往复运动部件的行程、变速和限位,在整个行程上其运动应平稳,不应有振动、爬行和停滞现象,换向不得有不正常的声响。

⑤ 主运动和进给运动机构均应进行各级速度(低、中、高)的运转试验,其启动、运转、停止和制动在手控、半自动化控制和自动控制下均应正确、可靠、无异常现象。

8. 设备空负荷试运转应符合的要求

(1) 应在机械与各系统联合调试合格后方可进行空负荷试运转。

(2) 应按说明书规定的空负荷试验的工作规范和操作程序,试验各运动机构的启动。其中对大功率机组不得频繁启动,启动时间间隔应按有关规定执行;变速、换向、停机、制动和安全连锁等动作均应正确、灵敏、可靠,其中连续运转时间和断续运转时间无规定时,应按各类设备安装验收规范的规定执行。

(3) 空负荷试运转中应进行下列各项检查并应作实测记录:

① 技术文件要求测量的轴承振动和轴的窜动不应超过规定。

② 齿轮副、链条与链轮啮合应平稳,无不正常的噪声和磨损。

③ 传动皮带不应打滑,平皮带跑偏量不应超过规定。

④ 一般滑动轴承温升不应超过 35 ℃,最高温度不应超过 70 ℃,滚动轴承温升不应超过 40 ℃,最高温度不应超过 80 ℃,导轨温升不应超过 15 ℃,最高温度不应超过 100 ℃。

⑤ 油箱油温最高不得超过 60 ℃。

⑥ 润滑、液压、气(汽)动等各辅助系统的工作应正常,无渗漏现象。

⑦ 各种仪表应工作正常。

⑧ 有必要和有条件时可进行噪音测量并应符合规定。

9. 空负荷试运转结束后应立即作下列各项工作

(1) 切断电源和其他动力来源。

(2) 进行必要的放气、排水或排污及必要的防锈涂油。

(3) 对蓄能器和设备内有余压的部分进行卸压。

(4) 按各类设备安装规范的规定对设备几何精度进行必要的复查，各紧固部分进行复紧。

(5) 设备空负荷(或负荷)试运转后应对润滑剂的清洁度进行检查，清洗过滤器，需要时可更换新油(剂)。

(6) 拆除调试中临时的装置，装好试运转中临时拆卸的部件或附属装置。

(7) 清理现场及整理试运转的各项记录。

二、设备验收

1. 非标设备的出厂验收

(1) 制造单位完成调试工作，在自检合格后向设备主管部门提出验收申请。

(2) 设备主管部门根据情况组织各有关单位做好验收准备。

(3) 根据非标设备图纸和设备验收大纲逐项进行验收，并作记录。

(4) 各种试验允许将制造单位自己检查试验和出厂验收试验合并进行，即由验收人员参加并监督制造单位自己检查试验，设备出厂验收时不再重复试验。

(5) 参加验收人员根据验收情况作出结论，并在非标设备验收纪要上签署意见。

(6) 对不影响整机性能的局部整改返修，允许形成有保留(整改)意见的验收通过协议或建议，在整改部分检查合格后通过验收，整改意见和整改部分复查结论均应在非标设备验收纪要上反映。

(7) 制造单位在规定期限内完成设备整改工作和竣工资料整理工作。

(8) 组织单位组织对整改项目进行复查。

(9) 组织单位组织向使用单位移交设备、备品配件和文件资料。

2. 验收大纲

(1) 验收大纲原则上由设备的使用或设计单位负责编写，在签订合同时审定并作为合同附件，也允许在验收前编写。

(2) 验收大纲的编制依据是设备技术条件，包括设备制造厂提供的设备技术条件或设计技术条件、国家的有关标准和合同及其附件中双方认可的补充技术条件。

(3) 设备验收大纲应至少对以下内容作出规定：

① 设备配置检查表。

② 设备空运转试验规范。

③ 设备负荷试验规范。

④ 技术规格参数和工作精度检验的项目、要求和检验方法。

3. 设备验收内容

设备验收应包括以下内容：

(1) 设备开箱检查：核对到货设备及附件符合合同和技术资料的规定；核对设备随机文件完整；核对设备外观无损伤。

(2) 设备基础复验(对需安装的设备)。

(3) 设备安装水平、预调精度检验：核对设备安装水平和预调精度符合设备要求。

(4) 设备几何精度检验记录。

(5) 设备试运转试验和工作精度检验:设备空运转试验;设备负荷试验;设备技术规格参数和工作精度检验。

4. 验收文件

(1) 设备各专项检查应有正式的检查报告、试验报告。

(2) 正式的验收文件(验收表或验收报告)应包括验收大纲所规定的全部内容的检验结论,各专项检验的检验报告必须作为附件收录在验收文件中,对验收过程中需要补充说明的问题,可以另行签署验收纪要作为附件。

(3) 验收文件应由以下单位共同签署:

① 设备使用单位。

② 设备组织单位。

③ 设备专业管理单位。

④ 设备制造单位。

⑤ 设备安装(调试)单位。

第二十三章　技术攻关和科学试验

学习目标：掌握技术攻关、科学试验报告的编制方法；掌握科学试验基本方法。

第一节　编写技术攻关报告

学习目标：掌握技术攻关报告的编制方法。

一、技术攻关报告的编写内容

(1) 目的、意义。

(2) 技术攻关实施方案(国内外发展现状、基础条件、技术力量、前期准备工作、攻关内容、年度计划、资金概算、效益分析、风险防范、保障措施、预期效果等。

(3) 组织保障。

(4) 资金筹措、项目管理。

(5) 编写技术报告。

二、技术攻关报告格式

1. 封面

主要包括项目名称、项目编号、承担单位、归口管理部门4项内容，其中承担单位、归口管理部门需要签章。然后填上报告编写日期。

2. 技术攻关主要内容、达到目的、经济效果

就技术攻关的主要内容进行详细阐述，明确技术攻关应达到的目的及项目实施后能取得的经济效果。

3. 攻关方案、工艺原则

填写技术攻关的方案，工艺实施原则。制定出工艺技术的路线，主要工艺参数、技术经济指标。

4. 现有技术基础及条件

填写目前从事该项攻关所具有的技术基础及具备开展该项研究的条件。

5. 工作进度计划、完成形式

要求对技术攻关的进度进行计划，某年某月某日应达到什么程度、阶段，取得什么成果及成果的具体表现形式。

6. 各项目配备的主要技术力量

主要包括：项目负责人、技术负责人及参加人员的姓名、性别、年龄、所学专业、职务及职称等。

7. 经费预算及用途

要求填写批准经费、及自筹经费，以万元为单位。具体包括设计资料费、材料费、调研费、外协费、设备的规格型号及费用、检测试验费、管理费(包括鉴定费)。

8. 审查批准

上述项目填写完成后，交相关单位或负责人进行审查批准。

第二节　科技论文的撰写

学习目标：掌握科技论文的撰写技能。

一、科技论文的基本特征

科技论文是在科学研究、科学实验的基础上，对自然科学和专业技术领域里的某些现象或问题进行专题研究，运用概念、判断、推理、证明或反驳等逻辑思维手段，分析和阐述，揭示出这些现象和问题的本质及其规律性而撰写成的论文。科技论文区别于其他文体的特点，在于创新性科学技术研究工作成果的科学论述，是某些理论性、实验性或观测性新知识的科学记录、是某些已知原理应用于实际中取得新进展、新成果的科学总结。因此，完备的科技论文应该具有科学性、首创性、逻辑性和有效性，这也就构成了科技论文的基本特征。

科学性——这是科技论文在方法论上的特征，它不仅仅描述的是涉及科学和技术领域的命题，而且更重要的是论述的内容具有科学可信性，是可以复现的成熟理论、技巧或物件，或者是经过多次使用已成熟能够推广应用的技术。

首创性——这是科技论文的灵魂，是有别于其他文献的特征所在。它要求文章所揭示的事物现象、属性、特点及事物运动时所遵循的规律，或者这些规律的运用必须是前所未见的、首创的或部分首创的，必须有所发现，有所发明，有所创造，有所前进，而不是对前人工作的复述、模仿或解释。

逻辑性——这是文章的结构特点。它要求科技论文脉络清晰、结构严谨、前提完备、演算正确、符号规范，文字通顺、图表精制、推断合理、前呼后应、自成系统。

有效性——指文章的发表方式。当今只有经过相关专业的同行专家的审阅，并在一定规格的学术评议会上答辩通过、存档归案；或在正式的科技刊物上发表的科技论文才被承认为是完备和有效的。这时，不管科技论文采用何种文字发表，它表明科技论文所揭示的事实及其真谛已能方便地为他人所应用，成为人类知识宝库中的一个组成部分。

二、科技论文的分类

从不同的角度对科技论文进行分类会有不同的结果。从目前期刊所刊登的科技论文来看主要涉及以下5类：

第一类是论证型。对基础性科学命题的论述与证明，或对提出的新的设想原理、模型、材料、工艺等进行理论分析，使其完善、补充或修正。如维持河流健康生命具体指标的确定，流域初始水权的分配等都属于这一类型。从事专题研究的人员写这方面的科技论文多些。

第二类是科技报告型。科技报告是描述一项科学技术研究的结果或进展，或一项技术研究试验和评价的结果，或论述某项科学技术问题的现状和发展的文件。记述型文章是它的一种特例。专业技术、工程方案和研究计划的可行性论证文章，科技报告型论文占现代科技文献的多数。从事工程设计、规划的人员写这方面的科技论文多些。

第三类是发现、发明型。记述被发现事物或事件的背景、现象、本质、特性及其运动变化规律和人类使用这种发现前景的文章。阐述被发明的装备、系统、工具、材料、工艺、配方形式或方法的功效、性能、特点、原理及使用条件等的文章。从事工程施工方面的人员写这方面的稿件多些。

第四类是设计、计算型。为解决某些工程问题、技术问题和管理问题而进行的计算机程序设计，某些系统、工程方案、产品的计算机辅助设计和优化设计以及某些过程的计算机模拟，某些产品或材料的设计或调制和配制等。从事计算机等软件开发的人员写这方面的科技论文多些。

第五类是综述型。这是一种比较特殊的科技论文（如文献综述），与一般科技论文的主要区别在于它不要求在研究内容上具有首创性，尽管一篇好的综述文章也常常包括某些先前未曾发表过的新资料和新思想，但是它要求撰稿人在综合分析和评价已有资料基础上，提出在特定时期内有关专业课题的发展演变规律和趋势。它的写法通常有两类：一类以汇集文献资料为主，辅以注释，客观而少评述。另一类则着重评述。通过回顾、观察和展望，提出合乎逻辑的、具有启迪性的看法和建议。从事管理工作的人员写这方面的科技论文较多。

三、科技论文的格式

一篇完整的科技论文应包括标题、摘要、关键词、论文的内容、参考文献。

1. 题目

题目是科技论文的必要组成部分。它要求用简洁、恰当的词组反映文章的特定内容，论文的主题明白无误地告诉读者，并且使之具有画龙点睛，启迪读者兴趣的功能。一般情况下，题目中应包括文章的主要关键词。题名像一条标签，切忌用较长的主、谓、宾语结构的完整语句逐点描述论文的内容，以保证达到“简洁”的要求；而“恰当”的要求应反映在用词的中肯、醒目、好读好记上。当然，也要避免过分笼统或哗众取宠的所谓简洁，缺乏可检索性，以至于名实不符或无法反映出每篇文章应有的特色。题名应简短，不应很长，一般不宜超过20个汉字。

2. 署名

著者署名是科技论文的必要组成部分。著者系指在论文主题内容的构思、具体研究工作的执行及撰稿执笔等方面的全部或局部上作出的主要贡献的人员，能够对论文的主要内容负责答辩的人员，是论文的法定权人和责任者。署名人数不该太多，对论文涉及的部分内容作过咨询、给过某种帮助或参与常规劳务的人员不宜按著者身份署名，但可以注明他们曾参与了哪一部分具体工作，或通过文末致谢的方式对他们的贡献和劳动表示谢意。合写论文的著者应按论文工作贡献的多少顺序排列。著者的姓名应给全名，一般用真实姓名。同时还应给出著者完成研究工作的单位或著者所在的工作单位或通信地址。

3. 文摘

文摘是现代科技论文的必要附加部分，只有极短的文章才能省略。文摘是以提供文献内容梗概为目的,不加评论和补充解释,简明确切地记述文献重要内容的短文,应包括目的、方法、结果、结论。文摘有两种写法:报道性文摘——指明一次文献的主题范围及内容梗概的简明文摘也称简介;指示性文摘——指示一次文献的陈述主题及取得的成果性质和水平的简明文摘。介乎其间的是报道、指示性文摘——以报道性文摘形式表述一次文献中信息价值较高的部分,而以指示性文摘形式表述其余部分的文摘。一般的科技论文都应尽量写成报道性文摘,而对综述性、资料性或评论性的文章可写成指示性或报道、指示性文摘。文摘可作者自己写,也可由编者写。编写时要客观、如实地反映一次文献;要着重反映文稿中的新观点;不要重复本学科领域已成常识的内容;不要简单地重复题名中已有的信息;书写要合乎语法,尽量同文稿的文体保持一致;结构要严谨,表达要简明,语义要确切;要用第三人称的写法。摘要字数一般在300字左右。

4. 关键词

为了便于读者从浩如烟海的书刊中寻找文献,特别是适应计算机自动检索的需要,应在文摘后给出3～8个关键词。选能反映文献特征内容,通用性比较强的关键词。首先要选列入似语主题词一节的规范性词。

5. 引言

引言(前言、序言、概述)经常作为科技论文的开端,主要回答"为什么"(Why)这个问题。它简明介绍科技论文的背景、相关领域的前人研究历史与现状(有时亦称这部分为文献综述),著者的意图与分析依据,包括科技论文的追求目标、研究范围和理论、技术方案的选取等。引言应言简意赅,不要等同于文摘,或成为文摘的注释。

6. 正文

正文是科技论文的核心组成部分,主要回答"怎么研究"(How)这个问题。正文应充分阐明科技论文的观点、原理、方法及具体达到预期目标的整个过程,并且突出一个"新"字,以反映科技论文具有的首创性。根据需要,论文可以分层深入,逐层剖析,按层设分层标题。科技论文写作不要求文字华丽,但要求思路清晰,合乎逻辑,用语简洁准确、明快流畅;内容务求客观、科学、完备,要尽量让事实和数据说话;凡用简要的文字能够说清楚的,应用文字陈述,用文字不容易说明白或说起来比较繁琐的,应由表或图来陈述。物理量和单位应采用法定计量单位。

7. 结论

结论是整篇文章的最后总结。结论不是科技论文的必要组成部分。主要是回答"研究出什么"(What)。它应该以正文中的试验或考察中得到的现象、数据和阐述分析作为依据,由此完整、准确、简洁地指出:一是由研究对象进行考察或实验得到的结果所揭示的原理及其普遍性;二是研究中有无发现例外或本论文尚难以解释和解决的问题;三是与先前已经发表过的(包括他人或著者自己)研究工作的异同;四是本论文在理论上与实用上的意义与价值;五是对进一步深入研究本课题的建议。

8. 参考文献

它是反映文稿的科学依据和著者尊重他人研究成果而向读者提供文中引用有关资料的出处,或为了节约篇幅和叙述方便,提供在论文中提及而没有展开的有关内容的详尽文本。被列入的论文参考文献应该只限于那些著者亲自阅读过和论文中引用过,而且正式发表的出版物，或其他有关档案资料，包括专利等文献。

四、如何写科技论文

1. 科技论文的选题

科技论文的选题一方面要选择本学科亟待解决的课题，另一方面要选择本学科处于前沿位置的课题。选题确定后，就要定题目了。题目有大有小，有难有易。太大了，由于学力不足，无法深入，很容易写成蜻蜓点水，浮光掠影，面面俱到，一个问题也没有论述深透，也没有能够解决，论文还是没有分量，华而不实，难以完成；太小了轻而易举。写作时要确定一个角度，把题目缩小。因此确定科技论文的具体题目和论证角度，应该量力而行，实事求是，不要好高骛远，贪大贪深，勉强去做一个自己无力胜任的题，自己毫无基础和准备的题。题目的大小，当然也不是绝对的。大题可以小作，小题可以大作。关键还在于如何确定具体的角度，如抓住一个重要的小题，学科中的关键问题，能够深入其本质，抓住要害，从各个方面把它说深说透，有独到的新见解，把这个问题的难点和症结找准了，科学地给予解决了，那论文就很有分量。因此要从实际出发，量力而行。确定主题和论证的角度，除了量力而行外，还应注意要从自己有基础、了解的事情着手。

2. 科技论文的准备

确定科技论文的题目和论证角度后，就要做搜集材料的工作，尽可能了解前人对于这个问题已经发表过的意见，他们已经取得的成果，正确的可以汲取和继承，走过的弯路，犯过的错误，可以避免和防止。应该汲取前人已有的经验，去解决前人没有解决的新问题。在博览广搜有关材料的过程中，应该时刻以自己论题为中心去思考这些材料，区别其正确、错误，找出其论证不足与需要增补、发挥之处，在此过程中逐渐形成自己论文的观点。搜集材料的过程，就是调查研究、思考钻研、形成论点的过程。在材料的搜集、研究过程完成时，论文提纲也就自然而然地完成了。

制定提纲可以帮助我们树立全局观念，从整体出发，去检验每一个部分所占的地位，所起的作用，相互间是否有逻辑联系，每部分所占的篇幅与其在全局中的地位和作用是否相称，各个部分之间的比例是否恰当和谐，每一个字、每一句、每一段、每一部分是否都为全局所需要，是否丝丝入扣，相互配合，都能为主题服务。因此写提纲的好处是帮助自己从全局着眼，树立全篇论文的基本骨架，明确层次和重点，简明具体，一目了然。

对搜集的材料，要进行分析、提炼，保留那些能说明论点的例证材料。小道理要服从大道理，局部要服从整体。单从某一局部看，有些论点和例子可能是精彩的，但从全局确定的基本发展线中看，它插不进去，用不上，只能割爱。

科技论文应有说服力，为了有说服力，就必须有虚有实，有论点有例证，理论和实际相结合，论证过程有严密的逻辑性，并且论文要有层次。

3. 科技论文的撰写

科技论文提纲确定了，就要撰写初稿。原则上要简明扼要，指出问题，说明问题，分析问题。提纲只是预拟一个轮廓，不可能对每一细部都考虑周密完善。在写作时，顺着写作思路而作，对于论点、例证和论证步骤等等细部，很可能发现原来提纲中某些设想计划是不恰当的，就应该加以修改和调整；临时发现某些论点、例证和论证理由不确切，还应该重新查书、思考、斟酌和推敲,给予增补,使之完善。当然,文气的通畅,文字的华美,还是必要的。该用排比、重复强调等修辞手法,以突出重点、倾注感情的地方,需要妙笔生花、使读者产生特殊感应的地方,还是不能吝惜笔墨。总之,该长则长,该短则短,量体裁衣,从内容出发,为内容服务,句无虚发,字无浪费,这是基本原则。

初稿写成以后,应再三修改,审查是否符合要求。事实上,人的认识不是一次完成的,很难一次就达到完善恰当的程度。仔细检查,反复修改,总会发现还有不恰当、不完善之处,大至问题是否提得鲜明中肯,论点和事例有无说服力,结构层次是否严谨,小至文字的修饰加工,有无废话,语言是否准确、鲜明、生动,等等,总会发现尚需修改之处,发现很多在提纲中看不出的毛病,原先估计不到的问题。写成初稿后反复审查和修改,是十分必要的。

"持之有故,言之成理"是科技论文的起码要求。持之有故即事实的根据;言之成理是条理清楚,观点明确。真理的标准在于实践,仅仅"持之有故,言之成理"还不一定正确,必须能够经受实践的检验,即付诸实践,取得预期的效果,简略地说,可以说是"行之有成",即成功的实践效果。

一篇好的科技论文不光主题突出,论点鲜明,还应结构严谨,层次分明。要安排好结构,一般应遵循以下 5 个原则:

一是围绕主题,选择有代表性的典型材料,根据需要,加以适当安排,使主题思想得到鲜明突出的表现。

二是疏通思路,正确反映客观事物的规律,就是说,必须反映客观事物的实际情况,内部联系,符合人们的认识规律。

三是结构要完整而统一,符合客观事物的实际情况;客观事物的发展必然经过开始、中间、结尾 3 个阶段,同样每篇文章也必然经过 3 个阶段。

四是要层次分明,有条不紊。文章结构中最重要的是层次。层次就是文章中材料的次序。写文章时把所选材料分成若干部分,按照主题思想的需要,适当安排,分出轻重缓急,依次表达,前后连贯,充分而鲜明地把主题思想表达出来。

五是要适合文章体裁。体裁不同,结构也不会完全相同。各种文体都有自己的结构特点。一般说来论说文是以事物的内部逻辑关系来安排结构层次,因此论说文以说理论证为主,同记叙文以"事"为主不同。

五、科技论文写作应注意的问题

对于初写科技论文的人来说,论文题目不宜太大,篇幅不宜太长,涉及问题的面不宜过宽,论述的问题也不求过深。应尽可能在前人已有知识的基础上提出一点新的看法。

在第二步时,论文的题目可大一点、深一点。论文题目可以是着重谈某一点,如某个重要问题的某一个重要侧面或某一当前疑难的焦点,解决了这一点,有推动全局的重要意义。

在第三步时,对某专业的基本问题和重要疑难问题有独到的见解,对这个专业的学术水平的提高有推动作用。

第四步时,对某一学科有关的领域有深邃广博的知识,并能运用这些知识对某学科提供创造性见解,对此学科的发展有重要的推动作用,或对此学科水平的提高有重要的突破。

注意不必要去追求写全面论述性的大问题,所写的主题,可以很小,却又是重要的。其实选题很多,选自己熟悉和所从事的工作,并对今后工作有益的选题,既能总结工作的得失又能促进工作。

第三节　科学实验研究方法

学习目标：掌握科学试验基本方法。

一、科学实验法

自然科学方法论实质上是哲学上的方法论原理在各门具体的自然科学中的应用。作为科学，它本身又构成了一门软科学，它是为各门具体自然科学提供方法、原则、手段、途径的最一般的科学。自然科学作为一种高级复杂的知识形态和认识形式，是在人类已有知识的基础上，利用正确的思维方法、研究手段和一定的实践活动而获得的，它是人类智慧和创造性劳动的结晶。因此，在科学研究、科学发明和发现的过程中，是否拥有正确的科学研究方法，是能否对科学事业作出贡献的关键。正确的科学方法可以使研究者根据科学发展的客观规律，确定正确的研究方向；可以为研究者提供研究的具体方法；可以为科学的新发现、新发明提供启示和借鉴。因此现代科学研究中尤其需要注重科学方法论的研究和利用。

科学实验、生产实践和社会实践并称为人类的三大实践活动。实践不仅是理论的源泉，而且也是检验理论正确与否的唯一标准，科学实验就是自然科学理论的源泉和检验标准。特别是现代自然科学研究中，任何新的发现、新的发明、新的理论的提出都必须以能够重现的实验结果为依据，否则就不能被他人所接受，甚至连发表学术论文的可能性都会被取缔。即便是一个纯粹的理论研究者，他也必须对他所关注的实验结果，甚至实验过程有相当深入的了解才行。因此可以说，科学实验是自然科学发展中极为重要的活动和研究方法。

1. 科学实验的种类

科学实验有两种含义：一是指探索性实验，即探索自然规律与创造发明或发现新东西的实验，这类实验往往是前人或他人从未做过或还未完成的研究工作所进行的实验；二是指人们为了学习、掌握或教授他人已有科学技术知识所进行的实验，如学校中安排的实验课中的实验等。实际上两类实验是没有严格界限的，因为有时重复他人的实验，也可能会发现新问题，从而通过解决新问题而实现科技创新。但是探索性实验的创新目的明确，因此科技创新主要由这类实验获得。

从另一个角度，又可把科学实验分为以下类型。

定性实验：判定研究对象是否具有某种成分、性质或性能；结构是否存在；它的功效、技术经济水平是否达到一定等级的实验。一般说来，定性实验要判定的是“有”或“没有”“是”或“不是”的，从实验中给出研究对象的一般性质及其他事物之间的联系等初步知识。定性实验多用于某项探索性实验的初期阶段，把注意力主要集中在了解事物本质特性的方面，它是定量实验的基础和前奏。

定量实验：研究事物的数量关系的实验。这种实验侧重于研究事物的数值，并求出某些因素之间的数量关系，甚至要给出相应的计算公式。这种实验主要是采用物理测量方法进行的，因此可以说，测量是定量实验的重要环节。定量实验一般为定性实验的后续，是为了对事物性质进行深入研究所应该采取的手段。事物的变化总是遵循由量变到质变，定量实验也往往用于寻找由量变到质变关节点，即寻找度的问题。

验证性实验:为掌握或检验前人或他人的已有成果而重复相应的实验或验证某种理论假说所进行的实验。这种实验也是把研究的具体问题向更深层次或更广泛的方面发展的重要探索环节。

结构及成分分析实验:它是测定物质的化学组分或化合物的原子或原子团的空间结构的一种实验。实际上成分分析实验在医学上也经常采用,如血、尿、大便的常规化验分析和特种化验分析等。而结构分析则常用于有机物的同分异构现象的分析。

对照比较实验:指把所要研究的对象分成两个或两个以上的相似组群。其中一个组群是已经确定其结果的事物,作为对照比较的标准,称为"对照组",让其自然发展。另一组群是未知其奥秘的事物,作为实验研究对象,称为实验组,通过一定的实验步骤,判定研究对象是否具有某种性质。这类实验在生物学和医学研究中是经常采用的,如实验某种新的医疗方案或药物及营养品的作用等。

相对比较实验:为了寻求两种或两种以上研究对象之间的异同、特性等而设计的实验。即把两种或两种以上的实验单元同时进行,并作相对比较。这种方法在农作物杂交育种过程中经常采用,通过对比,选择出优良品种。

析因实验:是指为了由已知的结果去寻求其产生结果的原因而设计和进行的实验。这种实验的目的是由果索因,若果可能是多因的,一般用排除法处理,一个一个因素去排除或确定。若果可能是双因的,则可以用比较实验去确定。这就与谋杀案的侦破类似,把怀疑对象一个一个地排除后,逐渐缩小怀疑对象的范围,最终找到谋杀者或主犯,即产生结果的真正原因或主要原因。

判决性实验:指为验证科学假设、科学理论和设计方案等是否正确而设计的一种实验,其目的在于作出最后判决。如真空中的自由落体实验就是对亚里士多德错误的落体原理(重物体比轻物体下落得快)的判决性实验。

此外,科学实验的分类中还包括中间实验、生产实验、工艺实验、模型实验等类型,这些主要与工业生产相关。

2. 科学实验的意义和作用

1) 科学实验在自然科学中的一般性作用

人类对自然界认识的不断深化过程,实际是由人类科技创新(或称为知识创新)的长河构成的。科学实验是获取新的、第一手科研资料的重要和有力的手段。大量的、新的、精确的和系统的科技信息资料,往往是通过科学试验而获得的。例如,"发明大王"爱迪生,在研制电灯的过程中,他连续 13 个月进行了两千多次实验,试用了 1 600 多种材料,才发现了铂金比较合适。但因铂金昂贵,不宜普及,于是他又实验了 6 000 多种材料,最后才发现炭化了的竹丝做灯丝效果最好。这说明,科学实验是探索自然界奥秘和创造发明的必由之路。

科学实验还是检验科学理论和科学假说正确与否的唯一标准。例如,科学已发现宇宙间存在四种相互作用力,它们之间有没有内在联系呢?爱因斯坦提出"统一场论",并且从 1925 年开始研究到 1955 年去世为止,一直没有得到结果,因此许多专家怀疑"统一场"的存在。但美国物理学家温伯格和巴基斯坦物理学家萨拉姆由规范场理论给出了弱相互作用和电磁相互作用的统一场,并得到了实验证明而被公认。这表明理论正确的标准是实验结果的验证,而不是权威。

科学实验是自然科学技术的生命,是推动自然科学技术发展的强有力手段,自然界的奥秘是由科学实验不断揭示的，这一过程将永远不会完结。

2）科学实验在自然科学中的特殊作用

自然界的事物和自然现象千姿百态，变化万千，既千差万别，又千丝万缕的相互联系着，这就构成错综复杂的自然界。因此在探索自然规律时，往往会因为各种因素纠缠在一起而难以分辨。科学实验特殊作用之一是：它可以人为地控制研究对象，使研究对象达到简化和纯化的作用。例如，在真空中所做的自由落体实验，羽毛与铁块同时落下，其中就排除了空气阻力的干扰，从而使研究对象大大地简化了。

科学实验可以凭借人类已经掌握的各种技术手段，创造出地球自然条件下不存在的各种极端条件进行实验，如超高温、超高压、超低温、强磁场、超真空等条件下的实验。从这些实验中可以探索物质变化的特殊规律或制备特殊材料，也可以发生特殊的化学反应。

科学实验具有灵活性，可以选取典型材料进行实验和研究，如选取超纯材料、超微粒（纳米）材料进行实验。生物学中用果蝇的染色体研究遗传问题同样体现了科学实验的灵活性。

科学实验还具有模拟研究对象的作用，如用小白鼠进行的病理研究等。科学实验可以为生产实践提供新理论、新技术、新方法、新材料、新工艺等。一般新的工业产品在批量生产前都是在实验室中通过科学实验制成的，晶体管的生产就是如此。

科学实验就是自然科学研究中的实践活动，尊重科学实验事实，就是坚持唯物主义观点，无视实验事实，或在实验结果中弄虚作假，都是唯心主义的做法，最终必然碰壁。任何自然科学理论都必须以丰富的实验结果中的真实信息为基础，经过分析、归纳，从而抽象出理论和假说来。一个科学工作者必须脚踏实地，这个实地就是科学实验及其结果，因此，唯物主义思想是每一个自然科学工作者都应该具备的基本素质之一。

二、正交试验设计

正交试验可以减少很多试验次数，提高试验效率，是工业生产中常用的一种试验方法。对于单因素或两因素试验，因其因素少，试验的设计、实施与分析都比较简单。但在实际工作中，常常需要同时考察3个或3个以上的试验因素，若进行全面试验，则试验的规模将很大，往往因试验条件的限制而难于实施。正交试验设计就是安排多因素试验、寻求最优水平组合的一种高效率试验设计方法。

1. 正交试验设计的基本概念

正交试验设计是利用正交表来安排与分析多因素试验的一种设计方法。它是由试验因素的全部水平组合中，挑选部分有代表性的水平组合进行试验的，通过对这部分试验结果的分析了解全面试验的情况，找出最优的水平组合。

例如，要考察增稠剂用量、pH和杀菌温度对豆奶稳定性的影响。每个因素设置3个水平进行试验。

A因素是增稠剂用量，设A1、A2、A3三个水平；B因素是pH，设B1、B2、B3三个水平；C因素为杀菌温度，设C1、C2、C3三个水平。这是一个3因素3水平的试验，各因素的水平之间全部可能组合有27种。

全面试验：可以分析各因素的效应，交互作用，也可选出最优水平组合。但全面试验包含的水平组合数较多，工作量大，在有些情况下无法完成。

若试验的主要目的是寻求最优水平组合，则可利用正交表来设计安排试验。

正交试验设计的基本特点是:用部分试验来代替全面试验,通过对部分试验结果的分析,了解全面试验的情况。

正因为正交试验是用部分试验来代替全面试验的,它不可能像全面试验那样对各因素效应、交互作用一一分析;当交互作用存在时,有可能出现交互作用的混杂。虽然正交试验设计有上述不足,但它能通过部分试验找到最优水平组合,因而很受实际工作者青睐。

如对于上述 3 因素 3 水平试验,若不考虑交互作用,可利用正交表 $L_9(3^4)$安排,试验方案仅包含 9 个水平组合,就能反映试验方案包含 27 个水平组合的全面试验的情况,找出最佳的生产条件。

2. 正交试验设计的基本原理

在试验安排中,每个因素在研究的范围内选几个水平,就好比在选优区内打上网格,如果网上的每个点都做试验,就是全面试验。如上例中,3 个因素的选优区可以用一个立方体表示,3 个因素各取 3 个水平,把立方体划分成 27 个格点,反映在图 23-1 上就是立方体内的 27 个"·"。若 27 个网格点都试验,就是全面试验,其试验方案如表 23-1 所示。

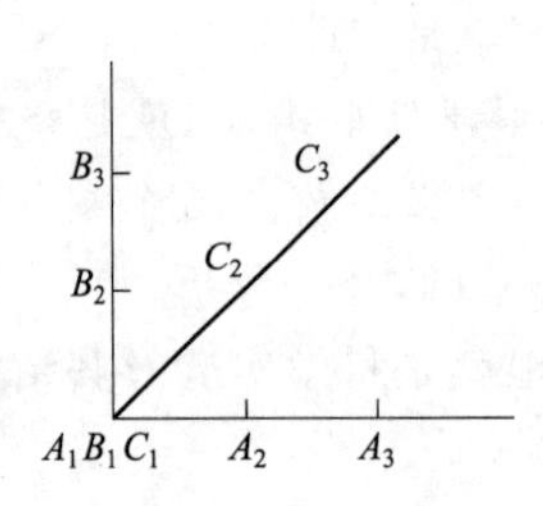

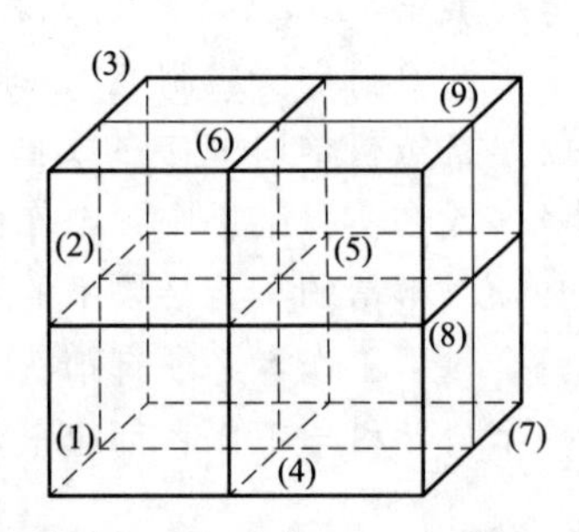

图 23-1　因素 3 水平试验的均衡分散立体图

表 23-1　因素 3 水平全面试验方案

		C_1	C_2	C_3
	B_1	$A_1B_1C_1$	$A_1B_1C_2$	$A_1B_1C_3$
A	B_2	$A_1B_2C_1$	$A_1B_2C_2$	$A_1B_2C_3$
	B_3	$A_1B_3C_1$	$A_1B_3C_2$	$A_1B_3C_3$
	B_1	$A_2B_1C_1$	$A_2B_1C_2$	$A_2B_1C_3$
A	B_2	$A_2B_2C_1$	$A_2B_2C_2$	$A_2B_2C_3$
	B_3	$A_2B_3C_1$	$A_2B_3C_2$	$A_2B_3C_3$
	B_1	$A_3B_1C_1$	$A_3B_1C_2$	$A_3B_1C_3$
A	B_2	$A_3B_2C_1$	$A_3B_2C_2$	$A_3B_2C_3$
	B_3	$A_3B_3C_1$	$A_3B_3C_2$	$A_3B_3C_3$

3 因素 3 水平的全面试验水平组合数为 $3^3=27$,4 因素 3 水平的全面试验水平组合数为 $3^4=81$,5 因素 3 水平的全面试验水平组合数为 $3^5=243$,这在科学试验中是有可能做不到的。

正交设计就是从选优区全面试验点(水平组合)中挑选出有代表性的部分试验点(水平组合)来进行试验。图 23-1 中标有九个试验号,就是利用正交表 $L_9(3^4)$ 从 27 个试验点中挑选出来的 9 个试验点。即:

(1) $A_1B_1C_1$　　(2) $A_2B_1C_2$　　(3) $A_3B_1C_3$

(4) $A_1B_2C_2$　　(5) $A_2B_2C_3$　　(6) $A_3B_2C_1$

(7) $A_1B_3C_3$　　(8) $A_2B_3C_1$　　(9) $A_3B_3C_2$

上述选择,保证了 A 因素的每个水平与 B 因素、C 因素的各个水平在试验中各搭配一次。对于 A、B、C 3 个因素来说,是在 27 个全面试验点中选择 9 个试验点,仅是全面试验的三分之一。

从图 23-1 中可以看到,9 个试验点在选优区中分布是均衡的,在立方体的每个平面上,都恰是 3 个试验点;在立方体的每条线上也恰有一个试验点。

9 个试验点均衡地分布于整个立方体内,有很强的代表性,能够比较全面地反映选优区内的基本情况。

3. *正交表及其基本性质*

1) 正交表

由于正交设计安排试验和分析试验结果都要用正交表,因此,我们先对正交表作一介绍。

表 23-2 是一张正交表,记号为 $L_8(2^7)$,其中"L"代表正交表;L 右下角的数字"8"表示有 8 行,用这张正交表安排试验包含 8 个处理(水平组合);括号内的底数"2"表示因素的水平数,括号内 2 的指数"7"表示有 7 列,用这张正交表最多可以安排 7 个 2 水平因素。

表 23-2　$L_8(2^7)$正交表

试验号	列号						
	1	2	3	4	5	6	7
1	1	1	1	1	1	1	1
2	1	1	1	2	2	2	2
3	1	2	2	1	1	2	2
4	1	2	2	2	2	1	1
5	2	1	2	1	2	1	2
6	2	1	2	2	1	2	1
7	2	2	1	1	2	2	1
8	2	2	1	2	1	1	2

常用的正交表已由数学工作者制定出来,供进行正交设计时选用。2 水平正交表除 $L_8(2^7)$外,还有 $L_4(2^3)$、$L_{16}(2^{15})$等;3 水平正交表有 $L_9(3^4)$、$L_{27}(2^{13})$等。

2) 正交表的基本性质

(1) 正交性

① 任一列中,各水平都出现,且出现的次数相等。例如 $L_8(2^7)$中不同数字只有 1 和 2,

它们各出现4次;$L_9(3^4)$中不同数字有1、2和3,它们各出现3次。

② 任两列之间各种不同水平的所有可能组合都出现,且对出现的次数相等。例如$L_8(2^7)$中(1,1)、(1,2)、(2,1)、(2,2)各出现两次;$L_9(3^4)$中(1,1)、(1,2)、(1,3)、(2,1)、(2,2)、(2,3)、(3,1)、(3,2)、(3,3)各出现1次。即每个因素的一个水平与另一因素的各个水平所有可能组合次数相等,表明任意两列各个数字之间的搭配是均匀的。

(2) 代表性

一方面:任一列的各水平都出现,使得部分试验中包括了所有因素的所有水平;任两列的所有水平组合都出现,使任意两因素间的试验组合为全面试验。

另一方面:由于正交表的正交性,正交试验的试验点必然均衡地分布在全面试验点中,具有很强的代表性。因此,部分试验寻找的最优条件与全面试验所找的最优条件,应有一致的趋势。

(3) 综合可比性

① 任一列的各水平出现的次数相等。

② 任两列间所有水平组合出现次数相等,使得任一因素各水平的试验条件相同。这就保证了在每列因素各水平的效果中,最大限度地排除了其他因素的干扰。从而可以综合比较该因素不同水平对试验指标的影响情况。

根据以上特性,我们用正交表安排的试验,具有均衡分散和整齐可比的特点。

所谓均衡分散,是指用正交表挑选出来的各因素水平组合在全部水平组合中的分布是均匀的。在立方体中,任一平面内都包含3个"(·)",任一直线上都包含1个"(·)",因此,这些点代表性强,能够较好地反映全面试验的情况。

整齐可比是指每一个因素的各水平间具有可比性。因为正交表中每一因素的任一水平下都均衡地包含着另外因素的各个水平,当比较某因素不同水平时,其他因素的效应都彼此抵消。如在A、B、C三个因素中,A因素的3个水平A_1、A_2、A_3条件下各有B、C的3个不同水平,见表23-3:

表23-3 整齐可比示意表

	B_1C_1		B_1C_2		B_1C_3
A_1	B_2C_2	A_2	B_2C_3	A_3	B_2C_1
	B_3C_3		B_3C_1		B_3C_2

在这9个水平组合中,A因素各水平下包括了B、C因素的3个水平,虽然搭配方式不同,但B、C皆处于同等地位,当比较A因素不同水平时,B因素不同水平的效应相互抵消,C因素不同水平的效应也相互抵消。所以A因素3个水平间具有综合可比性。同样,B、C因素3个水平间亦具有综合可比性。

正交表的三个基本性质中,正交性是核心,是基础,代表性和综合可比性是正交性的必然结果。

(3) 正交表的类别

等水平正交表:各列水平数相同的正交表称为等水平正交表。如$L_4(2^3)$、$L_8(2^7)$、$L_{12}(2^{11})$等各列中的水平为2,称为2水平正交表;$L_9(3^4)$、$L_{27}(3^{13})$等各列水平为3,称为3水平正交表。

混合水平正交表：各列水平数不完全相同的正交表称为混合水平正交表。如 $L_8(4\times2^4)$ 表中有一列的水平数为 4，有 4 列水平数为 2。也就是说该表可以安排一个 4 水平因素和 4 个 2 水平因素。再如 $L_{16}(4^4\times2^3)$，$L_{16}(4\times2^{12})$ 等都混合水平正交表。

三、正交试验方案的设计

1. 明确试验目的，确定试验指标

试验设计前必须明确试验目的，即本次试验要解决什么问题。试验目的确定后，对试验结果如何衡量，即需要确定出试验指标。试验指标可为定量指标，如强度、硬度、产量、出品率、成本等；也可为定性指标如颜色、口感、光泽等。一般为了便于试验结果的分析，定性指标可按相关的标准打分或模糊数学处理进行数量化，将定性指标定量化。

2. 选因素、定水平，列因素水平表

根据专业知识、以往的研究结论和经验，从影响试验指标的诸多因素中，通过因果分析筛选出需要考察的试验因素。一般确定试验因素时，应以对试验指标影响大的因素、尚未考察过的因素、尚未完全掌握其规律的因素为先。试验因素选定后，根据所掌握的信息资料和相关知识，确定每个因素的水平，一般以 2～4 个水平为宜。对主要考察的试验因素，可以多取水平，但不宜过多（$\leqslant 6$），否则试验次数骤增。因素的水平间距，应根据专业知识和已有的资料，尽可能把水平值取在理想区域。

3. 正交表的选择

正交表的选择是正交试验设计的首要问题。确定了因素及其水平后，根据因素、水平及需要考察的交互作用的多少来选择合适的正交表。正交表的选择原则是在能够安排下试验因素和交互作用的前提下，尽可能选用较小的正交表，以减少试验次数。

一般情况下，试验因素的水平数应等于正交表中的水平数；因素个数（包括交互作用）应不大于正交表的列数；各因素及交互作用的自由度之和要小于所选正交表的总自由度，以便估计试验误差。若各因素及交互作用的自由度之和等于所选正交表总自由度，则可采用有重复正交试验来估计试验误差。

正交表选择依据：列：正交表的列数 $c\geqslant$ 因素所占列数＋交互作用所占列数＋空列。自由度：正交表的总自由度（$a-1$）$\geqslant$ 因素自由度＋交互作用自由度＋误差自由度。

4. 表头设计

所谓表头设计，就是把试验因素和要考察的交互作用分别安排到正交表的各列中去的过程。

在不考察交互作用时，各因素可随机安排在各列上；若考察交互作用，就应按所选正交表的交互作用列表安排各因素与交互作用，以防止设计“混杂”。

5. 编制试验方案，按方案进行试验，记录试验结果

把正交表中安排各因素的列（不包含欲考察的交互作用列）中的每个水平数字换成该因素的实际水平值，便形成了正交试验方案。

四、试验结果分析

试验结果要分清各因素及其交互作用的主次顺序，分清哪个是主要因素，哪个是次要因

素;要判断因素对试验指标影响的显著程度;要找出试验因素的优水平和试验范围内的最优组合,即试验因素各取什么水平时,试验指标最好;要分析因素与试验指标之间的关系,即当因素变化时,试验指标是如何变化的。找出指标随因素变化的规律和趋势,为进一步试验指明方向。

1. 直观分析法-极差分析法

(1) 确定试验因素的优水平和最优水平组合。分析 A 因素各水平对试验指标的影响。根据正交设计的特性,对 A_1、A_2、A_3 来说,三组试验的试验条件是完全一样的(综合可比性),可进行直接比较。同理,可以计算并确定 B、C 等因素的优水平。

(2) 确定因素的主次顺序。根据极差 R_j 的大小,可以判断各因素对试验指标的影响主次。比较各 R 值大小,如果可见 $R_B>R_A>R_D>R_C$,所以因素对试验指标影响的主→次顺序是 BADC。

(3) 绘制因素与指标趋势图。以各因素水平为横坐标,试验指标的平均值(kjm)为纵坐标,绘制因素与指标趋势图。由因素与指标趋势图可以更直观地看出试验指标随着因素水平的变化而变化的趋势,可为进一步试验指明方向。

以上即为正交试验极差分析的基本程序与方法。

2. 正交试验结果的方差分析

极差分析法简单明了,通俗易懂,计算工作量少便于推广普及。但这种方法不能将试验中由于试验条件改变引起的数据波动同试验误差引起的数据波动区分开来,也就是说,不能区分因素各水平间对应的试验结果的差异究竟是由于因素水平不同引起的,还是由于试验误差引起的,无法估计试验误差的大小。此外,各因素对试验结果的影响大小无法给以精确的数量估计,不能提出一个标准来判断所考察因素作用是否显著。为了弥补极差分析的缺陷,可采用方差分析。

方差分析基本思想是将数据的总变异分解成因素引起的变异和误差引起的变异两部分,构造 F 统计量,作 F 检验,即可判断因素作用是否显著。

正交试验结果的方差分析思想、步骤同前。

(1) 偏差平方和分解:$SS_T=SS_{因素}+SS_{空列(误差)}$

(2) 自由度分解:$df_T=df_{因素}+df_{空列(误差)}$

(3) 方差:$MS_{因素}=\dfrac{SS_{因素}}{df_{因素}}$,$MS_{误差}=\dfrac{SS_{误差}}{df_{误差}}$

(4) 构造 F 统计量:$F_{因素}=\dfrac{MS_{因素}}{MS_{误差}}$

(5) 列方差分析表,作 F 检验:若计算出的 F 值 $F_0>F_a$,则拒绝原假设,认为该因素或交互作用对试验结果有显著影响;若 $F_0\leqslant F_a$,则认为该因素或交互作用对试验结果无显著影响。

(6) 正交试验方差分析说明:由于进行 F 检验时,要用误差偏差平方和 SS_e 及其自由度 df_e,因此,为进行方差分析,所选正交表应留出一定空列。当无空列时,应进行重复试验,以估计试验误差。

误差自由度一般不应小于 2,df_e 很小,F 检验灵敏度很低,有时即使因素对试验指标有影响,用 F 检验也判断不出来。

为了增大 df_e，提高 F 检验的灵敏度，在进行显著性检验之前，先将各因素和交互作用的方差与误差方差比较，若 MS 因（MS 交）$<2MS_e$，可将这些因素或交互作用的偏差平方和、自由度并入误差的偏差平方和、自由度，这样使误差的偏差平方和和自由度增大，提高了 F 检验的灵敏度。

参考文献

[1] 石智豪,陈显才,等. 压力容器安全操作技术. 中国锅炉压力容器安全杂志社,1989

[2] 刘元扬,刘德溥,等. 自动检测和过程控制. 北京:冶金工业出版社,1986

[3] 八一二厂职业技能培训鉴定教材编审委员会. 核燃料元件生产工(表面处理). 中国核工业集团公司 812 厂,2005

[4] 中国核学会核材料学会. 动力堆燃料、材料的辐照与腐蚀. 北京:原子能出版社,1989

[5] ASME 锅炉及压力容器委员会无损检测分委员会. 无损检测. 北京:中国石化出版社,2007

[6] 张公绪. 质量专业工程师手册. 北京:企业管理出版社,1997

[7] 锆、铪及其合金产品在 600 ℉或在 750 ℉蒸汽中腐蚀试验标准试验方法. 2002

[8] 刘建章,赵文金,薛祥义,等. 核结构材料. 北京:化学工业出版社,2007